Formgebung und Verdichtung von Gemengen
Beton – Keramik – Asphalt

VLB-Meldung

Helmut Kuch / Jörg-Henry Schwabe / Ulrich Palzer
Formgebung und Verdichtung von Gemengen
Beton – Keramik – Asphalt
Düsseldorf: Verlag Bau+Technik GmbH, 2012

ISBN 978-3-7640-0534-4

Gesamtproduktion: Verlag Bau+Technik GmbH,
Postfach 12 01 10, 40601 Düsseldorf
www.verlagbt.de

Druck: B.o.s.s Druck und Medien GmbH, 47574 Goch

Formgebung und Verdichtung von Gemengen

Beton – Keramik – Asphalt

Dozent Dr.-Ing. habil. Helmut Kuch
Prof. Dr.-Ing. Jörg-Henry Schwabe
Dr.-Ing. Ulrich Palzer

VERLAG BAU+TECHNIK

In Gedenken an

Doz. Dr.-Ing. habil. Helmut Kuch

* 4. März 1938 † 3. April 2012

Inhaltsverzeichnis

Vorwort

Die überwiegende Mehrheit von industriellen Produktionsprozessen beinhaltet die Herstellung entsprechender technischer Erzeugnisse. Einen speziellen Zweig stellt dabei die Herstellung geometrisch bestimmter fester Gebilde durch die Verarbeitung von Gemengen dar. Der Teilprozess Formgebung und Verdichtung ist dabei von wesentlicher Bedeutung und für die anderen Teilprozesse qualitativ und quantitativ bestimmend.

Diese Aussage trifft insbesondere auf das Bauwesen und angrenzende Gebiete zu.

Die Autoren nutzen ihre langjährigen Erfahrungen auf diesem Spezialgebiet der Verarbeitungs- und Fertigungstechnik in Forschung, Lehre und Weiterbildung an der Bauhaus-Universität Weimar und dem 1992 gegründeten Institut für Fertigteiltechnik und Fertigbau Weimar e. V. Hinzu kommen umfangreiche und enge Kontakte zur Industrie in Form von Beratungen, Gutachten, Sachverständigentätigkeit und Zusammenarbeit in der Forschung.

Diese Tätigkeiten brachten eine große Anzahl von Teilerkenntnissen und Erfahrungen, aber vor allem das Wissen, dass die Formgebung und Verdichtung von Gemengen, insbesondere Betongemengen, eine außerordentliche Vielfalt und Differenziertheit der Aufgaben aufweist, die eine tiefer gehende Erschließung der Zusammenhänge verlangen.

Die wichtigste und übergreifende Grunderkenntnis aber ist, dass optimale Lösungen nur erreicht werden können, wenn eine komplexe Betrachtung der vier Komponenten der Verarbeitungs- und Fertigungsprozesse, nämlich

– stoffliche Aspekte,
– technologische Prozesse,
– technische Ausrüstungen und
– Erzeugniseigenschaften (Qualität),

erfolgt und bereits im gedanklichen Prozess der Forschung und Entwicklung beachtet wird.

Eine solche Herangehensweise verlangt von allen Beteiligten ein interdisziplinäres Denken, um eine gemeinsame Sprache zu finden.

Auf diese Weise gelang „die Herausbildung einer neuen Fachdisziplin, nämlich die systematische Gestaltung von Formgebungs- und Verdichtungsprozessen und -ausrüstungen, begonnen in den siebziger Jahren, entwickelt in zwei Jahrzehnten und auf das heutige Spitzenniveau gebracht" [1].

Den Verfassern ging es dabei auch darum, moderne Untersuchungs- und Berechnungsmethoden aus benachbarten Wissensgebieten in diesem speziellen Gebiet der

Verarbeitungstechnik anzuwenden. Das betrifft die Modellierung und Simulation des Verarbeitungsverhaltens von Gemengen, die Nutzung der neuesten Erkenntnisse der Maschinendynamik für die Konstruktion von Formgebungs- sowie Verdichtungsausrüstungen, insbesondere aber auch für die Maßnahmen der Lärm- und Schwingungsabwehr und die Anwendung der modernen Mess- und Automatisierungstechnik für die Qualitätssicherung.

Unser besonderer Dank gilt Herrn Dipl.-Ing. Jürgen Martin, der in vielfältiger und selbstloser Weise zur Gestaltung des Buches beigetragen hat.

In gleicher Weise bedanken wir uns auch bei Dr.-Ing. Simone Palzer und Prof. Dr. Alfred Ulrich für die aktive Mitarbeit.

Die Autoren danken insbesondere den folgenden Unternehmen, die uns durch die Bereitstellung von Bildmaterial unterstützt haben:

- BOMAG GmbH, Boppard
- Fachhochschule Köln, Kölner Labor für Baumaschinen (KLB) am Institut für Landmaschinentechnik und Regenerative Energien
- Franz Karl Nüdling Basaltwerke GmbH & Co. KG Holding, Fulda
- Händle GmbH Maschinen und Anlagenbau, Mühlacker
- Hess-Maschinenfabrik GmbH & Co. KG, Burbach-Wahlbach
- Knauer Engineering GmbH Industrieanlagen & Co. KG, Geretsried
- LASCO Umformtechnik GmbH, Coburg
- Maschinenfabrik Gustav Eirich GmbH & Co KG, Hardheim
- RAIL.ONE GmbH, Neumarkt
- Rekers Betonwerk GmbH & Co. KG, Spelle
- TU Bergakademie Freiberg, Institut für Maschinenbau (HUGM), Freiberg
- Wacker Neuson SE, München

Wir bedanken uns speziell bei den folgenden Personen, die in vielfältiger Weise zur Gestaltung des Buchs beigetragen haben:

- Petra Bauer
- Dipl.-Ing. Tobias Grütze
- Dipl.-Ing. Henry Sackmann
- Dipl.-Wirtsch.-Ing. Holger Schäler
- Dipl.-Ing. Christina Volland
- Dipl.-Ing. Markus Walter

Die Autoren
Weimar, Mai 2012

0   Einführung

Die Formung von Stoffen zu Gebrauchsgegenständen, wie beispielsweise Behältnissen, und die Anwendung von Stoffen für das „Bauen" spielen in der Menschheitsgeschichte schon seit Jahrtausenden eine dominierende Rolle. Diesbezüglich wird die Geschichte der Baustoffe von Stark und Wicht in [0.1] ausführlich dargestellt. Als erste menschliche Unterkünfte dienten wahrscheinlich Höhlen oder natürliche Schlupfwinkel in Bäumen und Sträuchern. Stoffe aus der unmittelbaren Umgebung wurden zur Verbesserung der vorhandenen natürlichen Bedingungen verwendet. In Abhängigkeit von den natürlichen Bedingungen wurden Steine, Zweige, Äste und Stämme aber auch Knochen, Felle und Häute quasi als „Bewehrung" verwertet.

Dieses Stadium der Nutzung natürlicher Materialien zum „Bauen" entspricht einer Etappe der Entwicklung des Menschen in einer Zeit von vor rund 100.000 bis 50.000 Jahren.

In zunehmendem Maße hat sich der Mensch die Naturgesetze und seine Umwelt immer besser nutzbar gemacht. Es entstanden Anforderungen an die Menge, Verwendungszweck und Qualität des „Gebauten". Es entwickelte sich ein wachsender Bedarf an Materialien, der schließlich zur zielgerichteten Herstellung von Baustoffen führte.

Zum ersten Mal wird dies für den Vorderen Orient zu einer Zeit vor rund 10.000 Jahren nachgewiesen. Der Übergang von nomadenhaft umherziehenden „Jägern und Sammlern" zu Sesshaftigkeit mit Ackerbau sowie Vorratswirtschaft führte zum systematischen Bauen von Unterkünften für Menschen und Tiere sowie von Bauten zum Aufbewahren von Vorräten. Seit dieser Zeit beherrscht der Mensch auch das Formen und Brennen von Tongefäßen.

Die Entwicklung von Werkzeugen und einfachen Mechanismen eröffnete im Weiteren neue Möglichkeiten im Bereich des Bauens. Die Bauwerke wurden größer und die Herstellung von Baustoffen wurde erweitert. So konnten nicht nur Unterkünfte, sondern auch Straßen, Kanäle und Tempel gebaut werden. Deren Art und Größe sind in vielerlei Beziehung vom Baustoff abhängig. Wie auch heute noch in vielen Teilen der Erde wurde der Stoff zum Bauen durch die natürlichen Bedingungen bestimmt. Neben den nachwachsenden Baustoffen wie Holz hat die geologische Verteilung der Rohstofflagerstätten einen großen Einfluss auf Art und Menge der zur Verfügung stehenden Baustoffe. Prinzipiell wurden nur die Stoffe zum Bauen verwendet, die durch geologische und klimatische Bedingungen in unmittelbarer Nähe des Bauplatzes vorhanden waren. So entwickelte sich das Bauen mit Ziegeln zuerst in den naturstein- und holzarmen aber lehmreichen Landschaften in Mesopotamien zwischen Euphrat und Tigris. Die dortigen klimatischen Bedingungen führten zu der Erkenntnis, dass Lehm als im feuchten Zustand bildsames Material durch Lufttrocknung erhärtet und dabei seine Form beibehält (Bild 0.1). Zugabe von Sand oder pflanzlichen Fasern erhöhte die Haltbarkeit und Trocknen sowie Feuer führten zu höheren Festigkeiten.

Bild 0.1: Herstellung von Lehmziegeln in Ägypten (Wandmalerei im Grab des Rechmire zu Theben, 1460 v. Chr.)

Etwa zur gleichen Zeit ist die Entdeckung der künstlichen Bindemittel Kalk und Gips zu vermuten. Das älteste Vorkommen von gebranntem Gips stammt aus Kleinasien (Stadt Catal Hayuk) aus der Zeit um 9000 v. Chr.

Erst mit der Verbesserung der Transporttechnik wurde das jahrhundertealte Prinzip der Bodenständigkeit von Baustoffen aufgelöst.

Die an die entsprechenden Rohstofflagerstätten gebundene Herstellung von Mauerziegeln und Dachziegeln hat sich wegen des geringen Mechanisierungsaufwands bis heute in vielen Teilen der Erde erhalten.

Als Werkzeuge aus dieser prähistorischen Zeit sind Äxte, Messer, Meißel, Bohrer und Hämmer bekannt, die zunächst aus Stein, später aus unterschiedlichen Metallen (Bronze, Eisen) hergestellt wurden.

Später wurden einfache Mechanismen u.a. zur Herstellung von Lehmsteinen durch Pressen angewendet [0.2].

Einen ganz entscheidenden Schritt bei der Herstellung von Baustoffen stellt der Einsatz thermischer Prozesse dar. Der Übergang von der Holz- zur Kohlefeuerung im 18. bzw. 19. Jahrhundert ermöglichte es, den Baustoff als Massenprodukt herzustellen. Jetzt konnten in kohlereichen Ländern leistungsfähige Baustoffwerke, insbesondere Ziegeleien, Kalk- und Zementwerke betrieben werden. Diesen Baustoffen wie Ziegel, Beton und Stahl wurden nun Bereiche erschlossen, die vorher von Baustoffen beherrscht wurden, die ohne Brennprozess hergestellt worden waren.

Die Steigerung der Branntkalkproduktion durch die Verwendung von Stein- und Braunkohle seit dem 18./19. Jahrhundert löste den Lehm als Binder ab. Schließlich führten die chemische Kohleveredlung (Gaserzeugung) und die Entwicklung der Erdölindustrie zu weiteren Fortschritten in der Baustoffindustrie durch die Umstellung der Brennprozesse auf die effektive Gas- und Ölfeuerung.

Im 18. und 19. Jahrhundert bildete der Steinkohlebergbau die Voraussetzung für eine enorme Entwicklung des Eisenhüttenwesens und damit des Maschinenbaus. Davon profitierte auch die Baustoffindustrie. Allerdings erfolgte die Mechanisierung in der Baustoffindustrie durchweg später, als dies nach den Möglichkeiten des Maschinenbaus denkbar gewesen wäre [0.1]. Das betrifft auch die technischen Ausrüstungen zur Formgebung und Verdichtung von Gemengen, insbesondere Betongemengen. Deren Entwicklung begann in den 20er Jahren des 20. Jahrhunderts.

So entwickelte Wacker 1930 den weltweit ersten Elektrostampfer für die Beton- und Bodenverdichtung. 1937 folgten die ersten Hochfrequenz-Innenvibratoren, die wenig später mit integriertem Motor ausgestattet wurden. In den 40er Jahren des 20. Jahrhunderts erfolgte die Einführung von Hochfrequenz-Außenvibratoren mit Umformtechnik für die Betonfertigteil-Herstellung. In den Jahren 1947/1948 baute die Fa. Schlosser den ersten Betonsteinfertiger mit Vibration. Schließlich erfolgte in den 70er Jahren des vergangenen Jahrhunderts die Einführung von elektronischen Umformern für Außenvibratoren.

Die Entwicklung der mechanischen, hydraulischen, pneumatischen und elektrischen Antriebstechnik ebenso wie der Mess-, Steuer- und Regelungstechnik führte dazu, dass sich heute auf dem Weltmarkt hochmoderne technische Ausrüstungen befinden, die sich durch Flexibilität sowie weitgehende Steuer- und Regelbarkeit auszeichnen.

Andererseits ist die Herstellung von Erzeugnissen für das Bauen durch eine wachsende Vielfalt hinsichtlich

– Gemengezusammensetzungen,
– äußerer Geometrie und Gestalt,
– Oberflächen bezüglich Farbe und Gestaltung sowie
– Erzeugniseigenschaften (Qualität)

gekennzeichnet [0.3].

Vor diesem Hintergrund ist die flexible und qualitätsgerechte Herstellung von Erzeugnissen für das Bauen nur durch die komplexe Betrachtung des Kernprozesses der Fertigung, nämlich der Formgebung und Verdichtung von Gemengen, möglich.

Das bedeutet, dass die Komponenten des Verarbeitungsprozesses von Gemengen, nämlich

– stoffliche Aspekte,
– technologische Prozesse,
– technische Ausrüstungen und
– Erzeugniseigenschaften (Qualität)

in ihrer Wechselwirkung beherrscht werden müssen.

Diesem Anliegen dient das vorliegende Buch.

Die Anwendung der nachfolgend dargestellten Zusammenhänge wird vordergründig in folgenden Industriebereichen gesehen:

- Herstellung von Betonwaren und Betonfertigteilen
- Ortbetonbau bei Wohn-, Gesellschafts- und Industriebauten
- Straßen- und Speicherbau
- Herstellung von Bau- und Grobkeramik
- Feuerfestindustrie

Das Buch wendet sich an alle, die mit der Formgebung und Verdichtung von Gemengen zur Herstellung geometrisch bestimmter fester Gebilde aus verschiedenartigen Stoffen und mit bestimmten Erzeugniseigenschaften zu tun haben. Das sind:

- Nutzer und Betreiber technischer Ausrüstungen zur Verarbeitung von Gemengen
- Hersteller entsprechender technischer Ausrüstungen
- Forscher und Entwickler von Verfahren und Ausrüstungen zur Verarbeitung von Gemengen
- Studierende und Lehrende an Universitäten und Hochschulen

Die zu verarbeitenden Gemenge, wie beispielsweise Betongemenge, können dabei eine sehr unterschiedliche Konsistenz besitzen. Sie können schüttgutähnlich oder fluid vorliegen. Hieraus ergibt sich das Verarbeitungsverhalten der Gemenge. Im Kapitel 2 wird deshalb eine entsprechende Charakterisierung von Gemengen vorgenommen.

Auf dieser Basis ist dann im Kapitel 3 der eigentliche Formgebungs- und Verdichtungsprozess beschrieben.

Im Kapitel 4 werden die möglichen Formgebungs- und Verdichtungsverfahren dargestellt. Auf der Basis der notwendigen physikalischen Grundlagen erfolgt eine Analyse der möglichen Einwirkungen auf das Gemenge mit dem Ziel der Formgebung und Verdichtung. Hieraus ergibt sich eine Systematisierung der Verdichtungsverfahren. Die einzelnen Formgebungs- und Verdichtungsverfahren werden nachfolgend mit Hilfe entsprechender technischer Darstellungen ausführlich beschrieben und durch entsprechende Kenngrößen charakterisiert.

Auf dieser Grundlage erfolgt im Kapitel 5 zusammenfassend eine Darstellung entsprechender Kenngrößen für die Formgebung und Verdichtung.

Auf der Basis der in den vorstehenden Kapiteln dargestellten Grundlagen werden im Kapitel 6 die Möglichkeiten zur Modellierung und Simulation von Formgebungs- und Verdichtungsprozessen sichtbar gemacht. Es werden das Verarbeitungsverhalten unterschiedlicher Gemenge bei verschiedenen Einwirkungen untersucht und entsprechende Kenngrößen sowie Kennwerte ermittelt.

Zur Verifizierung der im Kapitel 6 erhaltenen Ergebnisse aus Modellierung und Simulation von Formgebungs- und Verdichtungsprozessen erfolgt im Kapitel 7 eine ausführliche Analyse dieser Prozesse. Dazu wird zunächst die Messung charakteristischer physikalischer Kenngrößen wie Schwingungen, Schall, Drücke und kinetische Größen (Kräfte, Momente, Leistung) hinsichtlich der Messsysteme, des Ablaufs der Messungen und der Auswertung der Messergebnisse dargestellt. Danach werden die Analyse dieser Prozesse mit Hilfe experimenteller Untersuchungen im labor-, klein- und großtechnischen Maßstab sowie die Überprüfung von Modellvorstellungen beschrieben. Die Auswertung von messtechnischen Untersuchungen in der Praxis führt zu Empfehlungen hinsichtlich der Wahl von Kennwerten und Regimen für die Formgebung und Verdichtung.

Es kommt nunmehr darauf an, die ermittelten Kenngrößen und Kennwerte sowie Formgebungs- und Verdichtungsregime technisch zu realisieren. Dieser Schritt wird im Kapitel 8 vorgenommen. Zunächst erfolgt eine Darstellung des prinzipiellen Aufbaus von Formgebungs- und Verdichtungssystemen sowie ihren technischen Ausrüstungen und Baugruppen. Von besonderer Bedeutung sind dabei die technischen Systeme zur Eintragung der Verdichtungsenergie in die Gemenge. Die dazu vorhandenen technischen Möglichkeiten bei charakteristischen Anwendungsfällen werden dargestellt. Zu deren Auswahl und Planung werden Empfehlungen gegeben. Die besonderen Bedingungen zur Lärm- und Schwingungsabwehr bei der Vibrationsverdichtung finden dabei Berücksichtigung.

Das Buch schließt mit der Beschreibung von Möglichkeiten zur Qualitätssicherung bei den einzelnen Formgebungs- und Verdichtungsverfahren.

1 Ziel der Formgebung und Verdichtung

Das Ziel der Formgebung und Verdichtung von Gemengen ist die Herstellung geometrisch bestimmter fester Körper bzw. Gebilde. Dabei können sehr unterschiedliche Stoffe verarbeitet werden.

Das primäre *Ziel der Verdichtung* ist die weitgehende Beseitigung der äußeren Volumenporosität des Gemenges. Mit der Verminderung des Hohlraumvolumens sollen höhere Werte für die Dichtigkeit und damit für die Festigkeit sowie die Formbeständigkeit erreicht werden [1.1]. *Dicht* ist demzufolge ein Verarbeitungsgut, wenn es weitgehend porenfrei ist. *Fest* ist ein Verarbeitungsgut, wenn durch eine hohe Packungsdichte der Teilchen ein annähernd homogenes Gebilde (Körper) entstanden ist, das durch Adhäsions- und Kohäsionskräfte zusammengehalten wird.

Das *Ziel der Formgebung* ist die gezielte Herstellung der äußeren Gestalt des Erzeugnisses. Dabei wird das Gemenge so in die Form eingebracht, dass es diese kantengenau ausfüllt. Dafür ist das Einbringverhalten entscheidend, das von der Fließfähigkeit (Formbarkeit) des Gemenges abhängt. *Formbeständig* ist ein Verarbeitungsgut, wenn es sich unter äußeren atmosphärischen Einflüssen weder im belasteten noch im unbelasteten Zustand wesentlich in seinen Abmessungen ändert.

Die völlige Beseitigung der Hohlräume in den zu verarbeitenden Gemengen ist praktisch nicht möglich [1.1]. Selbst bei günstiger Zusammensetzung des Gemenges und intensiver Einwirkung der Verdichtungskräfte werden nicht alle Teilchen des Gemenges so in die ursprünglich vorhandenen Hohlräume eingelagert, dass diese restlos verschwinden.

Um das Ziel der Formgebung und Verdichtung zu erreichen, müssen in das Gemenge Kräfte eingeleitet werden, die die einzelnen Teilchen relativ zueinander bewegen und in die Hohlräume einbringen. Die Teilchen-Teilchen-Reibung und die Teilchen-Wand-Reibung (Form- und Einlagenwände) sowie die Bindungskräfte zwischen den Teilchen (eventuell mit Beteiligung von Bindemitteln) wirken diesen äußeren Kräften der Verdichtungsausrüstung entgegen.

Äußerer Ausdruck dieser Kräfteeinwirkungen ist das Fließen des Gemenges. Je fließfähiger ein Gemenge ist, umso leichter lässt es sich verdichten. Das Verhalten von Gemengen bei Verdichtungseinwirkungen wird deshalb wesentlich durch seine rheologischen Eigenschaften (Kapitel 2) mitbestimmt.

Die wesentlichen Einflussgrößen auf die rheologischen Eigenschaften des Gemenges sind

- der granulometrische Zustand (Teilchengrößenverteilung und Teilchenform),
- die Oberflächenbeschaffenheit der Teilchen,
- der Bindemittelgehalt und
- möglicherweise noch Zusatzstoffe und -mittel.

Das Verdichtungsverhalten des Gemenges wird durch die *Teilchengrößenverteilung* insofern beeinflusst, als für das gute Ineinanderlagern der Teilchen eine derartige Abstufung der Größenklassen erforderlich ist, dass sich die Teilchen geringerer Größe jeweils in die Hohlräume zwischen den Teilchen größerer Abmessungen einordnen können. Deshalb lassen sich unabhängig von der Teilchengröße Stoffsysteme, bei denen sich alle Teilchen in einer Größenklasse befinden (monodispers), vergleichsweise schlechter verdichten als polydisperse Stoffsysteme.

Die Reibung zwischen den Teilchen ist vor allem von der *Teilchenform* und deren *Oberflächenbeschaffenheit* abhängig. Insofern haben abgerundete und oberflächenglatte Teilchen geringere Reibung als kantige und oberflächenraue.

Mit zunehmender Feinheit der zu verarbeitenden Gemenge wächst die mengenbezogene Oberfläche und damit auch die Berührungsfläche zwischen den Teilchen an. Daher besitzen feinkörnige Stoffsysteme größere Reibungswiderstände als grobkörnige.

Die Bindemittelmenge und -beschaffenheit beeinflussen das Verdichtungsverhalten auf unterschiedliche Weise.

Die Verarbeitbarkeit des Gemenges bezüglich des Verdichtens ist durch die Messung des Verdichtungsverhaltens unter den jeweiligen Bedingungen feststellbar. Bild 1.1 zeigt beispielsweise die Rohdichteentwicklung zweier unterschiedlicher Betongemenge bei gleichen Vibrationsbedingungen in Abhängigkeit von der Zeit [1.2].

Für die Realisierung der Ziele der Formgebung und Verdichtung ist es erforderlich,

– die prozesstechnischen und maschinentechnischen Kennwerte auf das zu verdichtende Gemenge abzustimmen und diese dann auch in der Verdichtungsausrüstung zu realisieren,

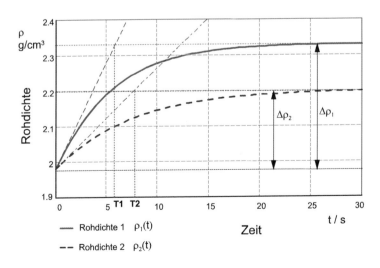

Bild 1.1: Charakterisierung des Verdichtungsvorgangs auf der Basis des zeitlichen Verlaufs der Rohdichteentwicklung

– die notwendige Verdichtungsenergie an allen Einleitungsstellen bzw. -flächen gleichmäßig in das Gemenge einzutragen,
– durch die Wahl der technischen Parameter zu gewährleisten, dass die Verdichtungsenergie im Gemenge dergestalt übertragen wird, dass eine gleichmäßige Dichteverteilung im zu verdichtenden Gebilde entsteht [1.3].

Ganz entscheidend sind dabei die Verarbeitungseigenschaften der Gemenge. Diese
werden im nachfolgenden Kapitel 2 charakterisiert.

2 Charakterisierung von Gemengen

2.1 Übersicht

Moderne Formgebungstechnologien zeichnen sich durch hohe Qualität, Produktivität und geringe Kosten aus. Voraussetzung dafür ist die Beherrschung des Formgebungsprozesses aus maschinentechnischer, verarbeitungstechnischer und werkstofftechnischer Sicht. Zunehmend bedient man sich der mathematischen Modellierung und Simulation dieser Prozesse, für die die Kenntnis der Verarbeitbarkeit der Gemenge eine entscheidende Grundlage darstellt.

In der betonverarbeitenden Industrie sind für die Formgebung und Verdichtung von Betongemengen in der Praxis je nach Verwendungszweck die verschiedensten Betonzusammensetzungen in den unterschiedlichsten Konsistenzstufen erforderlich. Die Bandbreite reicht dabei von fließfähigen Suspensionen bis zu steifen Schüttgütern. Mit der Erfindung der modernen Hochleistungsfließmittel erfolgte die Entwicklung eines Betons mit hervorragenden Fließ- und Selbstverdichtungseigenschaften.

Doch auch die steifen, schüttgutartigen Betongemenge besitzen nach wie vor eine hohe Anwendungsbreite, sei es zur Herstellung kleinformatiger Betonerzeugnisse oder zur Fertigung von Rohren. Die zugrunde liegende Konsistenz ermöglicht durch die sofortige Ausschalung eine Massenproduktion mit hohen Stückzahlen. Optimierungsstrategien zielen hier auf wirtschaftliche und umweltgerechte Produktionsverfahren durch Zementeinsparung und Reduzierung des CO_2-Ausstoßes bei gleichzeitiger hoher Produktqualität.

Feuerfeste Baustoffe, deren Erweichungspunkt bei mindestens 1.520 °C liegt, werden überall dort benötigt, wo im Dauerbetrieb Temperaturen von 1.000 °C auftreten (Öfen, Hochöfen, Heizkessel, Röster, Feuerungen, Kamine, Schornsteine usw.). Der Herstellungsprozess ist abhängig von den verwendeten Rohstoffen und den beabsichtigten Erzeugnissen, womit sich eine große Vielfalt ergibt. Im Allgemeinen bilden feinkörnige, schüttgutartige Gemenge die Rohstoffbasis, die durch mannigfaltige Zerkleinerungstechnologien gewonnen und in entsprechenden Formgebungsverfahren nass oder trocken weiterverarbeitet werden.

Bau- und grobkeramische Formgebungsprozesse greifen auf die Bildsamkeit der eingesetzten Tonrohstoffe zurück. So kann die Formgebung entsprechend der Massefeuchtigkeit in Nass- und Trockenformgebung unterschieden werden. Ein Großteil der grobkeramischen Erzeugnisse wird heute im Vakuumstrangpressverfahren produziert. Aber auch das Stempelpressen bei der Dachziegelherstellung oder Klinker- und Plattenherstellung ist nach wie vor vertreten. Das Verarbeitungsgut muss hinsichtlich Zusammensetzung, Wassergehalt und Körnungsspektrum auf das Formgebungsverfahren zugeschnitten sein.

Für die Optimierung bestehender Technologien bzw. die Weiterentwicklung von Verfahren und maschinentechnischen Ausrüstungen ist die Kenntnis charakteristischer physikalischer Kenngrößen, die die Verarbeitungseigenschaften des zu betrachtenden Materials beschreiben, von entscheidender Bedeutung. Diese Kenngrößen müssen mittels geeigneter Versuchseinrichtungen bestimmt werden. Obwohl die theoretische Durchdringung häufig sehr ausgeprägt ist, ist die technische Umsetzung oftmals schwierig. Abhängig von den betrachteten Stoffsystemen ist das Vorhandensein geeigneter Versuchstechnik mehr oder weniger stark ausgeprägt. Häufig fehlen für die realistische Bestimmung der absoluten Stoffkennwerte, die für eine mathematische Modellierung unumgänglich sind, geeignete Verfahren und Geräte.

2.2 Idealisierte Beschreibung des Materialverhaltens von Gemengen

Die wesentliche Voraussetzung für die Charakterisierung und die numerische Modellierung des Verarbeitungsverhaltens von Gemengen sowie auch für die messtechnische Erfassung der relevanten Kenngrößen ist die mathematische Beschreibung der Stoffeigenschaften, insbesondere des Materialverhaltens dieser Gemenge. Ein Ablaufschema für die Erarbeitung der stofflichen Grundlagen für eine Modellierung findet sich in Bild 2.1 [2.1].

Als Grundlage für die weiteren Ausführungen wird von der Beschreibung des idealisierten Materialverhaltens ausgegangen.

2.2.1 Idealisierte Materialgesetze

Es wird von einem Körper ausgegangen, der sich in einem natürlichen (verzerrungsfreien) Zustand befindet.

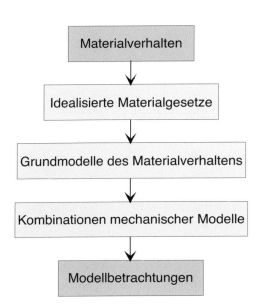

Bild 2.1: Ablaufschema zur Erarbeitung der stofflichen Grundlagen für Modellierungen

Wird dieser Körper durch äußere Kräfte in eine diesem Zustand nahe Form gebracht und anschließend wieder von allen äußeren Kräften befreit, so stellt sich in Abhängigkeit von seinem Materialverhalten ein neuer Verformungszustand ein.

Bei *idealer Elastizität* ist die Verformung vollkommen reversibel und der wirkenden Spannung proportional. Dieser Zusammenhang wird im Hookeschen Gesetz ausgedrückt.

$$\sigma = E \cdot \varepsilon \qquad (2.1)$$

Der Proportionalitätsfaktor zwischen der Spannung σ und der Dehnung ε wird bekanntlich Elastizitätsmodul E genannt.

Der ideal elastische Körper oder auch Hookesche Körper zeichnet sich dabei durch sein reversibles Speichervermögen der in ihn gesteckten Arbeit aus. Die Arbeit ist also unabhängig vom Formänderungsweg.

Bei *idealer Plastizität* beginnt ein Körper sich bei Überschreiten einer bestimmten äußeren Spannung irreversibel durch einen Fließvorgang zu deformieren. Das qualitative Kennzeichen des Verhaltens ist die so genannte Fließgrenze τ_0.

$$\tau_0 = \frac{F_N \cdot \mu}{A} \qquad (2.2)$$

Die Fließgrenze ist der Quotient aus dem Produkt von Normalkraft F_N und Reibungskoeffizient μ und der Auflagefläche A.

Der ideal plastische Körper wird als St. Venant-Körper bezeichnet. Er zeichnet sich durch sein irreversibles Speichervermögen der in ihn gesteckten Arbeit aus. Die Formänderung folgt der Laständerung unmittelbar. Die plastische Formänderung ist dissipativ, das heißt nicht verlustfrei.

Bei *idealer Viskosität* ist die Verformung irreversibel. Die Deformationsgeschwindigkeit $\dot{\gamma}$ ist der wirkenden Spannung τ proportional, wobei die Viskosität η als Proportionalitätsfaktor zu sehen ist.

Newtonsches Fließgesetz

$$\tau = \eta \cdot \dot{\gamma} \qquad (2.3)$$

Die in einen ideal viskosen Körper (Newtonsches Fluid) gesteckte Arbeit wird unmittelbar in Wärme umgesetzt, das heißt, ihm wird kontinuierlich Energie entzogen (vollkommene Dissipation).

Tabelle 2.1 zeigt eine Übersicht über die idealisierten Materialgesetze [2.1].

Tabelle 2.1: Idealisierte Materialgesetze und ihre Eigenschaften

Materialverhalten	Stoffgesetz	Verformungen	Energie
ideal elastisch	Hooke	verformt sich sofort und geht anschließend vollständig in Ausgangszustand zurück zeitunabhängig und vollständig reversibel	Gesamte Formänderungs-energie wird aufgespeichert und vollständig wieder ab-gegeben
ideal plastisch	St. Venant	verformt sich sofort und bleibt anschließend im Verformungs-zustand irreversibel	Gesamte Formänderungs-energie wird aufgespeichert aber nicht wieder abgegeben
ideal viskos	Newton	verformt und entformt sich ver-zögert (vollständig) zeitabhängig	Formänderungsenergie wird nicht gespeichert (dissipativ)

2.2.2 Rheologische Grundmodelle des Materialverhaltens

Die rheologische Modellierung basiert auf der Idee der Ableitung konstitutiver Glei-chungen mit Hilfe einfacher mechanischer Modelle für die Spannungs-Deformations-Beziehungen. In [2.2] wurden einfache Modellelemente für einachsige Beanspruchun-gen angegeben. Sie beruhen auf der Analogie des mechanischen Verhaltens einer Feder, eines Dämpfers oder eines Reibelements mit den Materialeigenschaften Elasti-zität, Viskosität und Plastizität (Bild 2.2). Grundbeanspruchungsarten sind dabei Sche-rung und Dehnung.

Die Kräfte sind dabei folgendermaßen definiert:

F   Deformationskraft
F_R Haftreibungskraft
F_F Federrückstellkraft
F_W Widerstandskraft

Bei der Methode der rheologischen Modellierung werden allgemein zwei Annahmen getroffen:

1. Axiom der Rheologie
   Für alle Materialgleichungen gilt eine elastische Volumendilatation (Volumenausdeh-nung).

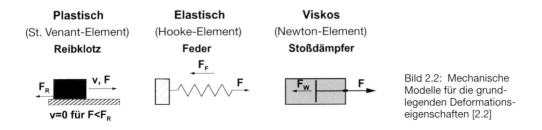

Plastisch
(St. Venant-Element)
Reibklotz

Elastisch
(Hooke-Element)
Feder

Viskos
(Newton-Element)
Stoßdämpfer

Bild 2.2: Mechanische Modelle für die grund-legenden Deformations-eigenschaften [2.2]

2. Axiom der Rheologie
   Unterschiede in den Konstitutivgleichungen für ausgewählte Materialmodelle treten signifikant nur in den Gleichungstermen auf, die für eine Gestaltänderung verantwortlich sind.

Ferner werden im Allgemeinen eine monotone Belastung, kleine Deformationen und homogenes, isotropes Materialverhalten vorausgesetzt. Die Methode der rheologischen Modellierung berücksichtigt die experimentelle Erfahrung, dass ein Körper sehr unterschiedlich auf Volumen- und auf Gestaltänderungen reagiert. Sie betrachtet in erster Näherung beide Anteile als voneinander unabhängig.

2.2.3 Kombination mechanischer Modelle

Die Methode der rheologischen Modellierung zeichnet sich durch ihre Anschaulichkeit aus, die besonders für einachsige Beanspruchungen zutrifft. Die rheologischen Grundmodelle erfassen dann immer nur eine Phase des realen Materialverhaltens. Durch unterschiedliche Kombination der Grundmodelle wird eine Anpassung an das reale Materialverhalten vorgenommen.

Die elementaren rheologischen Grundmodelle und ihre Schaltungen sind die anschauliche Abbildung mathematischer Gleichungen für mechanische Sachverhalte. In Tabelle 2.2 sind Beispiele für Parallel- und Reihenschaltungen mechanischer Modelle aufgeführt.

Bei der Ableitung einer rheologischen Gleichung, der so genannten Fließfunktion, aus dem mechanischen Modell ist somit auf zwei Prinzipien zu achten:

a) Reihenschaltung der Idealkörper
Alle Körper wirken wie die Glieder einer Kette. Sie müssen die gleiche Beanspruchung übertragen. Die Deformation der Gesamtanordnung ist die Summe der Deformationen jedes einzelnen Elements.

$$\tau = \tau_1 = \tau_2 = \tau_i \tag{2.4}$$

$$\gamma = \sum_{i=1}^{n} \gamma_i \text{ bzw. } \dot{\gamma} = \sum_{i=1}^{n} \dot{\gamma}_i \tag{2.5}$$

b) Parallelschaltung der Idealkörper
Alle Elemente sind gezwungen, die gleiche Verschiebung (Deformation) mitzumachen. Die Spannung, die die Verschiebung aufnimmt, setzt sich aus der Summe der Spannungen zusammen, die jedes einzelne Element allein aufnimmt.

$$\gamma = \gamma_1 = \gamma_2 = \gamma_i \tag{2.6}$$

$$\tau = \sum_{i=1}^{n} \tau_i \tag{2.7}$$

Dabei ist n die Anzahl der in Reihe bzw. parallel geschalteten Idealkörper.

Die mechanischen Modelle bzw. ihre Kombinationen dienen dazu, das Materialverhalten von Gemengen zu beschreiben und geeignete Fließfunktionen aufzustellen. Mit den Fließfunktionen sollen die wichtigsten Eigenschaften wiedergegeben werden. Der Bingham-Körper eignet sich zur Beschreibung plastischer bis schlickerartiger Gemenge. Steife, schüttgutähnliche Gemenge sollten in ihrem Modell die Coulombsche Reibung enthalten [2.2].

Der Voigt-Kelvin-Körper ist besonders zur Beschreibung der dynamischen Eigenschaften von Betongemengen bzw. Frischbeton in der letzten Phase der Verdichtung geeignet.

Tabelle 2.2: Parallel- und Reihenschaltungen mechanischer Modelle

Materialverhalten	Ersatzschaltbild
Maxwell-Körper (viskoelastische Flüssigkeit Medium) • Feder und Dämpfungsglied sind in Reihe geschaltet	G η
Voigt-Kelvin-Körper (viskoelastischer Festkörper) • Feder und Dämpfungsglied sind parallel geschaltet	G η
Bingham-Körper (viskoplastischer Körper) • $t < t_0 \rightarrow$ elastische Deformation • $t > t_0 \rightarrow$ plastische Deformation • Dämpfungsglied und Reibelement sind parallel geschaltet zu der in Reihe folgenden Feder	η τ_0

Es werden aber auch komplexere Körpermodelle zur Beschreibung der Betongemengeeigenschaften verwendet [2.3], so z. B. der Schofield-Scott-Blair-Körper (Bild 2.3).

Ein Modell mit neun Einzelelementen wurde von Kunnos [2.4] entwickelt. Es modelliert einen thixotropen Körper mit nichtlinearem Fließcharakter.

Das tatsächliche Materialverhalten von Gemengen bei Beanspruchung und die messtechnischen Möglichkeiten zu deren Erfassung werden nachfolgend für Fluide, Schüttgüter und schüttgutähnliche Gemenge dargestellt.

2.3 Fluide Gemenge

2.3.1 Beschreibung

In der Rheologie als Lehre vom Fließ- und Verformungsverhalten der Stoffe bezeichnet man fließfähige Stoffe wie Flüssigkeiten, Dämpfe und Gase als Fluide (lat. fluidus = fließend) [2.5]. Dämpfe und Gase sollen hier aber nicht Gegenstand der Betrachtung sein.

Wirken auf Festkörper und Fluide äußere Kräfte ein, so zeigen diese ein unterschiedliches Verformungsverhalten. Während sich ideale Festkörper elastisch verhalten, d. h. die Energie der Deformation wird nach Entlastung vollständig zurückgewonnen (Hookesches Gesetz), werden ideale Fluide dagegen irreversibel verformt. Diese Ver-

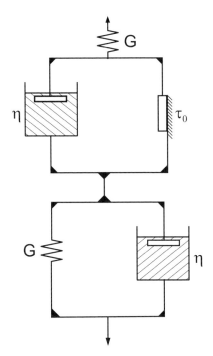

Bild 2.3: Schofield-Scott-Blair-Körper [2.4]

formung äußert sich unter dem Einfluss einer tangential angreifenden Schubkraft als viskoses Fließen. Die Grundbeanspruchung eines Fluides bei der viskosen Verformung ist eine Scherung. Bei diesem Vorgang wird die Deformationsenergie im Fluid aufgrund einer inneren Reibung in Wärme umgesetzt. Diese Deformationsenergie wird nicht zurückgewonnen, wenn die wirksame Schubspannung entfällt [2.6].

Die wenigsten Fluide, die in der Praxis verwendet werden, verhalten sich wie ideale Flüssigkeiten. Sie zeigen ein rheologisches Verhalten, das zwischen Flüssigkeit und Festkörper eingestuft werden muss. Dies gilt insbesondere für zementhaltige Fluide.

Im Wesentlichen unterscheidet man zwischen Newtonschen Fluiden und nicht-Newtonschen Fluiden [2.5].

Bei Newtonschen Fluiden besteht bei gleicher Temperatur zwischen Schubspannung und Schergeschwindigkeit Proportionalität. Der Proportionalitätsfaktor ist die dynamische Viskosität η. Sie stellt ein Maß für den Widerstand einer Flüssigkeit gegen eine Verformung durch Fließen dar und ist somit eine Materialkonstante.

Nicht-Newtonsche Fluide dagegen reagieren mit dem Grad der Zeitdauer der Scherbeanspruchung mit einer sich verändernden Viskosität. Der Grund für ein solches Verhalten ist eine Abnahme bzw. Zunahme der Wechselwirkungen in dem Fluid durch eine geänderte mikroskopische Struktur.

Je nachdem, wie sich die Viskosität mit zunehmender Scherung ändert, lassen sich nicht-Newtonsche Fluide in strukturviskos (sinkende Viskosität) und dilatant (wachsende Viskosität) einteilen. Die Änderung der Viskosität ist bei einer bestimmten Scherrate, unabhängig von der Zeit der Einwirkung, immer gleich [2.5].

Muss erst eine Mindestschubspannung aufgebracht werden, um eine Verformung des Fluides auszulösen, spricht man von plastischem Verformungsverhalten. Im unteren Schubspannungsbereich verhalten sich plastische Materialien wie ein elastischer oder viskoelastischer Festkörper. Die Schergeschwindigkeit ist Null. In einem mehr oder weniger engen Schubspannungsintervall stellt sich die Fließgrenze ein. Nach Einsetzen des Fließvorgangs zeigen plastische Materialien eine von der Schubspannung abhängige Verformung (Fließen). Unterschieden werden hier linear viskos plastisches Verhalten (Binghamsche Fluide), bei dem die Viskosität mit steigender Scherung konstant bleibt, und nicht linear viskos plastisches Verhalten (Herschel-Bulkley), bei dem sich die Viskosität mit steigender Spannung nicht konstant verhält [2.7].

Der Zusammenhang zwischen Schubspannung und Beanspruchung (Scherbelastung) des jeweiligen Materials wird durch Fließfunktionen ausgedrückt. Das sind mathematische Beschreibungen der Fließkurven. Sie sind die aus dem mechanischen Modell abgeleiteten rheologischen Gleichungen und dienen der qualitativen und quantitativen Beschreibung des Fließverhaltens (Tabelle 2.3) [2.1].

Tabelle 2.3: Übersicht über einfache Fließfunktionen [2.1]

linear viskos	nichtlinear viskos (quasiviskos)		linear viskos plastisch	nichtlinear viskos plastisch	
Newton	Ostwald-de-Waele		Bingham	Herschel-Bulkley	
$\tau = \eta \cdot \dot\gamma$	$\tau = k \cdot \dot\gamma^n$ (n<1)	$\tau = k \cdot \dot\gamma^n$ (n>1)	$\tau = \tau_0 + \eta_{pl} \cdot \dot\gamma$	$\tau = \tau_0 + k \cdot \dot\gamma^n$ (n<1)	$\tau = \tau_0 + k \cdot \dot\gamma^n$ (n>1)
	strukturviskos	dilatant		pseudoplastisch	dilatant plastisch

Zur Beschreibung des linear viskos plastischen Fließverhaltens wird der Bingham-Ansatz verwendet (2.8):

$$\tau = \tau_0 + \eta_{pl} \cdot \dot\gamma \qquad (2.8)$$

mit
τ Schubspannung [Pa]
τ_0 Fließgrenze [Pa]
η_{pl} plastische Viskosität [Pa s]
$\dot\gamma$ Schergefälle [s^{-1}]

Das nichtlinear viskos plastische Fließverhalten wird häufig durch einen nichtlinearen Ansatz in Form von Potenzgesetzen beschrieben. Das Modell nach Herschel-Bulkley ist ein solches Potenzgesetz. Es beschreibt sowohl pseudoplastisches (n<1, scherverdünnend) als auch dilatant plastisches (n>1, scherverdickend) Fließverhalten [2.5], [2.7], (2.9).

Ansatz nach Herschel-Bulkley:

$$\tau = \tau_0 + k \cdot \dot\gamma^n \qquad (2.9)$$

mit
τ Schubspannung [Pa]
τ_0 Fließgrenze [Pa]
k Konsistenzkoeffizient als Maß für die Steifigkeit (Viskosität) [Pa s]
$\dot\gamma$ Schergefälle [s^{-1}]
n Fließindex oder Strukturexponent [–]

Wird $\tau_0 = 0$, dann liegt ein Ostwald-de-Waele-Fließverhalten vor (2.10). Dieses zweiparametrige Fließgesetz gehört zu den einfachsten Potenzgesetzen. Durch den Fließindex n wird ebenfalls zwischen strukturviskos (n>1) und dilatant (n>1) unterschieden.

Ansatz nach Ostwald-de-Waele:

$$\tau = k \cdot \dot{\gamma}^n \tag{2.10}$$

mit
τ   Schubspannung [Pa]
k   Konsistenz [Pa s]
$\dot{\gamma}$ Schergefälle [s⁻¹]
n   Fließindex oder Strukturexponent [–]

Wird n = 1, dann liegt Newtonsches Fließverhalten vor mit dem proportionalen Verhalten zwischen Schubspannung und Schergeschwindigkeit. Demzufolge ist der Proportionalitätsfaktor k eine stoffbezogene Konstante und unabhängig vom Schergefälle und wird im Allgemeinen als Viskosität η bezeichnet (2.11).

Ansatz nach Newton für linear viskoses Fließverhalten:

$$\tau = \eta \cdot \dot{\gamma} \tag{2.11}$$

mit
τ   Schubspannung [Pa]
η   Viskosität [Pa s]
$\dot{\gamma}$ Schergefälle [s⁻¹]

bzw. für die dynamische Viskosität ergibt sich dann

$$\eta = \frac{\tau}{\dot{\gamma}} \tag{2.12}$$

Neben den Fließkurven bilden auch die Viskositätskurven eine Darstellungsart (Bild 2.4).

Außer den bisher beschriebenen zeitunabhängigen Fließeigenschaften können einige Materialien auch noch ein mehr oder weniger ausgeprägtes Zeitverhalten aufweisen. Dabei ändert sich die Viskosität eines Materials mit der Zeit bei konstanter Scherbe-

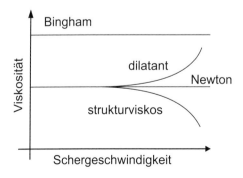

Bild 2.4: Viskositätskurven verschiedener Flüssigkeiten (schematisch)

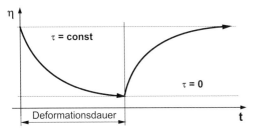

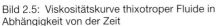

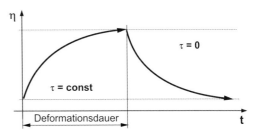

Bild 2.5: Viskositätskurve thixotroper Fluide in Abhängigkeit von der Zeit

Bild 2.6: Viskositätskurve rheopexer Fluide in Abhängigkeit von der Zeit

lastung. Diese Veränderung der Viskosität ist als Folge einer Umwandlung der inneren Struktur anzusehen.

Thixotrope Materialien erfahren bei Scherbelastung mit der Zeit eine Viskositätssenkung durch den Abbau der inneren Struktur (Strukturbruch). Dieser Vorgang ist durch den vollständigen Wiederaufbau der Struktur in der Ruhephase reversibel. Die Thixotropie ist als ein rein zeitabhängiges Verhalten definiert; bei einem Strukturabbau bei zunehmender Scherbelastung handelt es sich daher nicht um Thixotropie sondern um strukturviskoses Verhalten. Eine Bestimmung der Thixotropie kann nur bei konstantem Schergefälle erfolgen (Bild 2.5).

Das gegenteilige Verhalten, also das Ansteifen des Fluides während der Beanspruchung bei konstantem Schergefälle, bezeichnet man als rheopexes Fließverhalten (Bild 2.6).

Wie bereits beschrieben gibt es Fluide, die sich im unteren Schubspannungsbereich wie ein elastischer oder viskoelastischer Festkörper verhalten. Erst nach Überschreitung einer Mindestschubspannung, der *Fließgrenze*, beginnt das Fluid zu fließen.

Die Fließgrenze ist wie andere rheologische Eigenschaften auch von Druck, Temperatur und nicht selten von der thermischen und mechanischen Vorgeschichte abhängig und erscheint somit als zusätzliche Konstante in der Fließfunktion. In der Anwendungspraxis haben Fließgrenzen eine große Bedeutung. Daher wurden im Laufe der Zeit viele Methoden zu deren messtechnischer Erfassung entwickelt. Zu unterscheiden ist zwischen der Bestimmung der scheinbaren und der wirklichen Fließgrenze. Generell zeigen Fluide mit Fließgrenzen plastisches Verhalten. Dabei besteht die Gefahr, dass Wandgleiten (Reduzierung der Haftung) auftritt [2.7].

Der Begriff scheinbare Fließgrenze wird verwendet, wenn es sich nicht um einen Messwert sondern um einen Rechenwert handelt. Die Ermittlung von scheinbaren Fließgrenzen erfolgt über die Auswertung von Fließkurven. Dabei wird aus den einzelnen Messpunkten eine Kurvenanpassungsfunktion berechnet. Diese Anpassung (Approximation) erfolgt mit Hilfe von Modellfunktionen z. B. nach Bingham, Herschel-Bulkley, Windhab oder mit dem Polynommodell. Da jeweils unterschiedliche Berechnungsgrundlagen maßgebend sind, ergibt sich für die einzelnen Modelle meistens ein anderer Wert für die Fließgrenze [2.7].

Einfach bestimmbar ist die Fließgrenze τ_0 beim Bingham-Modell. Sie stellt sich im Diagramm bei linearer Skalierung als Achsenabschnitt auf der τ-Achse (siehe Tabelle 2.3) dar.

Zu beachten ist allerdings, dass mit der Bingham-Fließgrenze der Übergang vom Ruhe- zum Fließzustand nur relativ ungenau beschrieben wird [2.7].

Im Windhab-Modell wird deshalb ein Bereich der scherinduzierten Strukturveränderung definiert, das heißt ein Strukturabbau bei zunehmender Scherbelastung bzw. ein Strukturwiederaufbau bei abnehmender Belastung. Die maximale scherinduzierte Umstrukturierung ist der Schnittpunkt der τ-Achse mit der Tangente an die Fließkurve im Bereich hoher Scherraten (τ_1), die Ruhestrukturstärke ist als „Fließgrenze" im Bereich $\tau \leq \tau_0$ dargestellt [2.7] (Bild 2.7).

Ansatz nach Windhab [2.7]:

$$\tau = \tau_0 + (\tau_1 - \tau_0) \cdot [1 - \exp(-\dot{\gamma}/\dot{\gamma}*)] + \eta_\infty \cdot \dot{\gamma} \tag{2.13}$$

mit
τ Schubspannung [Pa]
τ_0 Fließgrenze [Pa]
η_∞ Gleichgewichtsviskosität bei hohem Schergefälle [Pa s]
$\dot{\gamma}$ Schergefälle [s^{-1}]
$\dot{\gamma}*$ Schergefälle [s^{-1}] an der Stelle $\tau* = \tau_0 + (\tau_1 - \tau_0) \cdot (1 - 1/e)$

Werden nicht linear viskos plastische Kurvenverläufe mit einer Geradengleichung (Bingham-Ansatz) angenähert, kann sich im Falle eines dilatanten Fließverhaltens sogar eine negative scheinbare Fließgrenze ergeben (Bild 2.8).

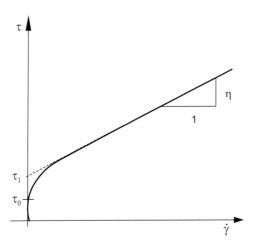

Bild 2.7: Fließkurve nach Windhab

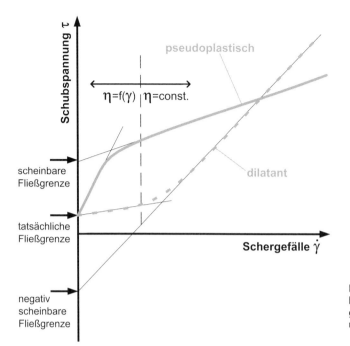

Bild 2.8: Darstellung der scheinbaren und tatsächlichen Fließgrenze bei pseudoplastischem und dilatantem Fließverhalten

Die Herschel-Bulkley-Approximation birgt nach [2.9] einige Risiken. Da eine Extrapolation für $\dot{\gamma} = 0$ mit Fehlern behaftet ist, sollte sie zur Bestimmung der Fließgrenze nicht verwendet werden.

Das Polynommodell ist eine rein mathematische Beschreibung der Fließkurvenfunktion und als allgemeinster Ansatz für eine Kurvenauswertung aufzufassen. Je nach Wahl des Ordnungsgrads lassen sich gekrümmte Kurvenverläufe gut darstellen, z.B. als Polynom 3. Ordnung [2.7]:

$$\tau = c_1 + c_2 \cdot \dot{\gamma} + c_3 \cdot \dot{\gamma}^2 + c_4 \cdot \dot{\gamma}^3 \qquad (2.14)$$

mit
τ Schubspannung [Pa]
c_1 Koeffizient 0. Ordnung (Fließgrenze)
c_x Koeffizient x. Ordnung
$\dot{\gamma}$ Schergefälle [s^{-1}]

Auch selbstverdichtende Betone und deren Basismörtel können einen gekrümmten Verlauf der Fließkurve haben. Das bedeutet, dass die Scherbelastung auch eine Änderung der Viskosität bewirkt. In [2.9] wird ein Modell vorgeschlagen, das für die Kurvenapproximation bei kleinen Scherraten geeignet ist. Es ermöglicht eine präzisere Ermittlung der Fließgrenze. Die mit dem Ansatz ermittelbaren Materialeigenschaften sind mit denen aus dem Bingham-Gesetz direkt vergleichbar.

Das Wesentliche dieses Ansatzes ist, dass die Fließkurve durch zwei Materialeigenschaften bestimmt wird. Das sind die Nullviskosität η_0 [Pa s] und der Gradient $1/\sigma$ [1/Pa]. Beide sind typisch und kennzeichnend für den jeweiligen Stoff.

Der Ansatz nach Vogel lässt die Beschreibung sowohl pseudoplastischer als auch dilatanter Verformung zu. Im Ergebnis ist ein Vorzeichenwechsel in der jeweiligen geschweiften Klammer in (2.15) festzustellen (pseudoplastisch −/+, dilatant −/−). Unter der Voraussetzung, dass kleine Schergefälle mit $\dot{\gamma} \geq 0$ vorliegen, kann (2.15) anstelle der Ostwald-de-Waele-Formulierung verwendet werden.

Ansatz nach Vogel [2.9]:

$$\tau = \eta_0 \cdot \dot{\gamma} \cdot \frac{1}{\left\{1 \pm \frac{\eta_0}{2 \cdot \sigma} \dot{\gamma}\right\}} \tag{2.15}$$

mit
τ Schubspannung [Pa]
η_0 Null-Viskosität (Viskosität bei geringster Scherung inkl. $\dot{\gamma} = 0$, entspricht η_{pl} des Bingham-Modells)
$\dot{\gamma}$ Schergefälle [s^{-1}]
σ Bezugsspannung bei $\eta/\eta_0 = 0$ [Pa]

Wird als weitere Materialeigenschaft eine Fließgrenze festgestellt, so muss anstelle von τ auf der linken Seite von (2.15) die Differenz $\tau - \tau_0$ stehen. Somit ergibt sich (2.16). Eine Vergleichbarkeit mit dem Bingham-Gesetz ist nach [2.9] gegeben, da $\eta_0 \triangleq \eta_{pl}$.

Ansatz nach Vogel für Fluide mit Fließgrenze [2.9]:

$$\tau = \tau_0 + \eta_0 \cdot \dot{\gamma} \cdot \frac{1}{\left\{1 \pm \frac{\eta_0}{2 \cdot \sigma} \dot{\gamma}\right\}} \tag{2.16}$$

mit
τ Schubspannung [Pa]
τ_0 Fließgrenze [Pa]
η_0 Null-Viskosität (Viskosität bei geringster Scherung inkl. $\dot{\gamma} = 0$, entspricht η_{pl} des Bingham-Modells
$\dot{\gamma}$ Schergefälle [s^{-1}]
σ Bezugsspannung bei $\eta/\eta_0 = 0$ [Pa]

2.3.2 Prüfverfahren

2.3.2.1 Empirische Messverfahren zur Konsistenzbestimmung

Um fließfähige Gemenge im Verarbeitungsprozess zu beurteilen, das heißt, ihr Fließverhalten zu charakterisieren, bedient man sich auch heute zunächst noch einfacher empirischer Methoden. Diese Prüfverfahren sind praxisnah und unkompliziert durchzuführen, sind aber nicht zur Ermittlung rheologischer Größen geeignet. Die Proben werden einem bestimmten Belastungsprofil ausgesetzt und die Reaktion auf diese messtechnisch erfasst.

Anwendungsbeispiele finden sich bei der Verarbeitung von Betongemengen, bei denen diese einfachen Prüfverfahren in den entsprechenden Regelwerken integriert sind. So enthält DIN EN 12350 Teil 5 [2.10] eine Methode zur Ermittlung der Konsistenz. Mit dem so genannten Ausbreitmaß wird das Fließverhalten von suspensionsartigen bis plastischen Frischbetonen bei definierter Zufuhr von Energie, z. B. Verdichtungsenergie, gemessen. Nach Füllen einer Kegelstumpfform, anschließendem Verdichten durch Stampfen, Abziehen der Form und nach 15-maligem Schocken bildet sich ein mehr oder weniger flacher Kuchen, dessen Durchmesser gemessen wird. Durch Einteilung in Konsistenzklassen kann eine Einschätzung des Verarbeitungsverhaltens des Betongemenges vorgenommen werden.

Eine Modifizierung des Verfahrens erfolgte mit Entwicklung der selbstverdichtenden Betone (SVB). Da diese Betone definitionsgemäß ohne Einwirkung von Vibrationsenergie allein durch die Schwerkraft fließen, dabei die Schalungen vollständig ausfüllen und die Bewehrungen umschließen, sich schließlich selbst nivellieren und entlüften, regelt die DIN EN 12350 Teil 8 [2.11] die Bestimmung der Konsistenz über den Setzfließversuch. Analog zum Ausbreitmaß wird ebenfalls eine Kegelstumpfform mit Beton gefüllt, jedoch fließt dieser nach Abheben der Form ohne Schocken selbstständig zu einem flachen Kuchen breit. Die erzielten Setzfließmaße erreichen dabei Werte zwischen 550 und 850 mm. Mit dem Setzfließmaß soll eine Analogie zur Fließgrenze hergestellt werden.

Neben diesen Verfahren werden für die Charakterisierung des SVB weitere Prüfverfahren angewendet, bei denen eine geometrische Formänderung in Zeit oder Größe unter Einfluss der Schwerkraft gemessen wird. Dies sind nach DIN EN 12350 Teil 9 [2.12] der Auslauftrichterversuch und nach DIN EN 12350 Teil 10 [2.13] der L-Kasten-Versuch. Während bei Letzterem die Nivellierfähigkeit des SVB ermittelt wird, dient der Auslauftrichterversuch mit Messung der Trichterauslaufzeit dazu, eine der Viskosität vergleichbare Charakteristik zu erhalten.

Die Auslaufzeit ist auch in der keramischen Industrie eine einfache und schnell anzuwendende Prüfmethode, wenn die Konsistenz von Gießschlickern für z. B. die Sanitär- oder Gebrauchsporzellanherstellung oder von Anstrichstoffen ermittelt werden soll. So genannte Auslaufviskosimeter werden mit dem Schlicker gefüllt und die Zeit gemessen, in der der gefüllte Trichter völlig entleert wird [2.14].

2.3.2.2 Messverfahren zur Ermittlung rheologischer Kenngrößen

Die quantitative und reproduzierbare Erfassung des Fließverhaltens von Fluiden ist Gegenstand der Rheometrie. Rheometer wurden entwickelt, um die Fluide einer Deformation unter definierten Bedingungen zu unterwerfen. Zu den einfachen Deformationen gehören in erster Linie die eindimensionale Scherung und die ein- bzw. zweidimensionale Dehnung.

Bei der Untersuchung des Fließverhaltens werden in der Rheometrie stationäre und instationäre Messmethoden unterschieden (Tabelle 2.4).

Tabelle 2.4: Unterteilung der Messmethoden zur Bestimmung rheologischer Kenngrößen

Stationäre Messmethoden	Instationäre Messmethoden	
	statisch	dynamisch
Rotationsversuch • Zylinder-Zylinder-Geometrie • Kegel-Platte-Geometrie • Rührergeometrie	Relaxationsversuch Kriechversuch	Oszillationsversuch
Kugelfallversuch		
Rohrleitungsversuch		

Bei stationären Messmethoden wird ein Material einer statischen Scherung, das heißt einer Scherung bei konstanter Schergeschwindigkeit ausgesetzt. Diese führt zu einer messbaren, im Rahmen des rheologischen Versuchs konstanten Reaktion des Stoffes (Schubspannung).

Der Zusammenhang zwischen Schubspannung und Schergeschwindigkeit wird grafisch als Fließkurve dargestellt. Je nach Fließverhalten können entsprechende rheologische Gleichungen (siehe Abschnitt 2.3.1) ihre Anwendung finden.

2.3.2.3 Stationäre Messmethoden

Zur Beschreibung des Fließ- und Deformationsverhaltens dienen in der Rheologie physikalische Größen, die den mechanischen Widerstand, die Verformung und die Verformungsgeschwindigkeit sowie die Schergeschwindigkeit (Schergefälle) eines Stoffes beschreiben. Ein einfaches Modell zur Definition dieser physikalischen Größen ist das *Zwei-Platten-Modell*.

Zur Erklärung des Fließ- und Deformationsverhaltens wird in der Rheologie oft von einer laminaren Schichtenströmung ausgegangen. Zwischen zwei Platten befindet sich eine Flüssigkeitslamelle der Dicke bzw. der Höhe h. Die parallel zur Fläche A wirkende Kraft F_T (Tangentialkraft) ruft eine Bewegung der oberen Platte hervor, wodurch zwischen beiden Platten eine Geschwindigkeitsdifferenz Δv entsteht. Es bildet sich eine laminare Schichtenströmung, das heißt die oberste Flüssigkeitsschicht wird bewegt und die darunter liegenden Schichten folgen dieser Bewegung, ohne sich zu vermischen, wobei die Verschiebung u der differentiellen parallelen Schichten unterschiedlich ist. Eine laminare Schichtenströmung ist Voraussetzung für die Berechnung rheologischer Größen.

Aus der schematischen Darstellung in Bild 2.9 können somit folgende Beziehungen abgeleitet werden:

Die Schubspannung τ stellt den Scherwiderstand dar, den ein Material einer Bewegung entgegensetzt, und wird in Pa angegeben:

$$\tau = \frac{F_T}{A} \tag{2.17}$$

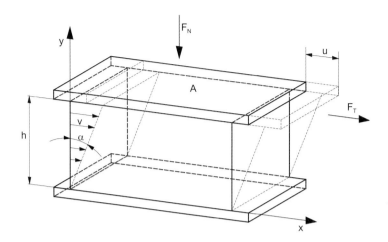

Bild 2.9: Darstellung des Fließ- und Deformationsverhaltens mit dem Zwei-Platten-Modell

mit
F_T Tangentialkraft [N]
A Fläche [m²]

Die Deformation γ beschreibt die Verformung eines Materials. Sie ist der Quotient aus der Verschiebung u und dem Abstand zur Haftebene h (Höhe) und kann durch den Öffnungswinkel α zwischen unverformtem Quader und dem Parallelepiped bestimmt werden. Sie ist eine dimensionslose Größe:

$$\gamma = \frac{u}{h} = \tan\alpha \qquad (2.18)$$

mit
u Verschiebung [m]
h Abstand zur Haftebene (Höhe) [m]
α Winkel

Bei konstanter Schubspannung ist die Verschiebung u abhängig von der Zeit t, so dass in jeder Schubebene eine andere Verformungsgeschwindigkeit v in m/s vorliegt:

$$v = \frac{u}{t} \qquad (2.19)$$

mit
u Verschiebung [m]
t Zeit [s]

Die Schergeschwindigkeit ist der Quotient aus der Geschwindigkeit v einer Schubebene und der Höhe h der Schicht. Die Schergeschwindigkeit, auch Schergefälle genannt, bezeichnet das Geschwindigkeitsgefälle innerhalb eines Materials und wird in s⁻¹ angegeben. Je höher sie ist, desto höher ist auch die Scherbelastung der Probe:

$$\dot{\gamma} = \frac{dy}{dt} = \frac{dv}{dy} = \frac{v}{h} \tag{2.20}$$

mit
v Geschwindigkeit einer Schubebene [m/s]
h Höhe der Schicht [m]

Nach dem heutigen Stand der Technik gibt es für laminar fließende Suspensionen experimentelle Methoden zur Ermittlung der charakteristischen und physikalisch begründeten Stoffkenngrößen. Einige dieser Verfahren mit ihren Messprinzipien sowie ihren Vor- und Nachteilen werden nachfolgend näher beschrieben.

a) Rotationsversuch
Im Rotationsversuch wird die klassische rheologische Messtechnik des ebenen Zwei-Platten-Modells (siehe Bild 2.9) in rotationssymmetrische Messgeometrien umgesetzt. Üblich sind hier zum Beispiel Zylinder-Zylinder-Modelle („aufgewickelte" Platten), Platte-Platte-Modelle und Kegel-Platte-Modelle. Es gibt jedoch auch Zylinder-Mess-systeme mit rotierenden Einbauten bzw. Messsysteme mit rotierenden Zylindern und feststehenden Scherkörpern.

Bei *Koaxialrheometern* (Bild 2.10) auf der Basis koaxialer Zylinder-Zylinder-Messsys-teme kann am einfachsten eine stationäre parallele (laminare) Schichtenströmung mit

Drehmoment-Messung
Messantrieb (Searle-System)

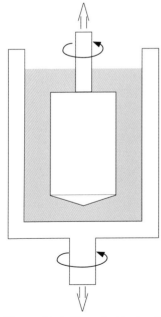

Messantrieb (Couette-System)   Bild 2.10: Koaxialrheometer

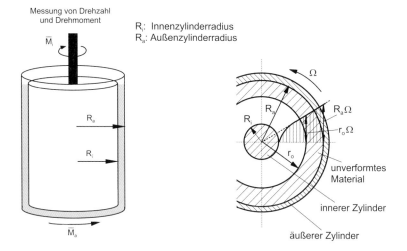

Messung von Drehzahl
und Drehmoment

$\overline{M}_i$

R_i: Innenzylinderradius
R_a: Außenzylinderradius

R_a

R_i

$\overline{M}_a$

Ω

R_a

R_i

$R_a\Omega$

$r_o\Omega$

r_o

unverformtes
Material

innerer Zylinder

äußerer Zylinder

Bild 2.11: Aufbau und
Wirkungsprinzip eines
Koaxialrheometers

definiertem Schergefälle erzeugt werden. Das zu messende Material befindet sich in einem Ringspalt zwischen einem äußeren und inneren Zylinder, von denen einer rotiert und der andere fest steht. Rotiert der innere Zylinder, spricht man vom Searle-System. Im umgekehrten Fall handelt es sich um das Couette-System. Vor- und Nachteile der Systeme werden in [2.7] beschrieben.

Wird ein Zylinder in Drehung versetzt, wird die Rotation durch die am feststehenden Zylinder ebenfalls haftende Flüssigkeitsschicht gebremst. Der Widerstand des gescherten Materials gegen die Rotation erzeugt am Rotor ein gegenläufiges Drehmoment, das der dynamischen Viskosität des Materials direkt proportional ist.

Das Drehmoment wird somit durch das Geschwindigkeitsgefälle auf den inneren bzw. äußeren Zylinder übertragen, das heißt, es wird eine Scherung mit vorgegebenem Geschwindigkeitsgradienten verursacht (Bild 2.11). Das Drehmoment M_t wird bei verschiedenen Winkelgeschwindigkeiten Ω und niedrigen Prüfgeschwindigkeiten (0 bis 0,6 s^{-1}) gemessen, so dass laminares Fließen erreicht wird. Dabei kann die Steuerung entweder

– über die Drehzahl (schergeschwindigkeitsgesteuert) des Innenzylinders bzw. des Außenzylinders oder
– über das Drehmoment (schubspannungsgesteuert)

erfolgen. Die Messgrößen sind Drehzahl und Drehmoment.

Beim Auftreten einer laminaren Schichtenströmung wird zur Berechnung rheologischer Größen eine lineare Scherratenverteilung zwischen der äußeren und inneren Zylinderwand angenommen. Damit diese Annahme gilt, darf das Verhältnis der beiden Zylinderradien maximal $R_a/R_i = 1{,}1$ (DIN 53019) [2.8] betragen.

41

Die Berechnung der Schubspannung aus dem Drehmoment erfolgt nach DIN 53019, Teil 1 [2.8].

Repräsentative Schubspannung durch Messung des Drehmoments am Innenzylinder:

$$\tau_i = \frac{M_t}{2\,\pi\,L\,R_i^2\,c_L} \tag{2.21}$$

oder

Repräsentative Schubspannung durch Messung des Drehmoments am Außenzylinder:

$$\tau_a = \frac{M_t}{2\,\pi\,L\,R_a^2\,c_L} \tag{2.22}$$

mit

τ_i Schubspannung aus am Innenzylinder gemessenem Drehmoment [Pa]
τ_a Schubspannung aus am Außenzylinder gemessenem Drehmoment [Pa]
c_L Widerstandsbeiwert der Stirnflächenkorrektur (Stirnflächenfaktor) [–]
L   Länge des Innenzylinders [m]
R_i Innenzylinderradius [m]
R_a Außenzylinderradius [m]
M_t Drehmoment [Nm]

Repräsentatives Geschwindigkeitsgefälle:

$$D = \Omega\,\frac{1+\delta^2}{\delta^2-1} \tag{2.23}$$

mit

Ω Winkelgeschwindigkeit $\Omega = 2\,\pi\,n$ [s^{-1}]
n   Drehzahl [min^{-1}]
D   Geschwindigkeitsgefälle [s^{-1}]
δ Verhältnis des Radius des Außen- zu dem des Innenzylinders [–]

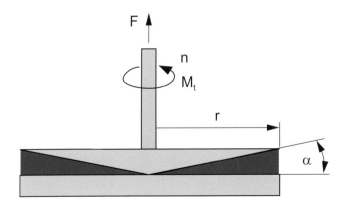

Bild 2.12: Wirkprinzip eines Kegel-Platte-Rheometers

Das *Kegel-Platte-Rheometer* besteht aus einer ebenen Platte mit dem Radius r und einem sehr stumpfen Kegel, die koaxial zueinander angeordnet sind (Bild 2.12). Die Kegelspitze liegt im Zentrum der Kreisplatte. Der Spalt zwischen Platte und Kegel (Neigungswinkel der Kegelspitze) ist der Scherspalt mit dem Winkel α, in den das zu untersuchende Material gebracht wird.

Die Umfangsgeschwindigkeit auf der Kegeloberfläche nimmt nach außen hin zu. Gleichzeitig wird durch die Kegelform die vertikale Spaltweite größer. Dies führt dazu, dass die Schergeschwindigkeit in vertikaler Richtung über dem Radius konstant bleibt. Damit der vertikale Schergradient dominiert, muss der Neigungswinkel des Kegels entsprechend klein sein (flache Kegelspitze). Die Scherrate im Spalt ergibt sich dann entsprechend (2.24):

$$\dot{\gamma} = \frac{2\,\pi n}{\alpha}\left(1 - \alpha^2 + \frac{\alpha^2}{3}\right) \approx \frac{2\,\pi n}{\alpha} \tag{2.24}$$

mit
$\dot{\gamma}$ Scherrate [s^{-1}]
n   Drehzahl [s^{-1}]
α Winkel des Scherspalts [rad]

Der Neigungswinkel der Kegelspitze α ist in rad einzusetzen. Die Schubspannung ergibt sich aus dem Drehmoment M_t nach (2.25):

$$\tau = \frac{3\,M_t}{2\,\pi\,r^3} \tag{2.25}$$

mit
τ Schubspannung [N/m²]
M_t Drehmoment [Nm]
r   Radius [m]

Auch beim Kegel-Platte-Rheometer können Effekte auftreten, die die Messung verfälschen. Hier ist insbesondere der Randbereich zu beachten. Idealerweise hat die Flüssigkeitsoberfläche am Rand eine flache Form. Die Flüssigkeitsoberfläche kann jedoch unter Umständen, z.B. bei hohen Scherraten und der damit steigenden Radialbeschleunigung, aufbrechen. Diese Instabilitäten können zum einen visuell beobachtet werden, zum anderen zeigen sie sich in plötzlichen Änderungen beim gemessenen Drehmoment. In diesem Fall müssen die Ergebnisse verworfen werden.

Die Steuerung erfolgt entweder über die Drehzahl oder über das Drehmoment. Gemessen werden entsprechend Drehzahl bzw. Drehmoment.

Das *Platte-Platte-Rheometer* besteht aus zwei parallelen ebenen Platten mit den Radien r. Das zu messende Material wird zwischen den koaxialen, kreisrunden Platten, von denen eine rotiert (Bild 2.13), geschert.

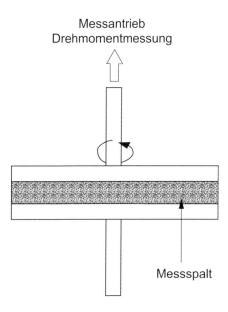

Bild 2.13: Wirkprinzip eines Platte-Platte-Rheometers

Die Schergeschwindigkeit ist im Gegensatz zum Kegel-Platte-System nicht im gesamten Messspalt der Höhe h konstant, sondern steigt von der Mitte nach außen an. Dadurch wird eine inhomogene Deformation erzeugt. Die Scherung entspricht der Torsion eines zylindrischen Stabs. Als charakteristische Scherrate wird die Scherrate am äußeren Rand herangezogen. Die Scherrate im Spalt eines Platte-Platte-Rheometers ergibt sich aus:

$$\dot{\gamma}_c = \frac{2\,\pi\,r\,n}{h}$$
(2.26)

mit
$\dot{\gamma}_c$ Scherrate [s^{-1}]
n   Drehzahl [s^{-1}]
r   Radius [m]
h   Höhe [m]

Für die Schubspannung gilt bei einem Newtonschen Verhalten (2.27):

$$\tau = \frac{2\,M_t}{\pi\,r^3}$$
(2.27)

mit
τ Schubspannung [N/m^2]
M_t Moment [Nm]
r   Radius [m]

Bei nicht-Newtonschem Verhalten muss eine Korrektur erfolgen. Dabei wird aus einer Darstellung des gemessenen Drehmoments M_t über der charakteristischen Scherrate die lokale Ableitung $dM_t/d\dot\gamma_c$ abgelesen. Die korrigierte Schubspannung ergibt sich dann entsprechend (2.28):

$$\tau_{korr} = \frac{\tau}{4}\left(3 + \frac{dM}{d\dot\gamma_c}\right) \tag{2.28}$$

Steuerung und Messung erfolgen über Drehmoment bzw. Drehzahl. Der Messantrieb und die Messeinrichtung können an derselben Platte angebracht, aber auch voneinander getrennt sein [2.1].

Bei *Rotationsviskosimetern* mit Scherkörpern rotiert das zu prüfende Material mit variabler Geschwindigkeit in einem Messtopf (Couette-System). Hier hinein wird ein besonders geformter Scherkörper getaucht. Der Scherkörper kann als Paddel, Anker o.Ä. ausgebildet sein (Bild 2.14). Er soll durch seine Form der Sedimentation und dem Wandgleiten durch eine Zwangsmischung optimal entgegenwirken.

Ein Beispiel speziell zur Bestimmung der Konsistenz von Suspensionen wie Zementleim, Zementmörtel, Putzen, Versatzstoffen und Ähnlichem bis zu einer Korngröße von 2 mm stellt der Viskomat NT der Firma Schleibinger Geräte Teubert u. Greim GmbH dar (Bild 2.15).

Je nach Fließfähigkeit kann das durch die Scherströmung am Scherkörper erzeugte Drehmoment in Abhängigkeit von der Rotationsgeschwindigkeit aufgenommen werden.

Der Nachteil des Messsystems besteht darin, dass keine definierte Scherspaltgeometrie vorliegt und damit auch kein definiertes Geschwindigkeitsgefälle als Vorausset-

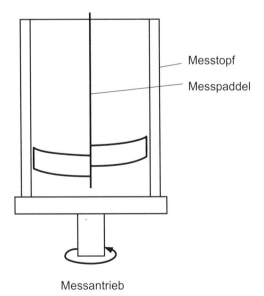

Messtopf

Messpaddel

Messantrieb

Bild 2.14: Aufbau der Messeinrichtung mit stationärem Scherkörper

Bild 2.15: Rotationsviskometer NT mit Messpaddel der Fa. Schleibinger Geräte Teubert u. Greim GmbH

zung für eine objektive Viskositätsmessung erzeugt wird. Die komplexe Strömungs-
form lässt ohne Kalibrierung nur eine Abschätzung der stationären Viskosität zu.

Die berechneten Messgrößen Fließmoment und Momentengradient entsprechen phä-
nomenologisch der Fließgrenze bzw. der plastischen Viskosität nach Bingham [2.15],
sind jedoch keine rheologischen Kenngrößen.

Die Entwicklung der *Korbzelle durch Vogel* (Bild 2.16, Bild 2.17) für den Viskomat NT
[2.16] ermöglicht die Ermittlung der rheologischen Parameter Fließgrenze und Viskosität von Mörteln bis zu einer Korngröße der Gesteinskörnung von 2 mm. Damit erfolgten Untersuchungen an SVB-Basismörteln in [2.17], [2.18] und [2.19].

b) Kugelfallversuch
Kugelfallrheometer basieren auf der Messung der Sinkgeschwindigkeit eines Messkörpers in dem zu untersuchenden Material (Bild 2.18). Nach dem Start der Kugel er-

Bild 2.16: Viskomat NT von Schleibinger

Bild 2.17: Korbzelle nach Vogel

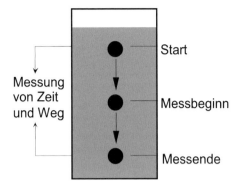

Bild 2.18: Messprinzip eines Kugelfallversuchs

folgt die Beschleunigung bis zur stationären Geschwindigkeit. Danach wird über eine definierte Messstrecke die Zeit der Fallbewegung ermittelt und daraus die Sinkgeschwindigkeit abgeleitet.

Der Sinkvorgang wird von der Geometrie des Messkörpers bzw. des Messgefäßes, dem Dichteunterschied zwischen Messkörper und Material sowie der Viskosität des Materials beeinflusst. Zur Ableitung der Viskosität über die Stokes-Gleichung muss daher die Dichte des Materials bekannt sein. Die Strömung im Kugelfallrheometer ist insbesondere durch die ausgelöste Rückströmung des Materials inhomogen und schwer zu beschreiben. Daher ist in jedem Fall eine Kalibrierung sinnvoll.

Neue Untersuchungen zur Anwendung dieses Viskometertyps liegen in [2.20], [2.21] vor. Einfachheit, Robustheit und die Verwendung eines geringen Materialvolumens waren die Zielstellungen für die Entwicklung dieses Messverfahrens, dem das Fallviskometer zugrunde liegt und bei dem der Fallkörper eine Kugel ist. Im Unterschied zum herkömmlichen Kugelfallrheometer wird bei dem in [2.20] vorgestellten Messverfahren aus der Sinkgeschwindigkeit einer beschleunigenden Kugel eine Fließkurve ermittelt. Dies geschieht über ein numerisches Verfahren, bei dem aus der Weg-Zeit-Kurve der auf ihrer Fallstrecke beschleunigenden Kugel die scheinbare Viskosität für unterschiedliche Schergeschwindigkeiten ermittelt wird.

Die Untersuchungsmethode ist geeignet, um das Fließverhalten von selbstverdichtendem Beton zu kontrollieren.

c) Rohrleitungsversuch
Eine andere Möglichkeit zur Untersuchung der Fließeigenschaften von laminar fließenden suspensionsartigen Gemengen ist die Verwendung von Kapillar- bzw. Rohr-Rheometern (Bild 2.19 und Bild 2.20) in einer Versuchsanordnung.

Sie können der Gruppe der Druckrheometer zugeordnet werden. In diesen wird eine Strömung der Messsubstanz durch eine Druckdifferenz ausgelöst. In der durchströmten Geometrie wird ein Strömungsprofil erzeugt, welches einer Scherdeformation (Kapillarströmung) bzw. einer kombinierten Scher-/Dehnströmung (Düse, Schlitz) entspricht. Gemessene Durchflussmenge und Schergeschwindigkeit auf der einen und gemessener Druckverlust und Schubspannung auf der anderen Seite stehen dabei in Beziehung und lassen Rückschlüsse auf rheologische Größen zu [2.22].

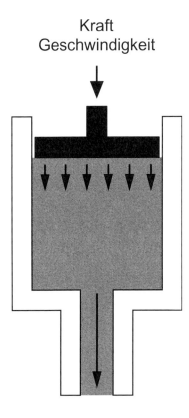

Kraft
Geschwindigkeit

Bild 2.19: Kapillarviskosimeter [2.22]

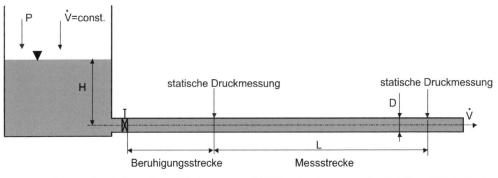

Bild 2.20: Prinzipieller Aufbau eines Rohrrheometers (H Höhe des Gemenges im Behälter; D Rohrdurchmesser; L Rohrlänge, Abstand der Druckmessstellen; P statischer Druck; R Rohrradius; $\dot{V}$ Volumenstrom)

Durch einen Stempel, Druckgas, Schwerkraft oder eine Pumpe/Extruder wird die Messflüssigkeit aus einem Reservoir durch eine enge Kapillare gedrückt. Dabei bildet sich ein über dem Querschnitt inhomogenes Scherfeld aus (Hagen-Poiseuille-Strömung bei Newtonschen Fluiden). Die Dissipation als Folge der viskosen Reibung drückt sich in einem messbaren Druckverlust aus, der in Verbindung mit dem Volumenstrom die Ableitung rheologischer Parameter ermöglicht. Bei nicht-Newtonschen Fluiden muss zunächst das Strömungsprofil (meist durch iterative Verfahren) ermittelt werden, um Aussagen zur Scherdeformation zu erhalten [2.22].

In dieser Versuchsanordnung (Rohrleitungsversuchsstand) wird ein Druckunterschied Δp in der Rohrleitung gemessen sowie der dazugehörige Volumenstrom $\dot{V}$. Man erhält die so genannte Rohrleitungskennlinie. Für Bingham-Fluide ist das die im Folgenden dargestellte Buckingham-Reiner-Gleichung. Sie ist gültig, wenn ein linearer Zusammenhang zwischen dem Volumenstrom und der Wandschubspannung bzw. dem Druckverlust besteht:

$$\dot{V} = \frac{\pi \, \Delta p \, R^4}{8 \eta_{pl} L} \left[1 - \frac{4}{3} \frac{r_0}{R} + \frac{1}{3} \left(\frac{r_0}{R} \right)^4 \right]$$

(2.29)

mit
$\dot{V}$ Volumenstrom [m³/h]
Δp Druckverlust [N/m²]
R Radius [m]
L Länge [m]
η_{pl} plastische Viskosität [Pa s]
r_0 Pfropfenradius [m]

Der letzte Term $\left[\frac{1}{3} \left(\frac{r_0}{R} \right)^4 \right]$ der Gleichung (2.29) darf vernachlässigt werden, wenn er sehr klein im Verhältnis zur Druckdifferenz ist. Wichtig ist, dass das zu untersuchende Gemenge an der Rohrwand haftet, da sonst die Pfropfenströmung zu groß ist. Das Arbeiten mit Gleichung (2.29) setzt die Kenntnis des Pfropfenradius r_0 voraus:

$$r_0 = \frac{\tau_0 \, 2 \, L}{\Delta p}$$

(2.30)

mit
r_0 Pfropfenradius [m]
τ_0 Fließgrenze [N/m²]
Δp Druckverlust [N/m²]
L Länge [m]

Zur Ermittlung der rheologischen Kenngrößen ist zunächst die Aufnahme einer Messkurve notwendig, bei der der Druckverlust bezogen auf die Messstrecke über den Volumenstrom $\frac{\Delta p}{L} = f(\dot{V})$ aufgezeichnet wird. Diese Messkurve wird als Rohrleitungskennlinie bezeichnet.

Nach Einsetzen des Pfropfenradius in der gekürzten Gleichung (2.29) und anschließendem Ausmultiplizieren, wobei R = D/2 und somit $R^4 = D^4/16$ sind, ergibt sich durch Umstellung eine Geradengleichung der Form y = m x + n.

Rohrleitungskennlinie:

$$\frac{\Delta p}{L} = \frac{128\,\eta_{pl}}{\pi\,D^4}\,\dot{V} + \frac{16\tau_0}{3\,D} \tag{2.31}$$

mit
Δp Druckverlust [N/m²]
L Länge [m]
η_{pl} plastische Viskosität [Pa s]
D Durchmesser [m]
$\dot{V}$ Volumenstrom [m³/h]
τ_0 Fließgrenze [N/m²]

Somit sind n = $\frac{16\tau_0}{3D}$ und m = $\frac{128\eta_{pl}}{\pi D^4}$. Aus der Messkurve $\frac{\Delta p}{L}$ = f ($\dot{V}$) kann n als Schnittpunkt der Kennlinie mit der y-Achse abgelesen und m über den Anstieg ermittelt werden [2.1]. Nach Umstellen erhält man die beiden rheologischen Kenngrößen eines Bingham-Materials τ_0 und η_{pl}.

Bild 2.21: Rohrleitungsversuchsstand

Bild 2.22: Detail

Fließgrenze, ermittelt aus Rohrleitungskennlinie:

$$\tau_0 = \frac{3\,n\,D}{16} \tag{2.32}$$

Plastische Viskosität, ermittelt aus Rohrleitungskennlinie:

$$\eta_{pl} = \frac{m\,\pi\,D^4}{128} \tag{2.33}$$

Konzeptionelle Arbeiten für einen Rohrleitungsversuchsstand finden sich in [2.23]. Eine konstruktive Umsetzung und Erprobung erfolgte in [2.17], [2.24]. Bild 2.21 und Bild 2.22 zeigen den Versuchsstand.

2.3.2.4 Instationäre Messmethoden

Zur Charakterisierung der Deformationseigenschaften viskoelastischer Materialien ist es notwendig, neue Strömungssituationen zu analysieren. Instationäre Messmethoden dienen neben der Charakterisierung der mechanischen Eigenschaften insbesondere der Strukturanalyse.

Instationäre Methoden ermöglichen es aber vor allem, die elastische Komponente in den mechanischen Eigenschaften der Stoffe in der Zustandsgleichung zu berücksichtigen. Hierbei werden die in Tabelle 2.5 erwähnten Methoden unterschieden.

a) Relaxationsversuch
Beim Relaxationsversuch wird ein Material plötzlich geschert. Das Material reagiert auf die Scherung mit einer Schubspannung $\tau(t)$. Der Versuch kann beispielsweise mit einem Kegel-Platte-System realisiert werden. Dazu wird der Kegel um einen bestimmten Betrag verdreht und das Drehmoment als Maß für die Schubspannung als Funktion der Zeit gemessen.

Tabelle 2.5: Instationäre Messmethoden

Methode	Beispiel
statische Methoden (sprungförmige oder zeitproportionale Erregung)	• Relaxationsversuch (Scherung konstant) • Kriechversuch (Spannung konstant)
dynamische Methoden (sinusförmige Erregung, Schwingungsbeanspruchung)	• direkte Messung von Spannung und Deformation (Oszillation) • Impedanzmessung (mechanische Impedanz) • Untersuchung der Wellenausbreitung • charakteristische Impedanzmessung
Messung der dielektrischen Relaxation (des elektrischen Elastizitätsmoduls e', des elektrischen Verlustmoduls e")	
optische und akustische Methoden (Ausnutzung von Infrarot-, Ultraviolett-, Röntgenstrahlen, Schallwellen)	

b) Kriechversuch

Im Gegensatz zum Relaxationsversuch wird beim Kriechversuch plötzlich eine Schubspannung auf die Probe angewandt und die resultierende Deformation der Probe erfasst.

c) Oszillationsversuch

Eine elegante Art, viskose und elastische Eigenschaften eines Materials zu ermitteln, sind Messungen unter oszillierender Beanspruchung (Schwingungsmessung). Dazu wird das Material meist einer sinusförmigen Deformation mit kleiner Amplitude ausgesetzt. Die kleine Amplitude garantiert dabei die Messung im linearen viskoelastischen Bereich.

Dem Oszillationsversuch ist ebenfalls das Zwei-Platten-Modell zugrunde gelegt. Jedoch bewegt sich eine der beiden Platten nicht kontinuierlich in eine Richtung, sondern ändert die Bewegungsrichtung mit einer bestimmten Frequenz und Amplitude [2.26], d.h., das Gemenge wird durch eine sinusförmige Deformation belastet.

Nähere Erläuterungen zu instationären Messmethoden finden sich u.a. in [2.7] und [2.25].

2.4   Schüttgüter

2.4.1   Beschreibung

Der Begriff Schüttgut bezeichnet ein disperses System bestehend aus zwei oder drei Phasen (Feststoff – Gas – ggf. Flüssigkeit). Nach [2.27] handelt es sich um ein körniges oder auch stückiges Gemenge, das sich aus Partikeln zusammensetzt und in einer schüttfähigen Form vorliegt. Charakterisiert werden die Eigenschaften von Schüttgütern durch Korngröße, Kornform und Korngrößenverteilung sowie Schüttdichte, Schüttwinkel, chemische Zusammensetzung, Feuchtigkeit und Temperatur.

Man kann Schüttgüter in zwei Gruppen einteilen:

– kohäsionslose, frei fließende Schüttgüter und
– kohäsive, zusammenhaltende Schüttgüter [2.5].

Während die frei fließenden Schüttgüter ein gutes Fließverhalten aufweisen und allein aufgrund der Schwerkraft aus einem Silo ausfließen, sind kohäsive Schüttgüter meist schwer fließend. Sie neigen zu Auslaufstörungen wie Schacht- oder Brückenbildungen oder verfestigen sich während der Lagerung. Die Ursachen liegen in dem Vorliegen von Haftkräften zwischen den Einzelpartikeln. Dadurch können diese Scherbeanspruchungen ohne Fließen aufnehmen.

Ebenso spielt der aktuelle Verfestigungszustand eine wichtige Rolle, d.h., man unterscheidet zwischen lose geschütteten und verdichteten Schüttgütern. Das mechanische Verhalten eines Schüttguts hängt von der Beanspruchungsvorgeschichte ab [2.28], [2.29].

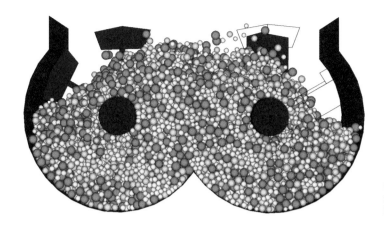

Bild 2.23: Doppelwellen-
mischer der Fa. BHS Sont-
hofen GmbH

Man kann für die Beschreibung des Schüttgutverhaltens die Kräfte zwischen den einzelnen Partikeln betrachten. Seit einigen Jahren werden diesbezügliche Berechnungen mit Hilfe der Diskrete-Elemente-Methode durchgeführt. Die Zahl der betrachteten Partikel hängt dabei im Allgemeinen von der verfügbaren Rechenleistung ab [2.27]. Durch die ständige technische Verbesserung der Rechentechnik können zunehmend auch komplexere Fragestellungen mit großen Partikelmengen gelöst werden. So werden in der Schüttguttechnik häufig Probleme beim Fördern mit Hilfe der Diskrete-Elemente-Methode untersucht. Ein Beispiel ist die Modellierung von Gutübergabestellen in Gurtförderanlagen, die sich auf analytischem Weg nur unzureichend beschreiben lassen [2.30], [2.31], oder auch die Modellierung von Füll- und Entleerungsvorgängen in Becher- und Kratzförderern [2.32]. Auch die Untersuchung von Mischvorgängen in Zwangsmischern stellt ein breites Tätigkeitsfeld für die DEM-Simulation [2.33], [2.34], [2.35], [2.36] (Bilder 2.23 und 2.24) dar.

Der klassische Weg zur Beschreibung des Schüttgutverhaltens ist die Kontinuumsmechanik. Zur Charakterisierung der Fließeigenschaften von Schüttgütern wird das Haufwerk als Ganzes, als Kontinuum, angesehen. Nicht die Kräfte an einzelnen Partikeln, sondern die Kräfte auf die Begrenzungsflächen einzelner Volumenelemente und die daraus folgenden Verformungen werden betrachtet [2.27], [2.37]. Man nimmt dabei an, dass Homogenität und Isotropie vorliegen, das heißt konstante Schüttgutdichte in einem gewissen Volumenbereich bzw. gleiche mechanische Eigenschaften in allen Richtungen des Volumenelements [2.29].

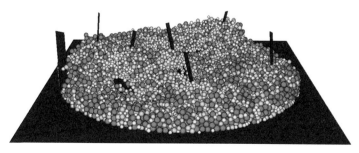

Bild 2.24: Planetenmischer
der Fa. Wiggert & Co. GmbH

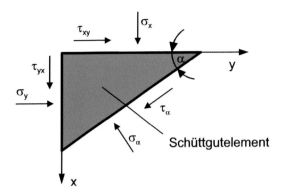

Bild 2.25: Spannungen an einem Schüttgutelement [2.37]

Das Fließen des Schüttguts ist die plastische Deformation eines Haufwerkskörpers, die durch eine Relativbewegung der Einzelpartikel gegeneinander zustande kommt. Die Ursache des Fließens liegt in dem Eintrag von Spannungen in das Schüttgut. Diese Spannungen können sowohl in Form von Normalspannungen als auch in Form von Scher- bzw. Schubspannungen auftreten (siehe Bild 2.25). Sie werden in einem Scherspannungs-Normalspannungs-Diagramm (τ-σ-Diagramm) dargestellt [2.37]. Die grafische Darstellung dieser Spannungen im Schüttgut ist als Mohrscher Spannungskreis bekannt (siehe Bild 2.26). Er stellt die Zusammenhänge zwischen der Normalspannung σ, der Scherspannung τ und einem Winkel α, um den die Betrachtungsebene zur y-Achse geneigt ist, dar.

Schüttgüter sind in der Lage, auch in Ruhe Schubspannungen zu übertragen. In den unterschiedlichen Schnittebenen eines Schüttguts wirken unterschiedliche Spannungen. Der Spannungszustand kann also nicht durch einen einzelnen Zahlenwert beschrieben werden. Eine eindeutige Definition ist nur möglich, wenn wenigstens zwei Zahlenwerte gegeben sind, z.B. σ_1 und σ_2 [2.27].

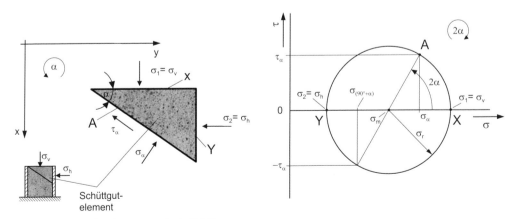

Bild 2.26: Mohrscher Spannungskreis [2.27]

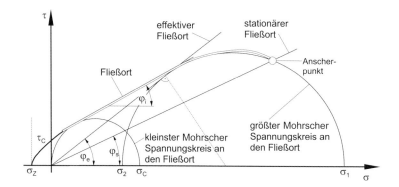

Bild 2.27: Prinzipielle Darstellung von Fließorten im τ-σ-Diagramm [2.29]

Spannungszustände, die kleiner als die Grenzspannung sind, sind zwar möglich, führen aber nur zu elastischen Verformungen des Schüttgutkörpers. Größere Spannungen sind physikalisch nicht möglich, weil es vorher zum Fließen des Schüttguts kommt [2.37].

Wirken nun auf das Schüttgut äußere Kräfte, so wird der Gleichgewichtszustand gestört. Das Schüttgut reagiert mit einer Deformation, um neue Gleichgewichtszustände zu erreichen. Diese als plastisches Fließen bezeichnete Deformation setzt allerdings erst ein, wenn eine materialspezifische Fließgrenze (Grenzspannungsfunktion) erreicht ist.

Die Fließgrenze ist die Einhüllende aller Spannungskreise, die zum Fließen einer Schüttgutprobe führen. In der Schüttguttechnik wird die Fließgrenze eines Schüttguts als Fließort bezeichnet. Es ist die Verbindungslinie der Maximalwerte in einem Schubspannungs-Normalspannungs-Diagramm. Sie endet im Punkt des stationären Fließens.

Der Fließort bildet im τ-σ-Diagramm mit der Abszisse einen Winkel, den stationären Reibungswinkel. Er stellt einen vom Belastungszustand unabhängigen Schüttgutkennwert dar [2.37] (Bild 2.27).

Aus dem Fließort lassen sich zur Charakterisierung des Fließ- bzw. Verarbeitungsverhaltens von Schüttgütern die folgenden Kenngrößen ermitteln:

– innerer Reibungswinkel φ_i (örtlicher Neigungswinkel eines Fließorts)
– stationärer Reibungswinkel φ_s (Anstiegswinkel des stationären Fließorts, welcher die Endpunkte (stationäres Fließen) aller Fließorte und den Koordinatenursprung miteinander verbindet)
– effektiver Reibungswinkel φ_e (Neigungswinkel der Tangente durch den Ursprung an den Spannungskreis für stationäres Fließen (= effektiver Fließort)
– Kohäsion τ_c (als Scherfestigkeit bei der Normalspannung $\sigma = 0$)
– Zugfestigkeit σ_z als Schnittpunkt des Fließorts mit der σ-Achse (Messung erfolgt separat in einem Zugfestigkeitsmessgerät)

- Verfestigungsspannung σ_1 (größte Hauptspannung für stationäres Fließen)
- Gutfestigkeit σ_c (Druckfestigkeit als größte Hauptspannung des Spannungskreises durch den Ursprung für beginnendes Fließen)

Einziger Parameter eines Fließorts ist die Schüttgutdichte. Es ist die Dichte, auf die das Schüttgut vor dem eigentlichen Scherversuch verdichtet wurde. Da sie eine skalare Größe ist, muss Isotropie angenommen werden [2.29].

Zur Charakterisierung der Fließfähigkeit kann der Fließfaktor ermittelt werden, der sich als Quotient aus Verfestigungsspannung σ_1 und Gutfestigkeit σ_c darstellt.

Fließfaktor nach Jenike [2.29]:

$$\text{ff}_c = \frac{\sigma_1}{\sigma_c} \tag{2.34}$$

ff_c	Fließfaktor nach Jenike
σ_1	Verfestigungsspannung
σ_c	Gutfestigkeit

Über den Beginn des Fließens eines Gemenges entscheidet seine Zusammensetzung. Wirken Vibrationen auf das Gemenge ein, sind auch deren Parameter für die Höhe der Fließgrenze ausschlaggebend. Folgende physikalische Größen, die das Fließvermögen des Gemenges beschreiben, lassen sich bestimmen:

- innere Reibung
  Die innere Reibung baut sich zwischen den Bestandteilen des Gemenges auf. Sie wird mit dem inneren Reibungswinkel betragsmäßig beschrieben. Zur Bestimmung sind die Größen Schubspannung und Normalspannung für einen Ort beginnenden Fließens erforderlich. Dieses Verhältnis wird in Scherversuchen ermittelt.
- Schubspannung/Normalspannung
- Böschungswinkel
  Der Böschungswinkel stellt den maximal möglichen Neigungswinkel einer Schüttgutoberfläche gegen die Horizontale dar, bei dem sich das Gut noch im statischen Gleichgewicht befindet.
- Querdruck/Normaldruck
  Der Querdruck baut sich an einer Gefäßwandung quer zur in Normalrichtung wirkenden Kraft auf.

Die Druckverhältnisse gestalten sich entsprechend dem Böschungswinkel, unterhalb dessen das Gemenge allein auf der Bodenfläche (in Normalrichtung) wirkt. Darüber liegendes Gemenge wirkt anteilig in horizontaler Richtung auf die begrenzende Wandung. Diese Kraftanteile bewirken einen Querdruck an der Wandung. Setzt man diesen Querdruck mit dem Normaldruck ins Verhältnis, erhält man Aussagen zur Fließfähigkeit (Bild 2.28). Je größer ff_c ist, desto besser fließt ein Schüttgut.

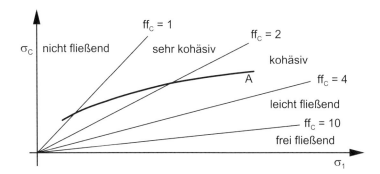

Bild 2.28: Charakterisierung des Fließverhaltens von Schüttgütern [2.38]

Soll das Fließverhalten mehrerer Schüttgüter anhand von ff_c verglichen werden, so müssen alle Versuche bei der gleichen Verfestigungsspannung durchgeführt werden.

Jedes Schüttgut hat eine eigene Fließfunktion und eigene Zeitfließfunktionen. Während frei fließende Schüttgüter keine Schwierigkeiten bei der Lagerung haben, spielen bei feinkörnigen Schüttgütern (Partikelgrößen unterhalb 100 µm) die Haftkräfte zwischen den einzelnen Partikeln eines Schüttguts gegenüber der Gewichtskraft eine immer größere Rolle. Das Schüttgut verhält sich mit abnehmender Partikelgröße zunehmend kohäsiv. Das Gleiche gilt für zunehmende Feuchte des Schüttguts. Die Flüssigkeit bildet zwischen den Partikeln Flüssigkeitsbrücken, die ebenfalls zu einer Erhöhung der Haftkräfte führen und die Fließfähigkeit erschweren [2.39].

2.4.2 Prüfverfahren

Zur Ermittlung der Fließeigenschaften von Schüttgütern dienen Schergeräte. Schergeräte unterscheiden sich nach verschiedenen Scherprinzipien und nach den baulichen Ausführungen. Das Bild 2.29 zeigt einen Überblick über die wichtigsten Scherprinzipien unter Nennung einiger Geräte, in denen die jeweiligen Prinzipien realisiert sind. Man unterscheidet zwischen direkten und indirekten Schergeräten.

Grundlage für den Schertest ist die Betrachtung des Schüttguts als homogen elastisch-plastischer Körper. Die Anwendung dieser kontinuumsmechanischen Betrachtungsweise auf feindisperse Schüttgüter ist möglich, wenn die Zellenabmessungen der Schergeräte mindestens 100-mal größer sind als der maximale Korndurchmesser [2.40].

2.4.2.1 Direkte Schertests

Bei den direkten Schertests wird die Probe in einer Scherzelle unter einer definierten Normalbelastung geschert, bis der Zustand des stationären Fließens erreicht wird.

Für feinkörnige Schüttgüter wird meistens das Translationsmessgerät nach Jenike verwendet. Die Scherzelle des Jenike-Schergeräts ist im Bild 2.30 dargestellt. In diese Scherzelle wird die Schüttgutprobe zur Messung eingefüllt. Die Scherzelle besteht aus

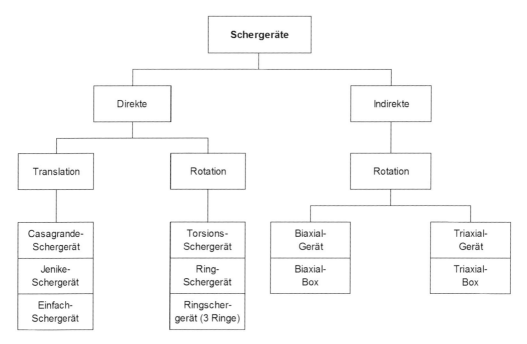

Bild 2.29: Systematik der Schergeräte [2.1]

einem unten geschlossenen Bodenring, einem darüber liegenden „oberen Ring" gleichen Durchmessers sowie einem Deckel. Der Deckel wird zentrisch mit einer Normalkraft F_N beaufschlagt. Weiterhin ist ein Bügel fest mit dem Deckel verbunden. Durch
das Verschieben des oberen Rings und des Deckels gegenüber dem Bodenring wird
die Schüttgutprobe einer Scherverformung unterworfen. Die zum Verschieben notwendige Kraft F_S (Scherkraft) wird über den Bügel aufgebracht und gleichzeitig gemessen. Aus der Normalkraft F_N und der Scherkraft F_S werden durch Division durch
die Querschnittsfläche A der Scherzelle die Normalspannung σ und die Schubspannung τ berechnet.

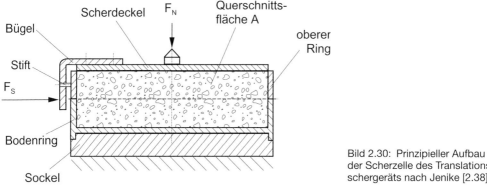

Bild 2.30: Prinzipieller Aufbau
der Scherzelle des Translations-
schergeräts nach Jenike [2.38]

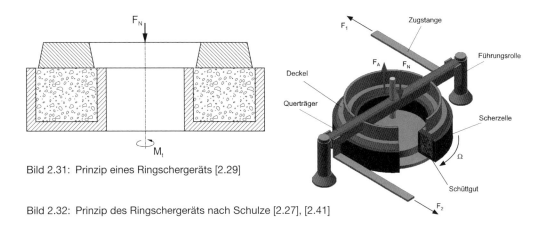

Bild 2.31: Prinzip eines Ringschergeräts [2.29]

Bild 2.32: Prinzip des Ringschergeräts nach Schulze [2.27], [2.41]

Beim Schergerät nach Jenike ist der Scherweg auf etwa 4 mm beschränkt. Stationäres Fließen muss daher schon auf sehr kurzem Weg erreicht werden. Aufgrund des sehr kleinen Scherwegs sind die Schüttgutproben vor dem Anscheren kritisch vorzuverfestigen, indem ein auf die Zelle und Einfüllring aufgesetzter und definiert belasteter Deckel in Drehbewegung mit wechselnder Richtung versetzt wird. Nach Erreichen stationären Fließens ist der Anschervorgang beendet und der Scherstift wird wieder zurückgefahren, bis die Schubspannung τ auf Null abgefallen ist. Nach Verringerung der Normallast wird der Abschervorgang durchgeführt, wobei sich ein Schubspannungsverlauf ergibt.

Für die Untersuchung der Fließeigenschaften grobkörniger und elastischer Schüttgüter bieten Ringschergeräte (Bild 2.31) Vorteile. Ringschergeräte sind direkte Rotationsschergeräte.

Die Scherzelle eines Ringschergeräts ist in [2.29] dargestellt. Sie besteht aus einem Druckring, der mit einer Normalkraft F_N belastet werden kann, und einem kreisförmigen Scherkanal als Schüttgutbehälter.

Das Ringschergerät ist wie das Jenike-Schergerät auch weggesteuert. Das kommt dadurch zum Ausdruck, dass sich der Scherkanal mit einer konstanten Winkelgeschwindigkeit um seine vertikale Achse dreht und der Scherdeckel über einen Kraftaufnehmer, der die Scherspannung misst, gehalten wird. Dadurch wird der Schervorgang erzwungen. Das Ringschergerät bietet gegenüber dem Jenike-Schergerät den Vorteil eines unbegrenzten Scherwegs [2.37]. Das Prinzip des Schergeräts nach Schulze ist in Bild 2.32 dargestellt.

Ein weiteres Beispiel für ein Ringschergerät ist der Powder-Flow-Tester PFT von Brookfield Engineering [2.42]. Durch die einfache Bedienbarkeit und das automatisierte Auswerteverfahren ist dieses Messgerät auch für die Produktüberwachung geeignet.

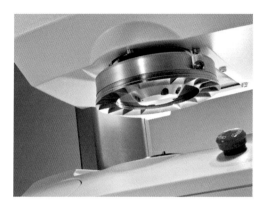

Bild 2.33: Ringscher-
gerät PFT (Powder Flow
Tester der Rheotec
Messtechnik GmbH)
mit Blick auf Scherzelle
und Deckel [2.42]

Schertests können auch zur Charakterisierung von schüttgutartigen Betongemengen herangezogen werden, wenn der Zellendurchmesser des Schergeräts an das Größtkorn angepasst wird. In [2.40] wurden vergleichende Untersuchungen an einem Großschergerät mit 95, 300 und 500 mm Scherzellendurchmesser durchgeführt.

Bei der Messung der Fließeigenschaften wird ein Schervorgang innerhalb der Probe eingeleitet. Dies wird durch entsprechende Gestaltung des Deckels erreicht [2.29].

Fließorte werden nicht direkt gemessen, sondern über die Messung der Schubspannungs-Scherweg-Verläufe ermittelt. Durch ein „Anscheren" unter Normalspannung wird ein stationäres Fließen ausgelöst. Während des Vorgangs tritt eine Verdichtung und Verfestigung des Gemenges ein. „Abscheren" nennt man die Wiederholung dieses Vorgangs nach völliger Entlastung mit verschiedenen geringeren Normalspannungen [2.29], [2.41], [2.43], [2.44]. Die aus der Belastung resultierenden Normalspannungen σ_{an} und σ_{ab} sowie die dazugehörigen Schubspannungen τ_{an} und τ_{ab} werden aufgezeichnet. Bei konstanten Anscher-, aber verschiedenen Abscher-Normalspannungen werden unterschiedliche Maxima für die Abscher-Schubspannung ermittelt. Die Verbindungslinie dieser Maximalwerte in einem Schubspannungs-Normalspannungs-Diagramm, die im Punkt des stationären Fließens endet, bezeichnet man als Fließort.

Dazu werden zwei Mohrsche Spannungskreise konstruiert, die beide den Fließort tangieren, wobei einer durch den Ursprung des Koordinatensystems, der andere durch den Anscherpunkt verläuft.

Aus dem Abschervorgang, nach Verringerung der Normallast, kann auch ein Schubspannungsverlauf (Bild 2.34) konstruiert werden.

Beide Verfahren – Ermittlung des Schubspannungsverlaufs und Ermittlung des Fließorts – dienen in erster Linie der Beschreibung des Fließverhaltens bei feinkörnigen Schüttgütern zur Lösung von Transport- und Lagerproblemen. Eine Untersuchung des weiteren Verhaltens nach Erreichen der Fließgrenze findet nicht statt.

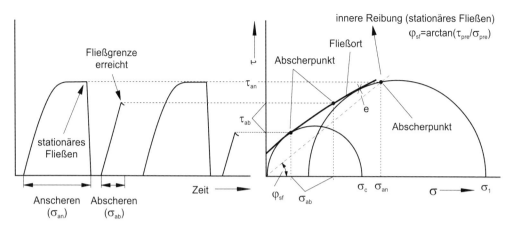

Bild 2.34: Schubspannungsverlauf und Fließort [2.38]

2.4.2.2 Indirekte Schertests

Bei den indirekten Schergeräten ist die Richtung der Scherzone nicht wie bei den direkten Schergeräten durch die Konstruktion festgelegt, sondern sie kann sich aufgrund des anliegenden Spannungszustands frei einstellen. Ferner ist bei den indirekten Schergeräten die Richtung der Hauptspannungen vorgegeben, wogegen sie sich bei den direkten Schergeräten während des Schervorgangs entsprechend den wirkenden Normal- und Schubspannungen einstellen [2.29].

Zu den indirekten Schergeräten gehören die Zwei- und Dreiaxialgeräte. In diesen Geräten können die Hauptspannungen in zwei oder drei Richtungen vorgegeben werden. Das Scheren erfolgt durch eine Umlagerung der Partikel in der gesamten Probe. Es können makroskopische Spannungs- und Dehnungszustände gemessen werden.

Das Dreiaxialgerät ist ein Standardgerät der Bodenmechanik. Drücke größer als 200 kPa werden realisiert. Da in der Schüttguttechnik häufig der niedere Druckbereich unter 100 kPa interessant ist, ist die Anwendung der Dreiaxialbox dort unrealistisch [2.29].

Im Dreiaxialgerät wird die Probe in z-Richtung durch zwei beliebige Stempel und in x- und y-Richtung mit gleich großen Spannungen beansprucht, wobei $\sigma_1 > \sigma_2 = \sigma_3$. Dabei wird in z-Richtung die Spannung bis zum Bruch erhöht. Dagegen wird der quaderförmige Probekörper in der Dreiaxialbox durch sechs Platten so begrenzt, dass er beliebigen Verformungen in den drei Richtungen gleichzeitig unterworfen werden kann. Alle drei Hauptspannungen σ_1, σ_2 und σ_3 können somit unabhängig voneinander variiert werden. Eine schematische Darstellung des Funktionsprinzips zeigt Bild 2.35.

Die Zweiaxialbox ist eine einfachere Variante (Bild 2.36). In der Zweiaxialbox wird eine ebene Probenverformung ermöglicht. Der Schervorgang findet in der x- und y-Richtung statt. Aus Konstruktionsgründen ist in z-Richtung keine Verformung möglich.

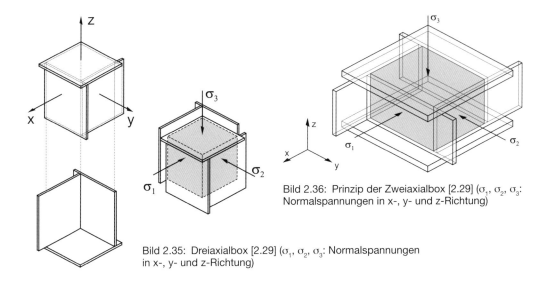

Bild 2.36: Prinzip der Zweiaxialbox [2.29] (σ_1, σ_2, σ_3: Normalspannungen in x-, y- und z-Richtung)

Bild 2.35: Dreiaxialbox [2.29] (σ_1, σ_2, σ_3: Normalspannungen in x-, y- und z-Richtung)

Zur Beanspruchung einer Schüttgutprobe können die Spannungen oder Verformungen also in zwei senkrecht zueinander stehenden Richtungen unabhängig voneinander vorgegeben werden. Da auf die Probenbegrenzungsflächen vernachlässigbar kleine Schubspannungen wirken, sind die auf die Probe wirkenden Normalspannungen Hauptspannungen, und die Mohrschen Spannungskreise sind für jeden Beanspruchungszustand bekannt.

Da sich Fließorte als Einhüllende an Mohrsche Spannungskreise ergeben, sind keine Annahmen zur Versuchsauswertung notwendig. Die Druckfestigkeit f_c einer Schüttgutprobe als Funktion der Verfestigungsspannung σ_1 kann durch direkte Messung ermittelt werden [2.29].

Die schematische Darstellung der Zweiaxialbox des Instituts für Mechanische Verfahrenstechnik der TU Braunschweig zeigt Bild 2.37. Zu Beginn des Versuchs befindet sich in der Mitte der Apparatur eine quadratische Schüttgutprobe. Mit Hilfe der Belastungsplatten 1, 2, 3 und 4 kann die Probe in zwei Richtungen verformt werden.

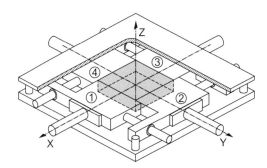

Bild 2.37: Konstruktiver Entwurf der Zweiaxialbox [2.29], [2.45]

2.5 Schüttgutartige Gemenge

2.5.1 Beschreibung

Der Begriff des schüttgutartigen Gemenges ist in der Betontechnologie geläufig. Darunter sind die Gemenge zu verstehen, die hinsichtlich ihres Verarbeitungsverhaltens nicht mehr den Fluiden zugeordnet werden können. Ihre Zusammensetzung bedingt, dass eine Annäherung an das Verhalten kohäsiver Schüttgüter erfolgt.

Ihre Abgrenzung gegenüber den suspensionsartigen Betongemengen mit größerem Wassergehalt hängt im Wesentlichen vom Wasser-Zement-Verhältnis und vom Gesteinskörnungs-Zement-Verhältnis ab, wie in Bild 2.38 dargestellt ist.

Betongemenge stellen scherempfindliche Mehrphasensysteme dar. Ihr Fließverhalten wird von Bindemittelleim, Gesteinskörnungen, Zusatzmittel und -stoffen bestimmt, wobei der Bindemittelleim (Zementleim) die eigentliche fließfähige Phase darstellt und somit die Verarbeitbarkeit der Betongemenge ermöglicht.

Neben der Zusammensetzung des Baustoffs selbst hängt das Fließverhalten dieser zementgebundenen Baustoffe von weiteren Parametern ab, wie z.B. dem Hydratationsgrad und der rheologischen Vorgeschichte.

Innerhalb des Betongemenges wirken Reibungskräfte, Kohäsionskräfte und Bindungskräfte. Durch eine dynamische Belastung (z.B. Mischen) treten Scherkräfte auf. Die Reaktion auf diese Belastung äußert sich als Verarbeitungseigenschaft.

Zur Bestimmung der Verarbeitbarkeit steifer Betongemenge werden bodenmechanische Untersuchungsmethoden angewendet. In Tabelle 2.6 sind die Messverfahren zur Bestimmung der charakterisierenden Kenngrößen für die entsprechenden Eigenschaften der Verarbeitbarkeit gegenübergestellt [2.47].

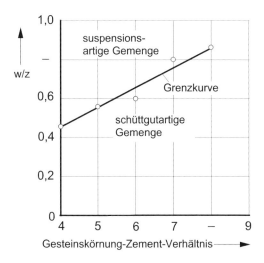

Bild 2.38: Übergang vom suspensionsartigen zum schüttgutartigen Betongemenge [2.46]

Tabelle 2.6: Verfahren zur Bestimmung der Verarbeitbarkeit schüttgutartiger Betongemenge nach [2.47]

	Kenngröße	Physikalische Größe	Verfahren
Fließfähigkeit	innerer Reibungswinkel	Verhältnis $\arctan\dfrac{\tau_{Fließen}}{\sigma_{Fließen}}$	Scherversuch (Scherzelle); kann je nach Gerätetyp zu unterschiedlichen Ergebnissen führen
	Scher- und Druckfestigkeit	Verhältnis $\dfrac{\text{Kraft}}{\text{Wirkfläche}}$	
Verformbarkeit	Umformzeit	Zeit	*Verformung* eines leicht *verdichteten* Kegelstumpfs zu einem Zylinder; DIN EN 12350-3 [2.63]
	Anzahl von Stößen	dimensionslos	Fallgewicht treibt Stab in losen oder verdichteten Beton bis zu einer bestimmten Tiefe (definierte Randbedingungen)
	innerer Reibungswinkel	Verhältnis $\arctan\dfrac{\tau_{Fließen}}{\sigma_{Fließen}}$	Scherversuch (Scherzelle); kann je nach Gerätetyp zu unterschiedlichen Ergebnissen führen
	Druckfestigkeit	Verhältnis $\dfrac{\text{Druckkraft}}{\text{Druckfläche}}$	
Verdichtbarkeit	Verdichtungsmaß	Höhenverhältnis $\dfrac{\text{Gemenge lose}}{\text{Gemenge dicht}}$	– *Verdichtung* eines Gemengezylinders; DIN EN 12350-4 [2.64] – Verfahren nach Werse, komplex, in mehreren Arbeitsschritten
	Rohdichte	Verhältnis $\dfrac{\text{Masse}}{\text{verdichtetes Volumen}}$	Wägen und Volumenbestimmung nach der Verdichtung (undefinierte Randbedingungen)
	Luftporengehalt	Druck	Druckluftbeaufschlagung bestimmten Volumens in verdichtetem Gemenge

Mit den in Tabelle 2.6 aufgeführten Verfahren können jedoch nur Teilaussagen zur Verarbeitbarkeit getroffen werden. Allein das Wissen um die Verformbarkeit lässt z.B. noch keine Aussage zur Verdichtbarkeit zu. Die genannten Kenngrößen stellen meist selbst ein Verhältnis zweier Größen dar; entweder aus derselben Größe vor oder nach einem Bearbeitungsprozess (z.B. Verdichtungsmaß) oder zwischen zwei unterschiedlichen Größen (z.B. Rohdichte) [2.47].

Mit Hilfe des inneren Reibungswinkels kann sowohl die Fließfähigkeit als auch die Verformbarkeit beschrieben werden. Die Bestimmung erfolgt in Scherversuchen. Bisher ist dieser Reibungswinkel immer nur unter statischen Bedingungen und mit bereits verdichtetem Gemenge bestimmt worden [2.46].

Eine weitere wesentliche Rolle spielt die Scherfestigkeit. Sie kennzeichnet die dynamischen Eigenschaften der Stoffe, die durch äußere Einflüsse hervorgerufen werden. Bisher besteht jedoch die Schwierigkeit in der Bestimmung dieser dynamischen Eigenschaften.

Aussagen über die Vorgänge im Inneren von Körpern bzw. von Gemengen können getroffen werden, indem Spannungen, Verformungen und energetischer Verlauf berechnet werden. Diese Berechnungen sind durch die Anwendung von Simulationsprogrammen wie FEM deutlich erleichtert oder zum Teil erst möglich geworden.

2.5.2 Elastische und dämpfende Eigenschaften von Gemengen bei Vibration

Für die Modellierung und die Simulation von Gemengen, aber auch für die Auslegung der entsprechenden technischen Ausrüstungen, sind Kennwerte von Gemengen bei dynamischer Einwirkung erforderlich.

Die elastischen und dämpfenden Eigenschaften eines Gemenges bei Vibration können experimentell durch die Messung der Bewegungsgrößen bei der erzwungenen Schwingung der Gemengesäule ermittelt werden. Von Friedrich und Traut wurde in [2.48] dieser Weg für Betongemenge bestritten. Mit Hilfe eines Zweimassenmodells (Bild 2.39) wird für die Betongemengesäule eine Federkonstante c_2 und eine Dämpfungskonstante b_2 bestimmt.

Durch die Analyse der wirkenden Kräfte an den Einzelmassen m_1 und m_2 (Bild 2.39) werden zwei Differentialgleichungen aufgestellt und auf dieser Grundlage die Berechnung der Größen c_2 und b_2 vorgenommen. Die Messung der dazu notwendigen Bewegungsgrößen wurde mit Hilfe eines Versuchsstands vorgenommen, der in Bild 2.40 schematisch dargestellt ist.

Als Gemenge wurde ein Modellbeton verwendet, bei dem der Zement substituiert war.

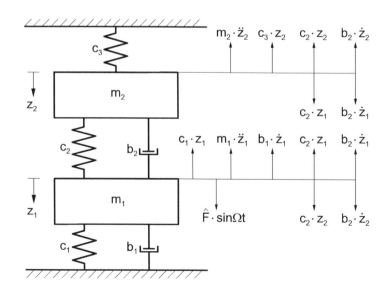

Bild 2.39: Darstellung des Zweimassensystems mit den wirkenden Kräften

m_1 Masse des Schwingungserregers

m_2 Masse der Auflast

c_1 Federkonstante des Schwingungserregers

b_1 Dämpfungskonstante des Schwingungserregers

c_2 elastische Kenngröße des Frischbetons

c_3 Federkonstante der Auflastfeder

z_1 Bewegungsgröße am Schwingungserreger

z_2 Bewegungsgröße an der Auflastmasse

$\hat{F}$ Erregerkraftamplitude

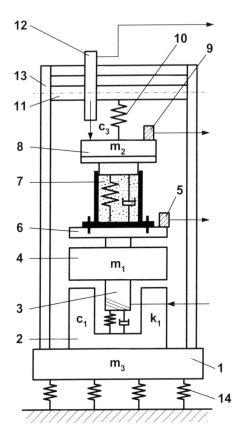

Bild 2.40: Schematische Darstellung eines Versuchsstands zur Bestimmung dynamischer Stoffkenngrößen von Betongemenge bzw. Frischbeton
1 Fundamentblock
2 Elektrodynamischer Schwingungserreger
3 Schwingbolzen
4 Zusatzmasse
5 Beschleunigungsaufnehmer
6 Vibriertisch und Formhalterung
7 Zylindrische Form
8 Auflastmasse
9 Beschleunigungsaufnehmer
10 Auflastdruckfeder
11 Traverse
12 Induktiver Wegaufnehmer
13 Rahmen
14 Schwingungsisolatoren

Diese Methode zur Kennwertbestimmung von Gemengen hat den Vorteil, dass die Ermittlung unter ähnlichen Randbedingungen stattfindet, wie sie auch bei einer konkreten Verdichtungseinrichtung vorhanden sind. Das betrifft die folgenden Einflussgrößen:

- Maschinentechnische Parameter
  • Erregerfrequenz
  • Auflastdruck
  • Beschleunigung des Vibrationstischs
- Geometrieparameter des Frischbetonelements
  • Elementfläche
  • Elementhöhe
- Stoffparameter
  • Wasser/Zement-Verhältnis
  • Frischbetonrohdichte

Die von Friedrich und Traut ermittelte Abhängigkeit der Federkonstante c_2 vom Auflastdruck und der Erregerfrequenz ist im Bild 2.41 dargestellt.

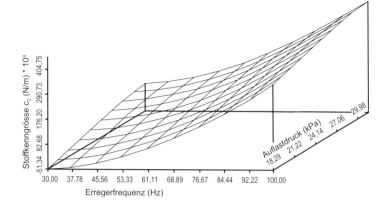

Bild 2.41: Abhängigkeit der Stoffkenngröße c_2 von der Erregerfrequenz f und dem Auflastdruck p bei Vibrationen [2.48]

Demzufolge wächst die Federkonstante c_2 mit steigender Erregerfrequenz und steigendem Auflastdruck.

Bild 2.42 zeigt beispielsweise die Abhängigkeit der Dämpfungskonstante b_2 des Gemenges in Abhängigkeit von Erregerfrequenz und dem Auflastdruck.

Diese Kenngrößen sind natürlich auch zeitlichen Änderungen unterworfen. Diese sind jedoch, wie in [2.48] nachgewiesen wird, gering.

Die Untersuchungsergebnisse von Friedrich und Traut wurden vom IFF Weimar e.V. in zahlreichen Arbeiten weiterverfolgt und weiterentwickelt. Ihre Anwendung erfolgt beispielsweise bei Betonsteinmaschinen, aber auch bei der Auslegung von Betonrohrmaschinen [2.49]. Gleichzeitig hat sich die Versuchs- und Messtechnik zur Ermittlung o.g. Kenngrößen weiterentwickelt. Die am IFF Weimar e.V. verwendete Versuchseinrichtung ist aus den Bildern Bild 2.43 und Bild 2.44 ersichtlich.

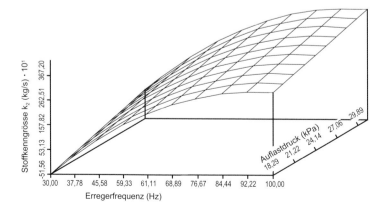

Bild 2.42: Abhängigkeit der Stoffkenngröße b_2 von der Erregerfrequenz f und dem Auflastdruck p [2.48]

67

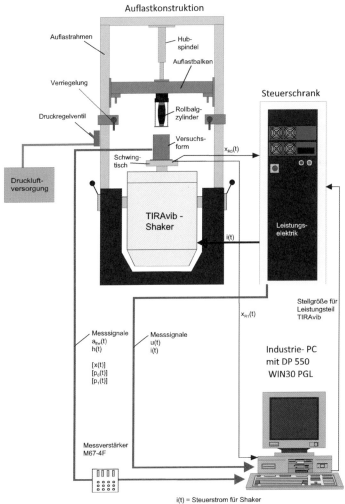

Auflastkonstruktion

Auflastrahmen

Hub-
spindel

Auflastbalken

Verriegelung

Druckregelventil

Rollbalg-
zylinder

Versuchs-
form

$x_{R0}(t)$

Steuerschrank

Schwing-
tisch

Druckluft-
versorgung

TIRAvib -
Shaker

Leistungs-
elektrik

$i(t)$

Stellgröße für
Leistungsteil
TIRAvib

$x_{R1}(t)$

Messsignale
$a_{Ert}(t)$
$h(t)$

[x(t)]
[$p_0(t)$]
[$p_1(t)$]

Messsignale
$u(t)$
$i(t)$

Industrie- PC
mit DP 550
WIN30 PGL

Messverstärker
M67-4F

$i(t)$ = Steuerstrom für Shaker
$x_{R0}(t)$ = Beschleunigungs-IST-Wert für Regelung TIRAvib
$x_{R1}(t)$ = Beschleunigungs-IST-Wert für Regelung DP550

Bild 2.43: Versuchseinrichtung zur Ermittlung dynamischer Stoffkenngrößen

Bild 2.44: Versuchseinrichtung TIRAvib

2.5.3 Prüfverfahren

Für Betone mit plastischer bis steifer Konsistenz kommt der Verdichtungsversuch nach DIN EN 12350 Teil 4 zur Anwendung (Bild 2.45). Bei diesem Prüfverfahren wird ein locker in einen Behälter eingefülltes Betongemenge einem Verdichtungsvorgang unterzogen und hierbei die Höhen- bzw. Volumenänderung erfasst (Bild 2.46).

Das Verdichtungsmaß ist für sehr steife, erdfeuchte Betone ungeeignet. Diese Betongemenge besitzen einen niedrigen Wasserzementwert und einen sehr niedrigen Zementleimgehalt. Aufgrund dessen verfügen sie über eine wesentlich geringere Verdichtungswilligkeit im Vergleich zu Normalbetonen und müssen mit erhöhter Verdichtungsenergie beaufschlagt werden, am besten mit Auflast. Dies gilt auch für die Prüfung der Betongemengekonsistenz, die für eine effiziente Materialoptimierung unumgänglich ist.

Eine Alternativlösung bietet der Proctorversuch. Die Proctordichte nach DIN 18127 [2.68] ist eine Kenngröße der Bodenmechanik und dient zur Untersuchung von Bodenproben. Das Prüfverfahren arbeitet mit schlagender Verdichtung und kann auch herangezogen werden, um die optimale Wasserzugabemenge erdfeuchter Betongemenge zu bestimmen [2.50].

Weitere messtechnische Möglichkeiten zur Charakterisierung schüttgutartiger Betongemenge finden sich in Tabelle 2.7.

Eine weitere Zusammenstellung von Testmethoden zur Bestimmung der Verarbeitbarkeit von Beton findet sich in [2.61].

Wie bereits in Abschnitt 2.4.2.1 beschrieben, können auch Schergeräte zur Charakterisierung schüttgutartiger Betongemenge verwendet werden.

Schergeräte dienen der Ermittlung der Fließfunktion (Fließort) in einem Schubspannungs-Normalspannungs-Diagramm. Neben dem Fließort können weitere Scherpara-

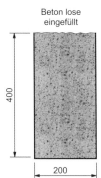

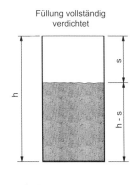

Bild 2.45: Verdichtungsversuch nach
DIN EN 12350 Teil 4 [2.64]

Bild 2.46: Schematische Darstellung von lose
eingefülltem und verdichtetem Frischbeton

Tabelle 2.7: Verfahren zur Konsistenzprüfung [2.51], [2.52]

Verfahren / Wesen des Verfahrens	Darstellung
Setzzeitversuch DIN EN 12350-3 [2.63] Der Setzzeitversuch mit dem Vebe-Gerät gehört zu den Verformungsversuchen. Es wird dabei die Zeit gemessen, die benötigt wird, um durch Rütteln einen Kegelstumpf aus verdichtetem Frischbeton in einen Zylinder zu verwandeln. Das Verfahren eignet sich nicht für weichen Beton oder Fließbeton. Kenngröße: Umformzeit	
Setzmaß nach Abrams (Slump-Test) DIN EN 12350-2 [2.62] Der Slump-Test gehört zu den Setzversuchen. Dabei wird das Maß s bestimmt, um das sich der Kegelstumpf aus manuell verdichtetem Frischbeton nach Abziehen der Verdichtungsform durch sein Eigengewicht setzt. Kenngröße: Setzmaß s	1 - Unterlegplatte 2 - kegelstumpfförmige Metallform 3 - aufsetzbarer Einfülltrichter Betonkegelstumpf nach Abziehen der Form: üblicher Slump Scher-Slump
Eindringversuch nach Graf Beim Eindringgerät von Graf fällt ein zylindrischer Stahlkörper von 15 kg Gewicht mit halbkugelförmigem unteren Ende aus 20 cm Höhe auf den Beton, der in eine 300-mm-Würfelform eingebracht und durch Stampfen verdichtet worden ist. Gemessen wird die Eindringtiefe des Stahlkörpers in den Beton. Der Versuch wurde bei steifem Beton angewendet. Kenngröße: Eindringtiefe	15 kg 20 cm 30 cm
Eindringversuch mit der Betonsonde nach Humm [2.53] Die Betonsonde nach Humm besteht aus einem 520 mm langen und 20 mm dicken zylindrischen Rundstab aus Stahl mit einem ringförmigen beweglichen Fallgewicht am oberen Ende des Stabs. Der Stab wird lotgerecht auf die Oberfläche des lose geschütteten oder verdichteten Betons aufgesetzt. Das Fallgewicht wird nun so oft angehoben und wieder fallen gelassen, bis die Sonde 20, 50 oder 100 mm in den Beton eingedrungen ist. In der Regel wird die Eindringtiefe von 100 mm gewählt. Gemessen wird die Anzahl der Schläge, die zum Eindringen der Sonde erforderlich ist. Kenngröße: Anzahl der Schläge Nach [2.54] eignet sich das Verfahren zur Ermittlung des Erstarrungsverhaltens	oberer Anschlag Fallgewicht Fallweg 200 rd. 520 unterer Anschlag Ø 20 Eindringtiefe 100 20 50
Eindringversuch nach Künzel-Stark DIN 4094 [2.65] Die Sonde wird analog wie bei Humm mit einem Fallgewicht 100 mm tief in das zu prüfende Gemenge (lose oder verdichtete Betone, Schüttgüter oder Böden) gerammt. Die Anzahl der dazu notwendigen Schläge stellt das Vergleichsmaß dar. Die Spitze der Sonde ist als Kegel ausgebildet. Kenngröße: Anzahl der Schläge	

meter wie Reibungswinkel und Kohäsion bestimmt werden. Zur Einschätzung der Fließfähigkeit wird der Fließfaktor ermittelt.

Sowohl mit dem Jenike-Schergerät als auch mit dem Ringschergerät können die für die Auslegung von Lager- und Fördersystemen wesentlichen Fließeigenschaften Schüttgutdichte, Schüttgutfestigkeit und Wandreibungswinkel ermittelt werden. Nach [2.46] ist eine direkte Übertragung auf die Verarbeitbarkeit von Betongemengen nicht möglich. Angepasste technologische Verarbeitungsversuche sind erforderlich. Speziell dafür wurden Großschergeräte gebaut [2.40] und erprobt.

Nach [2.29] ermöglicht die Zweiaxialbox eine homogene Verformung der Proben, so dass der gesamte Spannungs- und Dehnungszustand während des Versuchs ermittelt werden kann und damit Vorteile gegenüber den Schergeräten bestehen.

2.6 Bildsame Gemenge

2.6.1 Beschreibung

Mit dem Begriff der Bildsamkeit wird eine Eigenschaft keramischer Arbeitsmassen ausgedrückt, auf äußere Kräfte durch eine bleibende Veränderung der Form zu reagieren, ohne dass dabei der Zusammenhalt der Elementarteilchen verloren geht [2.54].

Tonmineralhaltige Materialien können durch Wasserzugabe von einem krümeligen in einen breiartigen Zustand überführt werden. In [2.55] wird der Bereich zwischen gerade nicht mehr krümelig und gerade noch nicht klebrig-breiig als handgerechter und damit bildsamer Bereich bezeichnet. Im Allgemeinen ist dieses Verformungsverhalten im Feuchtebereich zwischen 15 % und 25 % gegeben.

In der keramischen Formgebung wird diese Eigenschaft bei der Strangformgebung, der Dreh-, Roller- und Quetschformgebung ausgenutzt. Die Deformation einer bildsamen keramischen Masse setzt erst ein, wenn die Schubspannung einen bestimmten Mindestwert überschreitet. Man bezeichnet ihn als Anlasswert τ_a. Dieser Wert ist die Voraussetzung für eine bleibende Formänderung, denn ohne den Anlasswert würde der Formling unter seinem Eigengewicht wieder deformieren.

Eine rheologische Beschreibung für das Verformungsverhalten erfolgte in [2.56] mit dem Maxwell-Schwedow-Kelvin-Modell. Das Modell in Bild 2.47 berücksichtigt auch die Rückverformung einer bildsamen Masse nach Beendigung der die Formgebung verursachenden Kräfteeinwirkung durch elastische Rückfederung.

Träger der bildsamen Eigenschaften sind die Tonminerale in den keramischen Arbeitsmassen. Daher ist die Bildsamkeit abhängig von der Menge und Art der Tonminerale in der Masse, von deren spezifischer Oberfläche, Teilchengrößenverteilung und Kationenbelegung [2.55].

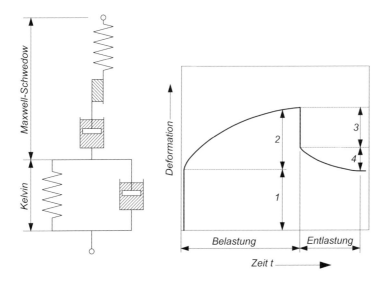

Bild 2.47: Maxwell-Schwedow-Kelvin-Modell mit Retardationskurve [2.56]

2.6.2 Prüfverfahren für bildsame keramische Massen

2.6.2.1 Indirekte Methoden

Die Bildsamkeit ist eine sehr komplexe Stoffeigenschaft und auf direktem Weg nicht messbar. Durch indirekte Messmethoden versuchte man, einen Kennwert zu ermitteln, der als eine wesentlich von der Bildsamkeit beeinflusste Größe angenommen wird.

Um die Verformbarkeit keramischer Massen zu überprüfen, ist seit langem die Methode nach Pfefferkorn bekannt. Er stellte fest, dass gleich geformte Probekörper durch ein aus einer bestimmten Höhe fallendes Gewicht entsprechend ihrem Wassergehalt gestaucht werden und das Verhältnis D_n zwischen ursprünglicher Höhe h_0 und der Höhe h_n nach der Deformation jeweils konstant ist.

Für die Ermittlung des optimalen Wassergehalts werden vier bis fünf Massen des zu untersuchenden Materials mit unterschiedlicher, genau zu bestimmender Feuchtigkeit (von steif bis sehr weich) hergestellt und in einem Feuchteexsikkator 24 h gelagert. Danach werden nach nochmaligem intensiven Durchkneten zylindrische Formlinge (Ø 33 mm, Höhe 40 mm) gepresst. Unmittelbar danach schließt sich die Prüfung mit dem Pfefferkorn-Gerät an, indem jeder Formling mit dem Fallgewicht gestaucht wird. Die Stauchhöhen werden gemessen und der Durchschnittswert jeder Masse sowie der D_n-Wert ermittelt.

Vor jeder Stauchung sind die bewegliche Führungsstange, die Fallscheibe und die Bodenplatte zu ölen.

Die Abhängigkeit zwischen Wassergehalt und dem Stauchverhältnis sind grafisch aufzutragen. Bild 2.48 zeigt schematisch das Pfefferkorn-Gerät [2.57].

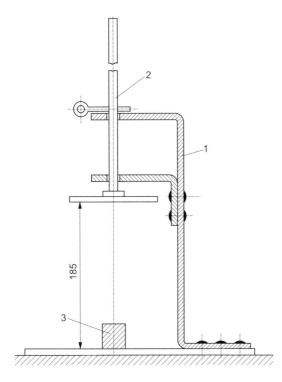

Bild 2.48: Pfefferkorn-Gerät [2.57]
1 Stativ
2 Fallstempel (1,2 kg)
3 Prüfzylinder

Aus dem Stauchversuch nach Pfefferkorn kann näherungsweise der Anlasswert der geprüften Masse berechnet werden (2.36) [2.58]:

$$\tau_a = \frac{F(H-h_1)}{2 \cdot V \cdot \ln h_0/h_1} \qquad (2.35)$$

mit
F Gewicht des Fallstempels
H Fallhöhe der Stempels
V Volumen des Prüfzylinders

2.6.2.2 Direkte Methoden

Bei den direkten Methoden wird der Zusammenhang zwischen Spannung und Deformation sowie zwischen Spannung und Schergeschwindigkeit ermittelt.

Beim Parallelplastometer nach Williams wird ein Prüfzylinder bei konstanter Belastung mit gleich bleibendem Vorschub zwischen zwei Platten deformiert und der Verformungsgrad über der Belastungsspannung ermittelt [2.59].

Auch Rohrrheometer, die als Kolbenpresse hydraulisch angetrieben werden, dienen zur Charakterisierung des Fließverhaltens von keramischen Massen [2.55].

Bei der Ermittlung der Bildsamkeit mit dem Brabender-Plastographen wird das Pulver bei kontinuierlich steigendem Wassergehalt in einer Knetkammer durchmischt. Registriert wird das Drehmoment des Antriebmotors der Knetarme, d.h. der Widerstand des Pulver-Flüssigkeits-Systems gegen die Verformung. Als Maß für die Bildsamkeit gelten die Höhe des Drehmoments im Kurvenmaximum sowie die Steilheit der Flanken des Maximums. Aus der Kurve kann darüber hinaus der Wassergehalt beim maximalen Drehmoment entnommen werden.

Eine Erfindung beschreibt ein Verfahren, bei dem auf einen Probekörper

– ein Gewicht einwirkt und ein die Verformung des Probekörpers wiedergebendes Wegsignal gemessen wird und
– beim Verformungsvorgang der zeitliche Verlauf der vom Probekörper beim Verformungsvorgang aufgebrachten Reaktionskraft gemessen wird und
– die Messwerte (Weg und Kraft) zur Verarbeitung und Auswertung einem Rechner zugeführt werden [2.60].

3   Der Formgebungs- und Verdichtungsprozess

Das im Kapitel 1 formulierte Ziel der Formgebung und Verdichtung von Gemengen kann mit unterschiedlichen technischen Mitteln realisiert werden [3.1]. Dabei sind die vier Prozessphasen

– Füllen der Form mit Gemenge,
– Verdichten des Gemenges,
– Nachbearbeiten und
– Entschalen (Entformen) der hergestellten Erzeugnisse

zu verwirklichen.

Die Prozesse unterscheiden sich bezüglich der genutzten physikalischen Effekte, der Art der Wirkpaarung und des Einsatzbereichs für bestimmte Verarbeitungsgüter und Produkte.

Zur Verschiebung der Teilchen werden dabei sowohl statische als auch dynamische Kraftwirkungen genutzt. Je nach Art der Krafteinleitung und der zu verarbeitenden Gemenge ergeben sich dann ganz bestimmte Verdichtungsverfahren, bei statischen Kraftwirkungen beispielsweise das Pressen, bei dynamischen Kraftwirkungen die Vibration. Diese Formgebungs- und Verdichtungsverfahren und die dabei ablaufenden speziellen Teilprozesse werden im nachfolgenden Kapitel 4 ausführlich dargestellt.

In der Bau- und Baustoffindustrie ist Beton der am meisten verwendete Konstruktionsbaustoff [3.9]. Er besteht bekanntlich zunächst aus den Hauptbestandteilen Zement, Gesteinskörnung und Wasser. Moderne Betone vereinen sich mit Zusatzstoffen und Zusatzmitteln zu einem Fünf-Stoff-System.

Die äußerst umfangreiche Vielfalt dieser Bestandteile führt hinsichtlich der Verarbeitungseigenschaften zu ganz unterschiedlichen Gemengen. Das betrifft insbesondere die Formgebung und Verdichtung. Deshalb wird nachfolgend auf dieses Spezialgebiet der Verarbeitungstechnik besonders eingegangen.

Für die Formgebung und Verdichtung von Betongemengen bleibt trotz vielfacher Suche nach alternativen Verfahren die Vibrationsverdichtung das dominierende Verfahren. Für die Untersuchung des Verdichtungsprozesses spielt dabei die Verdichtung von schüttgutähnlichen Gemengen eine besondere Rolle, weil es sich hierbei um ein Grenzgebiet der Formgebung und Verdichtung handelt, das durch die Verarbeitung steifer Gemenge, die Anwendung von Auflasten, die Frischentformung und fast durchweg durch eine sehr geringe Verdichtungsdauer charakterisiert ist [3.3].

Der eigentliche Verdichtungsprozess kann dabei als dynamischer Vorgang mit fließendem Übergang von einem rheologischen Zustand in den anderen von Anfang bis Ende aufgefasst werden [3.2.]. Diese Aussage wird auch durch die in [3.4] dargestell-

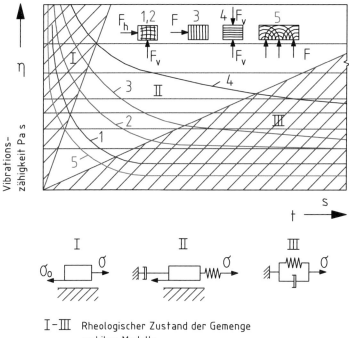

I–III Rheologischer Zustand der Gemenge
       und ihre Modelle

F_h horizontale Erregung

F_v vertikale Erregung

Bild 3.1: Rheologische Ver-
dichtbarkeitskurven und entsprechende Einwirkungen auf
das Betongemenge [3.4], [3.9]

ten äußerst interessanten Untersuchungsergebnisse, die hier nur angedeutet werden können, bestätigt. Afanasjew ordnet dort, wie nach Kenntnis der Verfasser kein anderer Autor, den einzelnen Verdichtungsphasen rheologische Körpermodelle zu und macht gleichzeitig den Einfluss unterschiedlicher Einwirkungen auf das Betongemenge bzw. den Frischbeton deutlich (Bild 3.1).

Wie u.a. in [3.3], [3.4], [3.5], [3.6] und [3.7] dargestellt wird, zeigt das Betongemenge bzw. der Frischbeton während der Formgebung und Verdichtung ein physiko-mechanisches Verhalten, das einer Kombination von visko-elastischem Körper (Voigt-Kelvin-Körper) und plasto-elastischem Körper (Bingham-Körper) entspricht. Es wird deshalb eine Untergliederung des Formgebungs- und Verdichtungsprozesses in verschiedene Phasen vorgenommen, die u.a. in [3.4], [3.5], [3.7] und [3.8] wie folgt beschrieben werden:

Phase I:
– Zerstörung der bestehenden zufälligen Struktur
– Umlagerung der Gesteinskörnung zu einer dichteren Packung
   (äußeres Zeichen: schnelles Absinken der Oberfläche)
– Entweichen des größten Teiles der Luftporen bis auf ca. 2 bis 4 Vol.-%
– Coulombsche Reibung dominiert

Phase II:
- Annäherung der Gemengebestandteile durch Umverteilung oder gegenseitige Verschiebung der Körner innerhalb des erreichbaren Volumens
- Entweichen kleinerer eingeschlossener Luftporen
- gleichzeitige Wirkung von trockener Reibung, viskosem Widerstand und Elastizität im Betongemenge bzw. Frischbeton

Phase III:
- zusätzliche Kompressionsverdichtung durch Steigerung des statischen Drucks
- Auspressen bzw. Verbesserung der Gleichmäßigkeit der Verteilung des Porenwassers
- vollständige Umwandlung der Coulombschen Reibung in viskose Dämpfung.

Über die Dauer und die Abgrenzung der einzelnen Phasen bestehen in der Literatur noch erhebliche Differenzen. Offensichtlich ist es so, dass es nicht möglich ist, allgemeingültige Aussagen über den zeitlichen Verlauf der Vibrationsverdichtung zu treffen, ohne die dabei vorhandenen stofflichen, prozesstechnischen und ausrüstungstechnischen Randbedingungen zu berücksichtigen [3.2].

Daraus lässt sich schließen, dass jedes Betongemenge für die einzelnen Phasen seiner Formgebung und Verdichtung ganz spezifische prozesstechnische und maschinentechnische Kennwerte benötigt, um in möglichst kurzer Zeit einer gewünschten Verdichtung nahezukommen [3.11].

Nach [3.4] und Bild 3.1 erreicht man bei Nutzung von Impulseinwirkungen (Kurve 5) und Regimen mit vertikalen *und* horizontalen Schwingungen (Kurve 1) eine höhere Senkung der Vibrationszähigkeit im Vergleich zu Regimen mit rein horizontalen Erregungen (Kurve 3) und rein vertikalen Schwingungen (Kurve 4). Die Einwirkung von ausschließlich vertikalen niederfrequenten Schwingungen (Kurve 4) führt zu einer bedeutenden Erhöhung der Zähigkeit des Systems während des gesamten Verdichtungsprozesses. Wie aus den Kurven 5, 1 und 2 in Bild 3.1 bei bestimmten Einwirkungen auf das Betongemenge ersichtlich ist, ist die Phase III, also der rheologische Zustand des Voigt-Kelvin-Körpers, bereits nach kurzer Zeit erreicht. Daher wird zunächst häufig von diesem rheologischen Körpermodell ausgegangen, zumal dessen Kennwerte in der Phase III konstant sind. Das trifft auch auf die maschinendynamische Modellierung von bestimmten Verdichtungsausrüstungen zu [3.9].

Solange es nicht möglich ist, entsprechende Kennwerte für die einzelnen Systemelemente zu ermitteln, ist es nicht sinnvoll, kompliziertere rheologische Modelle zu schaffen, die insbesondere von Kunnos [3.10] untersucht wurden und die rheologische Beschreibung des Betongemenges in verschiedenen Etappen, beginnend mit dem flüssigkeitsbildenden Zustand und endend mit der Erhärtung, ermöglichen. Hinzu kommt, dass derartige Kennwerte zeitabhängig sind.

Prinzipiell stellt Afanasjew in [3.4] fest, dass bei Systemen, die Wellenfelder aus zylindrischen, sphärischen und ebenen Wellen aussenden, eine Formierung der Betonstruktur erreicht wird, die der Bedingung der dichtesten Packung entspricht. Dieser Zustand wird, wie Bild 3.1 zeigt, beispielsweise durch gleichzeitige horizontale und vertikale Einwirkungen erreicht. Dabei kommt es darauf an, dass ein Gradient des dynamischen Drucks zwischen den Gemengeschichten entsteht, der eine relative Bewegung dieser Schichten und die gegenseitige Drehung der Teilchen der Gesteinskörnung ermöglicht [3.11]. Dieser Trend zur Erzeugung von räumlichen Schwingungen wird auch von Gusev [3.12] bestätigt.

Die experimentelle Bestätigung der vorstehenden Aussagen erfordert einen großen Aufwand. Viele messtechnische Probleme, beispielsweise die Bestimmung der Rohdichte des Verarbeitungsguts während der Formgebung und Verdichtung, sind bisher nicht gelöst.

Die enorme Entwicklung der Computertechnik bietet hier die Möglichkeit, durch die Modellierung und Simulation von Verarbeitungsprozessen, also auch der Formgebung und Verdichtung, ganz wesentlich zur Klärung von Zusammenhängen auf rationelle Weise beizutragen. Ganz wesentlich ist dabei die im Kapitel 2 beschriebene Charakterisierung von Gemengen durch entsprechende Kenngrößen und Kennwerte. Die bisher bekannten Möglichkeiten der Modellierung und Simulation von Formgebungs- und Verdichtungsprozessen sowie erfolgte Untersuchungen werden ausführlich im Kapitel 6 dargestellt.

4   Formgebungs- und Verdichtungsverfahren

4.1   Grundlagen

4.1.1   Physikalische Grundlagen

4.1.1.1 Beschreibung von Bewegungsgrößen

Die Lage einer Punktmasse wird durch die Koordinaten x, y und z in einem raumfesten kartesischen Koordinatensystem beschrieben (Bild 4.1).

Die Koordinaten x, y und z bilden den Ortsvektor r. Bewegt sich der Punkt im Raum, sind die Koordinaten von der Zeit t abhängig:

$$x = x(t); \; y = y(t); \; z = z(t) \tag{4.1}$$

Die erste Ableitung einer Bewegungsgröße nach der Zeit t heißt Geschwindigkeit v:

$$\frac{dx(t)}{dt} = \dot{x} = v_x \tag{4.2}$$

Die zweite Ableitung nach der Zeit ergibt die Beschleunigung a:

$$\frac{d^2x(t)}{dt^2} = \ddot{x} = a_x \tag{4.3}$$

Für die Bewegung eines starren Körpers im Raum sind neben den drei translatorischen Freiheitsgraden x, y und z die drei rotatorischen Freiheitsgrade Φ_x, Φ_y und Φ_z zur Beschreibung der Bewegung notwendig (Bild 4.2).

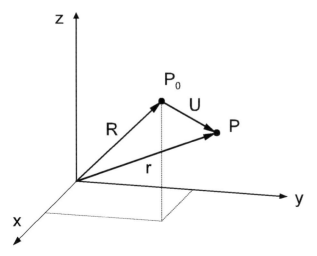

Bild 4.1: Bewegung eines Punkts P in einem kartesischen Koordinatensystem

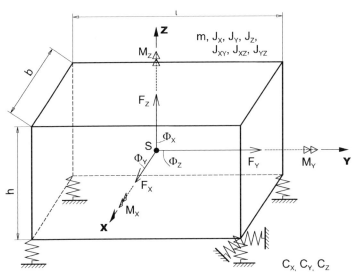

Bild 4.2: Starrer Körper im Raum

4.1.1.2 Schwingungen

Neben monotonen Bewegungsgesetzen treten schwingende Bewegungen auf, die durch mindestens einen Wechsel vom Steigen zum Fallen oder umgekehrt gekennzeichnet sind.

Die Grundform der technisch genutzten Schwingungen ist die harmonische Schwingung (Bild 4.3).

Eine harmonische Schwingung wird entweder durch eine Sinus- oder Cosinusfunktion beschrieben:

$$y(t) = A\sin(\omega t + \alpha) = A\sin(\chi) \qquad (4.4)$$

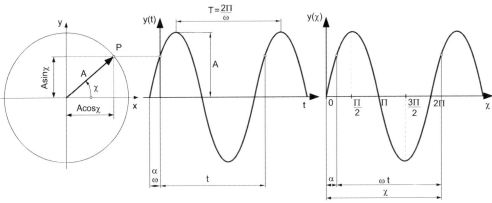

Bild 4.3: Harmonische Schwingung

$$x(t) = A\cos(\omega t + \alpha) = A\cos(\chi) \qquad (4.5)$$

Dabei bedeuten

A   Amplitude der Schwingung
$\chi = (\omega t + \alpha)$ Phasenwinkel (Argument der Funktion)
ω Kreisfrequenz (oder auch Winkelgeschwindigkeit einer Zeigerdrehung)
α Nullphasenwinkel = Phasenwinkel zur Zeit t = 0;
          er hängt von der Wahl des Nullpunkts der Zeitskala ab

Die Zeit für eine volle Schwingung wird mit Schwingungsdauer, Periodendauer oder Schwingungszeit T bezeichnet.

Die Anzahl der Schwingungen je Sekunde, die Schwingungsfrequenz, ist somit

$$f = \frac{1}{T} = \frac{\omega}{2\pi} \qquad (4.6)$$

Kreisfrequenz und Schwingungsfrequenz haben die Einheit s^{-1}. Zur Unterscheidung wird deshalb für die Schwingungsfrequenz die Einheit Hz eingeführt.

Während für die Einzelschwingung der Phasenwinkel zunächst durch die willkürliche Wahl des Zeit-Nullpunkts unwichtig ist, wird bei der Betrachtung mehrerer harmonischer Schwingungen die Phasendifferenz eine wichtige Größe. Bild 4.4 zeigt zwei har-

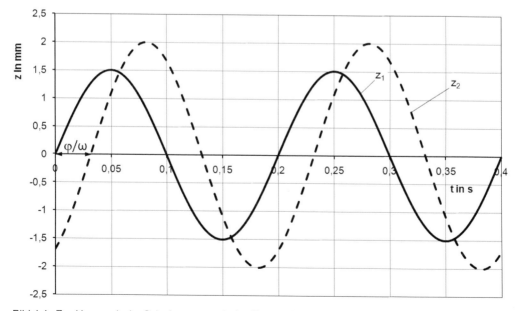

Bild 4.4: Zwei harmonische Schwingungen mit der Phasendifferenz φ

monische Schwingungen mit gleicher Frequenz, unterschiedlicher Amplitude und einer Phasendifferenz.

Die zwei Schwingungssignale könnten z.B. der vertikale Schwingweg eines Vibrationstischs und einer Auflast sein (Bild 4.5). Bei gleicher Amplitude und einer Phasenverschiebung von 0° bewegen sich Tisch und Auflast gleichartig, der Abstand zwischen Tisch und Auflast ist konstant. Bei einer Phasenverschiebung von 180° bewegen sich Tisch und Auflast gegensinnig, der Abstand zwischen Tisch und Auflast ist dann eine harmonische Zeitfunktion in der gleichen Frequenz. Die Amplitude ergibt sich in diesem speziellen Fall aus der Summe der Amplituden von Tisch und Auflast.

Harmonische Schwingungen sind nur eine, wenn auch technisch sehr häufig genutzte, Schwingungsart. Weitere Arten des Zeitverlaufs gibt die Systematisierung im Bild 4.6 an.

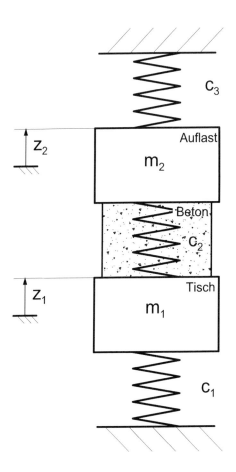

Bild 4.5: Zweimassensystem aus Tisch und Auflast

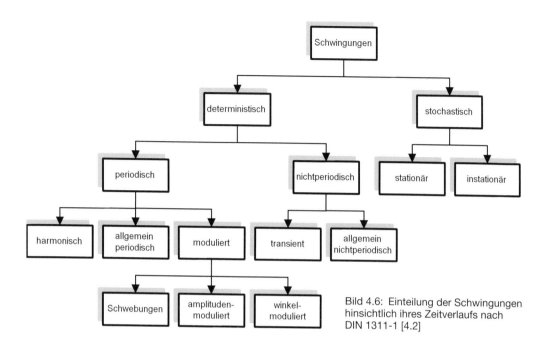

Bild 4.6: Einteilung der Schwingungen hinsichtlich ihres Zeitverlaufs nach DIN 1311-1 [4.2]

4.1.1.3 Verschiebung

In der Kontinuumsmechanik werden unendlich kleine materielle Elemente (Teilchen) betrachtet. Während im Ausgangszustand ein Teilchen den Ortsvektor R hat, hat das Teilchen im Augenblickzustand den Ortsvektor r (Bild 4.1). Der Weg von R zu r wird durch den Verschiebungsvektor U beschrieben. In der Lagrangeschen Beschreibungsweise sind die Koordinaten des Teilchens im Ausgangszustand wie ein Teilchenname. Die Verschiebung wird als Funktion der Ausgangskoordinaten angegeben. Die Lagrangesche Beschreibung eignet sich insbesondere für Festkörper. Weitere Vereinfachungen ergeben sich bei kleinen Verschiebungen.

Im Gegensatz zur Lagrangeschen Beschreibungsweise verwendet die Eulersche Beschreibungsweise Augenblickskoordinaten. Sie wird insbesondere bei der Fluidmechanik angewandt [4.4].

4.1.1.4 Verzerrung

Unter Verzerrung wird die Änderung des Abstands benachbarter Teilchen und des Winkels zwischen materiellen Linienelementen verstanden. Einfache Verzerrungen sind z. B.:

Längenänderung beim eindimensionalen Zugversuch:

$$\varepsilon = \frac{\Delta l}{l} \tag{4.7}$$

Winkeländerung beim einfachen Schub:

$$\gamma = \tan \alpha \tag{4.8}$$

Für einen dreidimensionalen Verzerrungszustand wird ein Verzerrungstensor gebildet.

4.1.1.5 Spannung

Die Spannung ergibt sich aus einer Kraft pro Fläche. Steht die Kraft senkrecht zur Fläche (Normalkraft F_N), folgt daraus die Normalspannung:

$$\sigma = \frac{F_N}{A} \tag{4.9}$$

Ist die Kraft tangential zur Fläche gerichtet (Tangentialkraft F_T), folgt daraus eine Schubspannung:

$$\tau = \frac{F_T}{A} \tag{4.10}$$

Bei einem räumlichen Kraftvektor auf der betrachteten Fläche kann die Kraft in eine Normalenrichtung und zwei orthogonale tangentiale Richtungen aufgeteilt werden. Es entstehen eine Normalspannung und zwei Schubspannungen.

Wird ein sehr kleines kubisches Volumenelement betrachtet, dessen Flächen in Normalenrichtung des kartesischen Koordinatensystems zeigen, so sind drei Flächen mit je drei Spannungskomponenten vorhanden (Bild 4.7). Dieses System von Spannungen wird im Spannungstensor

$$\sigma_{ij} = \begin{pmatrix} \sigma_{xx} & \sigma_{xy} & \sigma_{xz} \\ \sigma_{yx} & \sigma_{yy} & \sigma_{yz} \\ \sigma_{zx} & \sigma_{zy} & \sigma_{zz} \end{pmatrix} \tag{4.11}$$

zusammengefasst [4.4]. Dabei steht das i für die Normale der Fläche und j für die Richtung der Kraft. Spannungskomponenten mit i = j sind Normalspannungen, alle anderen Spannungen sind Schubspannungen.

Die gedachten Schnittflächen können im Raum gedreht werden, womit sich auch die Spannungskomponenten verändern. Es kann gezeigt werden, dass es für jeden Punkt eine Orientierung im Raum gibt, bei der die Schubspannungen zu Null werden. Die verbleibenden Normalspannungen heißen Hauptspannungen.

Der dreidimensionale Spannungszustand kann in einen isotropen Druckanteil und einen Spannungsdeviator aufgeteilt werden [4.5]. Bei Flüssigkeiten wird der isotrope Druck auch hydrostatischer Druck genannt [4.6].

4.1.1.6 Spannungsgradient

Der Spannungsgradient kennzeichnet die örtliche Änderung von Spannungsgrößen. Bild 4.7 zeigt ein Volumenelement mit den Kantenlängen dx, dy und dz. Über diese Abmessungen ändern sich die Spannungsgrößen z.B. σ_z in z-Richtung um $\frac{\partial \sigma}{\partial z}$ dz.

4.1.1.7 Verformung, Verdichtung

Unter der Wirkung von Kräften verformt sich ein Körper. Geht der Körper nach Entlastung wieder in den Ausgangszustand zurück, handelt es sich um elastische Verformungen. Plastische Verformungen bleiben nach Entlastung bestehen.

Der isotrope Druck steht mit der Volumenänderung im Zusammenhang. Der deviatorische Anteil führt zur Gestaltänderung [4.6]. Formgebung geht meist mit einer Gestaltänderung vonstatten.

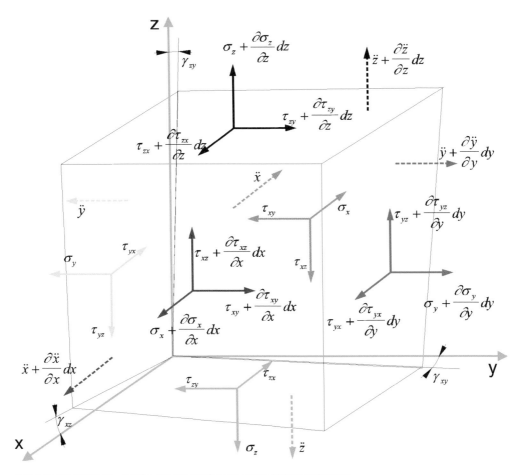

Bild 4.7: Bewegungs- und Spannungsgrößen an einem Volumenelement

85

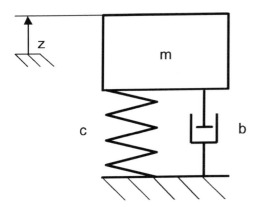

Bild 4.8: Feder-Masse-Schwinger

Verdichtung geht mit einer Volumenänderung und damit einer Dichteänderung einher. Während die grundlegenden kontinuumsmechanischen Betrachtungen zunächst nur elastische Volumenänderungen entsprechend eines Kompressionsmoduls einführen, ist bei weitergehenden Betrachtungen auch eine plastische Volumenänderung von Stoffen aufgrund des isotropen Drucks bekannt [4.6]. Bei strukturierten Stoffen wie Gemengen ist jedoch die Betrachtung einer einfachen Spannungsabhängigkeit nicht ausreichend, da hier auch Transport- und Umordnungsprozesse zum Dichtezuwachs führen.

4.1.1.8 Schwingungssystem mit einem Freiheitsgrad

Das Minimalmodell für Schwingungssysteme stellt das Einmassensystem mit einem Freiheitsgrad dar. Es kann z. B. für die vertikale Schwingbewegung eines starren Vibrationstischs herangezogen werden.

Bild 4.8 zeigt das Modell eines Feder-Masse-Schwingers mit einem Freiheitsgrad mit der Masse m, der Federsteifigkeit c, der Dämpfung b und der Bewegungskoordinate z. Im statischen Gleichgewicht gilt $z = 0$.

Die Bewegungsgleichung für eine freie Schwingung eines ungedämpften linearen Schwingungssystems mit dem Freiheitsgrad 1 lautet:

$$m\ddot{z} + cz = 0 \qquad (4.12)$$

Die Eigenkreisfrequenz ist:

$$\omega_0 = \sqrt{\frac{c}{m}} \qquad (4.13)$$

Mit den Anfangsbedingungen $t = 0$, $z = z_0$, $\dot{z} = v_0$ ergibt sich die Bewegung zu:

$$z(t) = z_0 \cos\omega_0 t + \frac{v_0}{\omega} \sin\omega_0 t \qquad (4.14)$$

Unter Berücksichtigung einer geschwindigkeitsproportionalen Dämpfung mit der Dämpfungskonstante b ist die Bewegungsgleichung:

$$m\ddot{z} + b\dot{z} + cz = 0 \tag{4.15}$$

Die Eigenkreisfrequenz des schwach gedämpften Systems ist geringer als die des ungedämpften Systems:

$$\omega = \omega_0 \sqrt{1 - D^2} \tag{4.16}$$

Mit Dämpfungsgrad (auch Lehrsches Dämpfungsmaß D):

$$D = \frac{\delta}{\omega_0} \tag{4.17}$$

und dem Abklingkoeffizienten:

$$\delta = \frac{b}{2m} \tag{4.18}$$

Die Bewegung nach Anfangsbedingungen ist dann:

$$z(t) = e^{-\delta t} \left(z_0 \cos \omega t + \frac{v_0 + z_0\,\delta}{\omega} \sin \omega t \right) \tag{4.19}$$

Bild 4.9 zeigt einen Feder-Masse-Schwinger mit einem Freiheitsgrad und geschwindigkeitsproportionaler Dämpfung bei Erregung durch eine Kraft F(t).

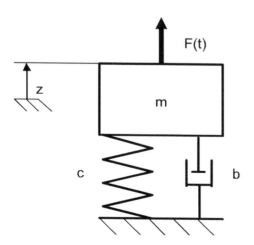

Bild 4.9: Gedämpfter Einmassenschwinger mit Krafterregung

87

Bei einer harmonischen Kraft der Form

$$F(t) = \hat{F} \sin \Omega t \tag{4.20}$$

mit der Erregerkraftamplitude $\hat{F}$ und der Erregerkreisfrequenz Ω lautet die Bewegungsgleichung:

$$m\ddot{z} + b\dot{z} + cz = F(t) \tag{4.21}$$

Die stationäre Bewegung erfolgt in der Erregerfrequenz mit

$$z(t) = \hat{z}\sin(\Omega t - \varphi) \tag{4.22}$$

mit

$$\hat{z} = \frac{\hat{F}}{c} V_1 \tag{4.23}$$

und

$$V_1 = \frac{1}{\sqrt{(1-\eta^2)^2 + 4D^2\eta^2}} \qquad \text{(Bild 4.10)} \tag{4.24}$$

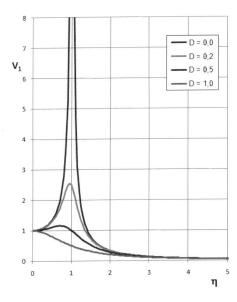

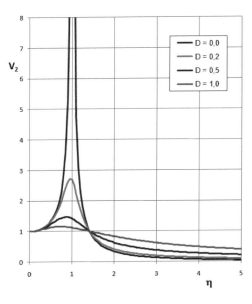

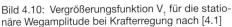

Bild 4.10: Vergrößerungsfunktion V_1 für die stationäre Wegamplitude bei Krafterregung nach [4.1]

Bild 4.11: Vergrößerungsfunktion V_2 für die Bodenkraft bei Krafterregung nach [4.1]

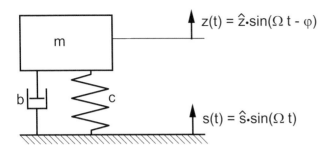

$z(t) = \hat{z} \cdot \sin(\Omega t - \varphi)$

$s(t) = \hat{s} \cdot \sin(\Omega t)$

Bild 4.12: Gedämpfter Einmassenschwinger mit Passiverregung

und dem Abstimmungsverhältnis:

$$\eta = \frac{\Omega}{\omega_0} \qquad (4.25)$$

Die Amplitude der Kraft auf den Aufstellungsort (Bodenkraft) ist:

$$\hat{F}_B = \hat{F} V_2 \qquad (4.26)$$

mit

$$V_2 = \sqrt{\frac{1 + 4\,D^2 \eta^2}{(1 - \eta^2)^2 + 4\,D^2 \eta^2}} \qquad \text{(Bild 4.11)} \qquad (4.27)$$

Die Vergrößerungsfunktion V_2 gilt gleichermaßen auch bei Betrachtung der Stützenbewegung (Passiverregung) entsprechend Bild 4.12.

Die Erregerfunktion lautet in diesem Fall:

$$s(t) = \hat{s} \cdot \sin \Omega t \qquad (4.28)$$

$\hat{s}$ = Amplitude der Stützenbewegung

Die Bewegungsamplitude $\hat{z}$ der Masse m ergibt sich dann aus:

$$\hat{z} = \hat{s}\, V_2 \qquad (4.29)$$

Die Zusammenhänge spielen eine Rolle bei der schwingungsarmen Aufstellung von Geräten und Ausrüstungen.

Bei einer Unwuchterregung der Form

$$\hat{F} = m_u \cdot r_u\, \Omega^2 \qquad (4.30)$$

89

in Gl. (4.20) ist:

$$\hat{z} = \frac{m_u r_u}{m} V_3 \qquad\qquad (4.31)$$

mit

$$V_3 = \frac{\eta^2}{\sqrt{(1-\eta^2)^2 + 4D^2\eta^2}} \qquad \text{(Bild 4.13)} \qquad (4.32)$$

Wird die Drehzahl n der Unwucht in Umdrehungen pro Minute angegeben, ist:

$$\Omega = \frac{2\pi}{60} n \qquad\qquad (4.33)$$

Die Amplitude der Bodenkraft bei Unwuchterregung ist:

$$\hat{F}_B = \frac{m_u r_u}{m} c V_4 \qquad\qquad (4.34)$$

mit

$$V_4 = \eta^2 \sqrt{\frac{1+4D^2\eta^2}{(1-\eta^2)^2+4D^2\eta^2}} \qquad \text{(Bild 4.14)} \qquad (4.35)$$

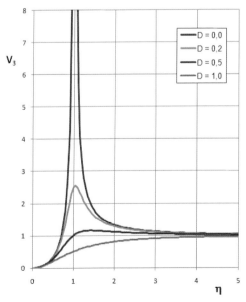

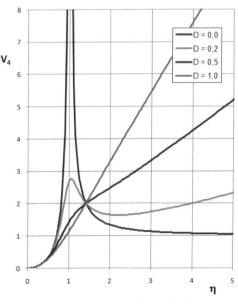

Bild 4.13: Vergrößerungsfunktion V_3 für die statio-näre Wegamplitude bei Unwuchterregung nach [4.1]

Bild 4.14: Vergrößerungsfunktion V_4 für die Boden-kraft bei Unwuchterregung nach [4.1]

4.1.1.9 Zwei-Massen-Schwingungssystem

Für folgende Betrachtungen wird das Modell eines ungedämpften Zwei-Massen-Schwingers entsprechend Bild 4.5 zugrunde gelegt. Demzufolge könnten z.B. m_1 und m_2 die Massen von Tisch und Auflast sowie c_1, c_2 und c_3 die Federsteifigkeiten der Tischfedern, des Gemenges und der Auflastfedern einer Vibrationsverdichtungs-ausrüstung sein. Die schematische Darstellung einer derartigen Einrichtung ist aus Bild 4.23 zu ersehen.

Die Bewegungsgleichungen für die Schwingungen des ungedämpften linearen Schwingungssystems nach Bild 4.5 lauten:

$$\begin{pmatrix} m_1 & 0 \\ 0 & m_2 \end{pmatrix} \begin{pmatrix} \ddot{z}_1 \\ \ddot{z}_2 \end{pmatrix} + \begin{pmatrix} c_1 + c_2 & -c_2 \\ -c_2 & c_2 + c_3 \end{pmatrix} \begin{pmatrix} z_1 \\ z_2 \end{pmatrix} = \begin{pmatrix} 0 \\ 0 \end{pmatrix} \tag{4.36}$$

In Matrizenschreibweise mit der Massenmatrix M, der Steifigkeitsmatrix C und dem Koordinatenvektor q lauten die Bewegungsgleichungen:

$$M\ddot{q} + Cq = 0 \tag{4.37}$$

Die Eigenfrequenzen ergeben sich zu [4.4]:

$$\omega_{1,2}^2 = \frac{1}{2} \left[(a_{11} + a_{22}) \pm \sqrt{(a_{11} + a_{22})^2 + 4a_{12}a_{21}} \right] \tag{4.38}$$

mit

$$a_{ij} = \frac{c_{ij}}{m_i} \tag{4.39}$$

Die Amplitudenverhältnisse in den jeweiligen Eigenfrequenzen heißen Eigenformen und werden in der Modalmatrix V zusammengefasst.

Die Bewegungsgleichung kann mit der Koordinatentransformation q = Vp in folgende Form überführt werden [4.1]:

$$V^T M V \ddot{p} + V^T C V p = 0 \tag{4.40}$$

Es entsteht ein System von n entkoppelten modalen Schwingern.

Für die freien Schwingungen werden die Anfangsbedingungen q_0 mit $p_0 = V^{-1}q_0$ in Hauptkoordinaten überführt und die Schwingungen in Hauptkoordinaten berechnet.

Die freien Schwingungen in Realkoordinaten enthalten dann durch q = V · p im Allgemeinen Schwingungsanteile in allen Eigenfrequenzen.

Auch für die Berechnung der erzwungenen Schwingungen kann die modale Entkopplung genutzt werden. Die Bewegungsgleichung um den Erregerkraftvektor F erweitert:

$$M\ddot{q} + Cq = F \tag{4.41}$$

wird dann zu

$$V^{T}MV\,\ddot{p} + V^{T}CV\,p = V^{T}F \tag{4.42}$$

Die Berechnung der stationären erzwungenen Schwingung kann durch modale Entkopplung oder durch die direkte Lösung des Gleichungssystems mit Ansatzfunktionen erfolgen.

Bild 4.15 zeigt ein Beispiel für die Amplituden der stationären erzwungenen Schwingung in Abhängigkeit von der Erregerkreisfrequenz. In diesem Beispiel sind bei 65 s^{-1} und 110 s^{-1} die Resonanzstellen sowie bei 90 s^{-1} die Tilgungsfrequenz zu erkennen.

Auf das Beispiel von Tisch und Auflast bezogen treten an der ersten Resonanzstelle große gleichsinnige Bewegungen auf. Bei der Tilgungsfrequenz bleibt der Tisch, an dem die Erregerkräfte angreifen, in Ruhe und bei der zweiten Resonanzstelle schwingen Tisch und Auflast mit großen Amplituden gegeneinander. Bei Erregerfrequenzen oberhalb der beiden Eigenfrequenzen schwingen Tisch und Auflast gegeneinander, wobei der erregte Tisch höhere Amplituden aufweist als die Auflast.

Die dynamischen Spannungen in der Gemengesäule sind der Federkraft von c_2 proportional. Diese Federkraft ergibt sich aus der Relativbewegung zwischen Tisch und Auflast und ist beim Gegeneinanderschwingen in der zweiten Eigenfrequenz am größten.

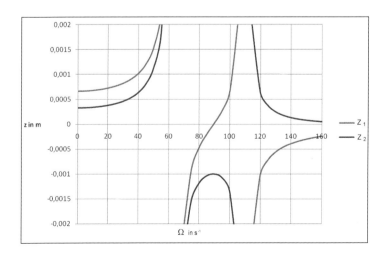

Bild 4.15: Beispiel für die Amplituden der stationären erzwungenen Schwingung

4.1.1.10 Wellenausbreitung

Werden von einem Formboden vertikale Schwingungen in ein Gemenge mit unendlicher Höhe und idealen reibungsfreien horizontalen Formwänden eingeleitet, so pflanzen sich die Schwingungen im Gemenge als Welle in der einen vertikalen Dimension fort. Mit einem dynamischen E-Modul E_{dyn} einer Dichte ρ_{fr} und unter Vernachlässigung der Dämpfung ist die Ausbreitungsgeschwindigkeit:

$$v = \sqrt{\frac{E_{dyn}}{\rho_{fr}}} \tag{4.43}$$

Die Wellenlänge beträgt:

$$\lambda = \frac{v}{f} \tag{4.44}$$

Der Schwingungsausschlag u ist zeit- und ortsabhängig [4.2]:

$$u(z,t) = \hat{u} \, \cos \left[2\pi \left(\frac{t}{T} - \frac{z}{\lambda} \right) + \varphi \right] \tag{4.45}$$

Interessant sind in diesem Zusammenhang die Untersuchungen von Altmann [4.3] bezüglich der Wellenausbreitung in einer Betonsäule. Altmann modelliert das Betongemenge bzw. den Frischbeton dabei als Voigt-Kelvin-Körper.

Im unteren Bereich einer hohen Betonsäule übertragen sich die Schwingungen des Formbodens auf den Beton und breiten sich in vertikaler Richtung als Longitudinalwellen aus. Die Schwingwegamplituden nehmen durch die Dämpfung mit zunehmender Höhe x über den Formboden entsprechend

$$\hat{\xi}_x = \hat{\xi}_F \cdot e^{-\alpha x} \tag{4.46}$$

mit
$\hat{\xi}_x$ Schwingwegamplitude in der Höhe x über dem Formboden
$\hat{\xi}_F$ Schwingwegamplitude des Formbodens
α Dämpfungsmaß in 1/m

ab. Bild 4.16 verdeutlicht die Schwingungsausbreitung im unteren Bereich einer hohen Betonsäule.

Die einfache Wellenausbreitung trifft nur für den Fall zu, dass die in den Beton eingetragenen Schwingungen infolge der Dämpfung bis zur Oberfläche vollständig abklingen. Ansonsten wird die Welle an der Oberfläche reflektiert und die Überlagerung der vom Formboden ausgehenden und zum Formboden zurücklaufenden Wellen ergibt

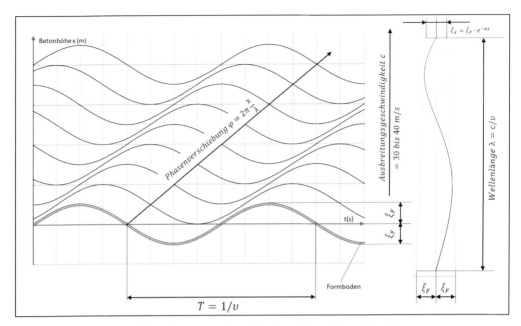

Bild 4.16: Schwingungsverhalten des unteren Bereichs einer hohen Betonsäule [4.3]

eine „stehende Welle" mit Schwingungsbäuchen und -knoten. Diese Zusammenhänge werden im Kapitel 6 dargestellt.

Bei einer räumlichen Ausbreitung von Wellen von einer punktförmigen Quelle sind die Wellenfronten Kugelflächen. Die Amplituden nehmen schon durch die immer größer werdende Kugeloberfläche ab. Die räumliche Wellenausbreitung wäre ein Minimalmodell für den Schwingungseintrag von Innenvibratoren in Gemenge mit unendlicher Ausdehnung.

4.1.1.11 Stoßvorgänge

Bei Verdichtungseinrichtungen mit impulsförmigen Einwirkungen werden zu deren Erzeugung häufig Stoßvorgänge benutzt, wie z.B. beim Stampfen (s. Abschnitt 4.7) und bei der Schockvibration (s. Abschnitt 4.8).

Bild 4.17 zeigt schematisch den zentrischen Stoß von zwei Punktmassen.

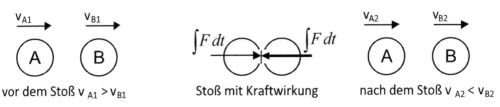

Bild 4.17: Gerader, zentraler Stoß der Punktmassen A und B nach [4.7]

Vor dem Stoß bewegen sich die Massen A und B aufeinander zu. Kommt es zum Kontakt, verformen sich die Körper an den Kontaktstellen und es entsteht eine Kraftwirkung zwischen den Körpern. Zum Zeitpunkt der größten Verformung wird die Relativgeschwindigkeit zwischen den Körpern zu Null, und sie bewegen sich in diesem Moment mit einer gemeinsamen Geschwindigkeit. Die Kraftwirkung in dieser Kompressionsphase ergibt den Kraftstoß (Impuls) $\int K\,dt$. Durch eine vollständige oder teilweise Rückbildung der Verformung werden in der Restitutionsphase die Massen wieder mit dem Kraftstoß $\int R\,dt$ auseinander getrieben. Nach der Trennung haben sie neue Geschwindigkeiten, wobei eine negative Geschwindigkeit auf eine Bewegungsrichtung entgegen der Vektorannahmen hinweist.

Das Verhältnis des Restitutions-Kraftstoßes zum Kompressions-Kraftstoß wird Restitutionskoeffizient (Stoßzahl) e genannt:

$$e = \frac{\int R\,dt}{\int K\,dt} \tag{4.47}$$

Über den Impulssatz kann gezeigt werden, dass e das Verhältnis der Relativgeschwindigkeit der Trennung zur Relativgeschwindigkeit der Annäherung der beiden Massen ist:

$$e = \frac{v_{B2}-v_{A2}}{v_{A1}-v_{B1}} \tag{4.48}$$

Für e = 1 ergibt sich der Spezialfall des rein elastischen Stoßes, für den Impulserhaltung und Energieerhaltung gelten.

Für e = 0 ergibt sich der Spezialfall des plastischen Stoßes. Da der Restitutions-Kraftstoß Null ist, bewegen sich die Massen nach dem Stoß mit einer gemeinsamen Geschwindigkeit.

Sowohl elastischer Stoß als auch plastischer Stoß sind Spezialfälle. Reale Stoßvorgänge haben Stoßzahlen zwischen 0 und 1. Die Stoßzahl hängt u. a. vom Material, der Geometrie der stoßenden Körper und der Stoßgeschwindigkeit ab. In numerischen Modellen mit Zeitschrittintegration wird der Stoßkontakt gern über eine Kontaktsteifigkeit und -dämpfung beschrieben.

Die Geschwindigkeiten der Massen A und B nach dem Stoß ergeben sich zu [4.4]:

$$v_{A2} = v_{A1} - \frac{(v_{A1}-v_{B1})\,(1+e)}{1+\frac{m_A}{m_B}} \tag{4.49}$$

$$v_{B2} = v_{B1} - \frac{(v_{A1}-v_{B1})\,(1+e)}{1+\frac{m_B}{m_A}} \tag{4.50}$$

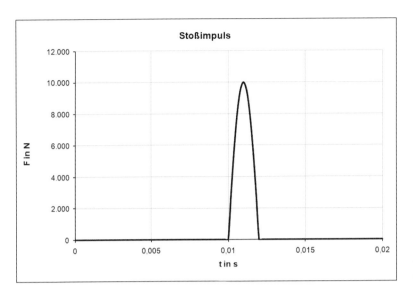

Bild 4.18: Beispiel für einen Stoßimpuls (Halbsinus)

Der Stoßimpuls ist eine sehr kurzzeitige und große Kraftwirkung (Bild 4.18). Aus diesen großen Kräften folgen hohe Beschleunigungen an den Massen. Stöße können eine Vielzahl von Frequenzen an den stoßenden Körpern anregen.

4.1.2 Einwirkungen auf das Gemenge

Ganz entscheidend für das Formgebungs- und Verdichtungsverhalten ist die Art der Einwirkung auf das Gemenge. Nach [4.8], [4.9] und [4.10] lassen sich die verschiedenen Einwirkungen entsprechend Bild 4.19 wie folgt kennzeichnen:

– Ort und Richtung der Einwirkung
– Erregerfunktion der Einwirkung

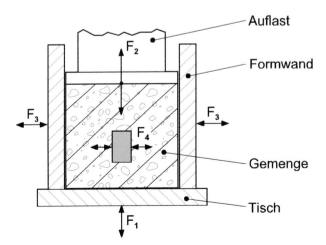

Bild 4.19: Einwirkungen auf Gemenge bei der Formgebung und Verdichtung; F Kraft

– Intensität der Einwirkung
– Art, Ort und Anzahl gleichzeitiger Einwirkungen
– Phasenlage der Erregerfunktionen zueinander bei Anwendung mehrerer gleichzeitiger Einwirkungen

4.1.2.1 Ort und Richtung der Einwirkung

Bezüglich des *Orts der Einwirkung* und damit auch der Wirkungsrichtung kann zunächst prinzipiell zwischen vertikaler und horizontaler Einwirkung unterschieden werden. Die Verdichtungsenergie kann dabei direkt über die Auflast (F_2) oder durch Innenvibratoren (F_4) und/oder indirekt durch Formwandungen (F_3) oder Tischbewegung (F_1) eingetragen werden (Bild 4.19).

Der räumliche Eintrag von Vibrationsenergie in das Gemenge stellt eine spezielle Problematik dar, auf die im Kapitel 7 näher eingegangen wird.

4.1.2.2 Erregerfunktion der Einwirkung

Bezüglich der physikalischen Funktion der Wirkung der Verdichtungsenergie auf das Gemenge kann, wie im Kapitel 3 bereits ausgeführt, zunächst zwischen statischen und dynamischen Einwirkungen unterschieden werden. Bei dynamischer Eintragung der Verdichtungsenergie können harmonische und nichtharmonische Einwirkungen zur Anwendung kommen. Dabei besitzen die fast durchweg verwendeten Fliehkrafterreger nach Gl. (4.20) die Funktion:

$$F(t) = \hat{F} \sin\Omega t$$

mit der Amplitude

$$\hat{F} = m_u \cdot r_u \cdot \Omega^2$$

mit
F   Erregerkraft
m_u Unwuchtmasse
r_u Unwuchtradius
Ω Erregerkreisfrequenz

Dabei können ungerichtete (*Kreiserreger* in Bild 4.20) oder gerichtete (*Gegenlauferreger*) Schwingungen in das Gemenge eingeleitet werden. Das Prinzip des Gegenlauferregers am Beispiel eines Vierwellenerregers für Steinformmaschinen ist in Bild 4.21 dargestellt.

Hierbei addieren sich die vertikalen Kräfte, während sich die horizontalen Kraftkomponenten aufheben.

Neben der absoluten Größe der Erregerkraft ist bei harmonischer Einwirkung mit Fliehkrafterregung die Größe der Erregerkreisfrequenz Ω von entscheidender Bedeutung,

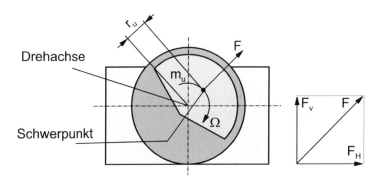

Bild 4.20: Erregerkraft-
erzeugung durch rotierende
Unwucht

da sie einerseits quadratisch in die Erregerkraftamplitude $\hat{F}$ eingeht, andererseits das Formgebungs- und Verdichtungsverhalten von Gemengen wesentlich beeinflusst und außerdem Auswirkungen auf die Lärmentwicklung während der Vibration hat.

Die Erregerfrequenz Ω muss dabei während des Verdichtungsprozesses nicht konstant bleiben, sondern es sind auch so genannte Anfahrrampen üblich. Neben der Erregerfrequenz ändert sich damit natürlich auch die Erregerkraft.

Prinzipiell sind die Möglichkeiten und Grenzen der harmonischen Erregung mit unterschiedlicher Frequenz bei Weitem noch nicht ausgereizt. Bezüglich der Herstellung von Betonwaren mit Steinformmaschinen wird das in [4.9] ausführlich beschrieben.

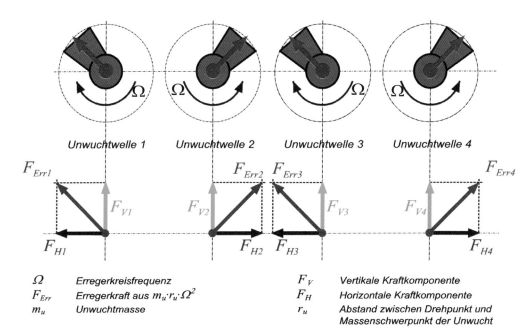

Ω	Erregerkreisfrequenz	F_V	Vertikale Kraftkomponente
F_{Err}	Erregerkraft aus $m_u \cdot r_u \cdot \Omega^2$	F_H	Horizontale Kraftkomponente
m_u	Unwuchtmasse	r_u	Abstand zwischen Drehpunkt und Massenschwerpunkt der Unwucht

Bild 4.21: Schematische Darstellung eines Vierwellengegenlauferregers [4.11]

Nichtharmonische Erregerfunktionen lassen sich in periodische und impulsartige, häufig stochastische (regellose) Einwirkungen unterteilen. Als periodische Erregerfunktion kann beispielsweise eine mehrfrequente Einwirkung, die sich aus mehreren harmonischen zusammensetzt, auftreten (Bild 4.22).

Als Analyse derartiger Vorgänge eignet sich in besonderer Weise die Fourier-Transformation. Der Grundgedanke ist hierbei, dass sich jedes periodische Signal aus einer Summe von Einzelschwingungen mit verschiedenen Frequenzen, Amplituden und Phasenlagen zusammensetzt.

Es kann davon ausgegangen werden, dass für jedes Gemenge ein ganz spezifisches Frequenzspektrum existiert, das eine optimale Verdichtung des Gemenges ermöglicht. In diesem Fall könnte durch eine gezielte Mehrfrequenzerregung (gleichzeitig oder nacheinander) eine effektive Verdichtung mit geringerer Lärmentwicklung erreicht werden, da die erforderlichen Erregerfunktionen nur mit der unbedingt erforderlichen Intensität angeregt würden.

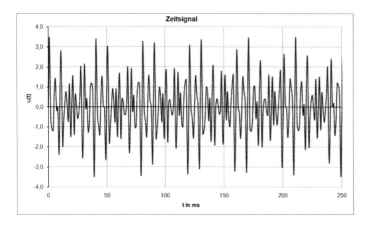

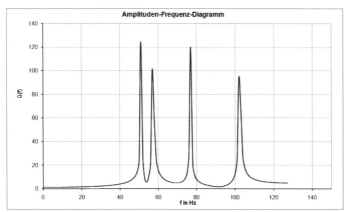

Bild 4.22: Zeitverhalten einer periodischen Schwingung und Amplituden-Frequenz-Diagramm

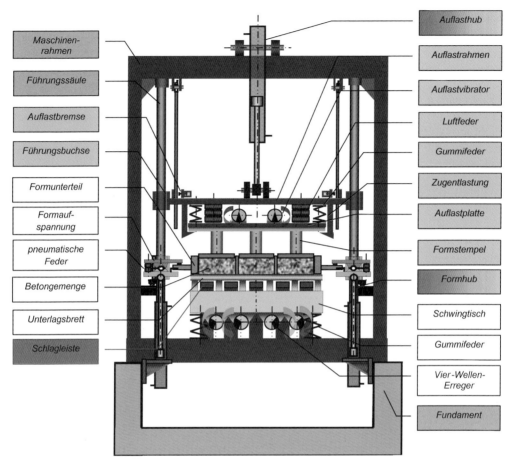

Bild 4.23: Schematische Darstellung der Verdichtungseinrichtung einer Steinformmaschine mit Schockvibration [4.11]

Impulsartige Einwirkungen werden durch stoßhafte Vorgänge ausgelöst. Bei Steinformmaschinen erfolgt dies beispielsweise durch das Aufschlagen von Form und Unterlagsbrett auf Schlagleisten (Bild 4.23). Es wird dann von Schockvibration gesprochen.

Dadurch werden die Eigenschwingungen aller schwingfähigen Systemelemente angeregt, also ein ganzes Frequenzspektrum ausgelöst. Wie Kurve 5 in Bild 3.1 zeigt, lässt sich mit einer derartigen Einwirkung eine effektive Verdichtung realisieren. Das mit dieser Einwirkungsart verbundene Frequenzspektrum erhöht aber gleichzeitig die Belastung des Maschinensystems und verringert die Lebensdauer der technischen Ausrüstung. Außerdem entsteht eine hohe Lärmentwicklung.

Ein Ausweg aus dieser Situation besteht in der technischen Entwicklung kinematisch und kinetisch bestimmter Erregersysteme, die gewünschte Einwirkungen zielsicher realisieren [4.12].

4.1.2.3 Intensität der Einwirkung

In die Kenngrößen für die Intensität der Einwirkung auf Gemenge gehen bei dynamischen Erregungen in jedem Fall die Bewegungsgrößen und die Frequenzen sowie die Verdichtungsdauer ein.

Häufig wird auch die Erregerkraft, die die Einwirkungen auf Gemenge auslöst, zur Beurteilung der Intensität herangezogen. Bei den häufig anzutreffenden Vibrationsverdichtungssystemen muss deren Größe jedoch noch nichts über die in das Gemenge eingetragene Schwingungsenergie aussagen. Dies hängt von den Abstimmungsverhältnissen im Schwingungssystem ab.

Die Kenngrößen für die Formgebung und Verdichtung von Gemengen werden im Kapitel 5 ausführlich dargestellt.

4.1.2.4 Art, Ort und Anzahl gleichzeitiger Einwirkungen

Wie bereits aus Bild 3.1 hervorgeht, haben die Art, der Ort und die gleichzeitige Einwirkung ganz entscheidenden Einfluss auf das Formgebungs- und Verdichtungsverhalten von Gemengen. Hieraus ergeben sich letztendlich die nachfolgend beschriebenen Verdichtungsverfahren. Afanasjew stellt in [3.4] fest, dass bei Systemen, die Wellenfelder aus zylindrischen, sphärischen und ebenen Wellen aussenden, eine Formierung der Gemengestruktur erreicht wird, die den Bedingungen der dichtesten Packung entspricht. Dieser Zustand wird, wie Bild 3.1 zeigt, am besten durch impulsartige oder gleichzeitige vertikale und horizontale Einwirkungen erreicht [4.8].

Es kommt meist darauf an, dass ein Gradient des dynamischen Drucks zwischen den Gemengeschichten entsteht, der eine relative Bewegung dieser Schichten und die gegenseitige Drehung der Teilchen der Gemengekörnung ermöglicht [4.9]. Diesem Anliegen müssen moderne Verfahren Rechnung tragen. So wird beispielsweise bei der Herstellung von Betonwaren aus steifen Betongemengen häufig die Vibration mit dem Pressen kombiniert, beispielsweise bei Steinformmaschinen durch die Auflast (Bild 3.1) oder bei Betonrohrmaschinen durch die Anordnung von Rollenköpfen mit mehreren ebenen, gegenläufigen Rollen.

Bild 4.24 zeigt hierzu schematische Varianten von Vibrationsverdichtungssystemen von Steinformmaschinen.

Entsprechend ergeben sich hierzu natürlich auch verschiedene Einwirkungsfunktionen an der Auflast.

4.1.2.5 Phasenlage der Erregerfunktionen zueinander

Auch die Phasenlage mehrerer gleichzeitiger Einwirkungen auf das Gemenge zueinander kann das Formgebungs- und Verdichtungsverhalten von Gemengen wesentlich beeinflussen. Beispielsweise würde durch die Phasengleichheit der harmonischen Schwingungen von Vibrationstisch und Auflast einer Steinformmaschine (Bild 4.23) kaum eine gute Verdichtungswirkung erzielt.

101

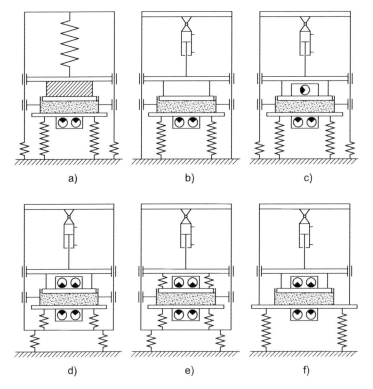

Bild 4.24: Varianten von Vibrationsverdichtungssystemen bei Steinformmaschinen

a) Masse- oder federbelastete Auflast, gerichtete Schwingung des Vibrationstischs; getrennte federnde Abstützung von Tisch und Rahmen

b) Statische Auflast und feste Verbindung des Rahmens mit dem Fundament

c) Schwingende Auflast mit Kreiserreger; getrennte federnde Abstützung von Tisch und Rahmen

d) Federnde Abstützung des Rahmens; federnde Abstützung des Tischs im Rahmen; Gegenlauferregung der schwingenden Auflast

e) wie c), aber Auflastentkopplung durch federnde Elemente

f) Tischverspannung der Auflast

Andererseits treten insbesondere bei Vibrationsverdichtungssystemen häufig so genannte Schwebungen (Bild 4.25) auf, wenn sich zwei Schwingungen ähnlicher Frequenz überlagern und addieren.

Die gewünschte Phasenlage mehrerer Einwirkungen kann heute mit den Mitteln der elektronischen Steuerung und Regelung gut beherrscht werden.

4.1.3 Systematisierung der Verdichtungsverfahren

Aus den im Abschnitt 4.1.2 beschriebenen Einwirkungen auf das Gemenge bei der Formgebung und Verdichtung ergeben sich die verschiedenen Verdichtungsverfahren. Diese lassen sich entsprechend Bild 4.26 zunächst grob in statische und dynamische Verfahren unterteilen.

Zu den statischen Verfahren zählen

- das Pressen,
- das Walzen,
- das Schleudern,
- das Extrudieren und
- das Vakuumieren bzw. Evakuieren.

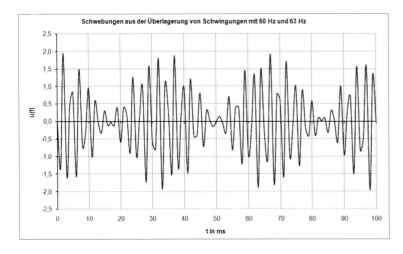

Bild 4.25: Schwebung

Typische dynamische Verdichtungsverfahren sind

– die Vibration,
– das Schocken und
– das Stampfen.

Trotz zahlreicher Versuche alternative Verfahren zu finden, bleibt die Vibration das dominierende Verfahren bei der Formgebung und Verdichtung von Gemengen. Die Vibration wird aber häufig mit anderen Verfahren verknüpft, so dass diese Kombinationen auch in die Gruppe der dynamischen Verfahren einzuordnen sind. Diese betrifft (Bild 4.26):

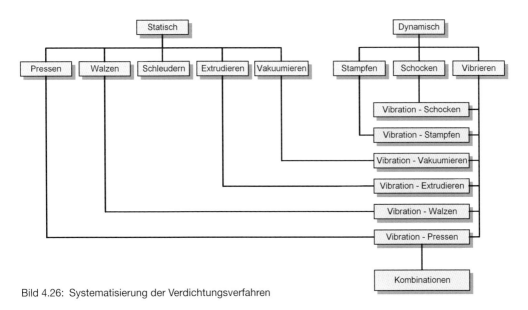

Bild 4.26: Systematisierung der Verdichtungsverfahren

103

- Vibration – Schocken
- Vibration – Stampfen
- Vibration – Vakuumieren
- Vibration – Extrudieren
- Vibration – Walzen
- Vibration – Pressen

Es kommen auch weitere Kombinationen bei Steinformmaschinen (Bild 4.23) zur Anwendung, wie beispielsweise Vibration – Schocken – Pressen.

4.2 Pressen

Unter Pressen wird das Verdichten von Verarbeitungsgütern mittels statischer Druckkräfte verstanden [4.13]. Das Verpressen von Gemengen erfolgt in allseitig geschlossenen Formen, bei denen eine oder mehrere Begrenzungsflächen aufeinander zubewegt werden (siehe auch Bild 4.19). Das kraftübertragende Arbeitsorgan übt auf die Oberfläche des Gemenges einen Druck aus, unter dem sich die Teilchen soweit nähern, dass *Adhäsions- und Kohäsionskräfte* wirken. Die einzelnen Gemengeteilchen können dabei soweit aneinander gebracht werden, dass eine Verformung an den Berührungsflächen auftritt. Unter Umständen kann dabei eine formschlüssige Bindung zwischen den Teilchen bewirkt werden. Ein Gleiten der Teilchen aneinander und ein Einschichten in vorhandene Hohlräume ist nur in geringem Maße festzustellen. Als Arbeitsorgane kommen Pressstempel, Schnecken und Walzen zur Anwendung. Nachfolgend wird zunächst auf Arbeitsorgane mit ebenen Begrenzungsflächen eingegangen.

Der prinzipielle Aufbau derartiger Trockenpressen ist schematisch in Bild 4.27 dargestellt [4.16].

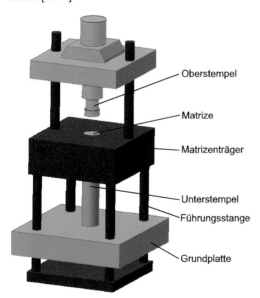

Bild 4.27: Schematischer Aufbau von Trockenpressen [4.16]

Derartige Pressen werden für die Formgebung elektrokeramischer, feuerfester und hochfeuerfester Massen ebenso angewendet wie für die Fertigung von Erzeugnissen der baukeramischen Industrie, in der technischen Keramik und insbesondere auch in der Betonwarenherstellung. Die Vorteile dieser Pressmethode liegen in der Maßhaltigkeit der Erzeugnisse und der guten Automatisierbarkeit. Der Nachteil besteht darin, dass in der Regel nur einfache, meist prismatische Körper herstellbar sind.

Hierbei werden im Wesentlichen drei Möglichkeiten der verfahrenstechnischen Gestaltung von Pressvorgängen unterschieden [4.14]:

– Pressen mit einseitigem Druck
– Pressen mit doppelseitigem Druck
– Pressen durch Zweiseitendruck als Nacheinanderdruck

Bei *Pressen mit einseitigem Druck* bewegt sich eine Pressfläche auf die gegenüber liegende, feststehende Fläche zu. Im Pressenbau wird in der Regel Druck von unten oder von oben angewendet. Pressen, bei denen der Pressdruck von der Seite aufgebracht wird, so genannte liegende Pressen, haben nur geringe industrielle Bedeutung. Es werden folgende Pressmethoden unterschieden:

– einseitige Verpressung mit feststehender Form
– einseitige Verpressung mit abgefederter Form
– einseitige Verpressung mit hydraulisch abgestützter Form

Die *zweiseitige Verpressung* wird unterteilt in

– Zweiseitendruck bei feststehender Form und
– Zweiseitendruck mit abgefederter oder hydraulisch gestützter Form

4.2.1 Einseitige Verpressung mit feststehender Form

Die Presskurve für einseitige Verpressung mit feststehender Form ist in Bild 4.28 dargestellt [4.14].

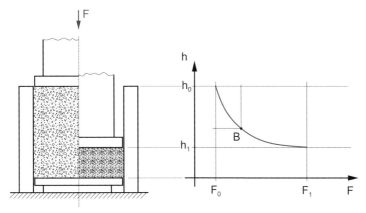

Bild 4.28: Anordnung von Form und Stempel sowie Presskurve bei einseitiger Verpressung mit feststehender Form
F = Presskraft
h = Stempelweg

105

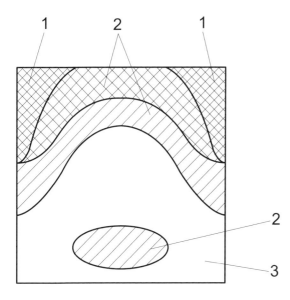

Bild 4.29: Dichteverteilung in Presslingen mit einachsialer Druckaufgabe und feststehender Form [4.14]
1 Zone höchster Verdichtung
2 Zone mittlerer Verdichtung
3 Zone niedrigster Verdichtung

Der Verlauf der Presskurve zeigt, dass sich das Gemenge bei geringem Druck weit vorverdichten lässt. Im Punkt B wird der Pressvorgang zum Zweck des Entlüftens unterbrochen und danach bis zur Endhöhe des Presslings fortgesetzt. Für die maschinentechnische Realisierung des Pressvorgangs müssen die notwendige Presskraft bzw. der Pressdruck bekannt sein. Das Ziel des Verfahrens besteht in einer möglichst homogenen Verdichtung mit ausreichender Festigkeit in allen Bereichen des Presslings. Eine homogene Verdichtung bedeutet die Gewährleistung eines allseitig konstanten Pressdrucks, wie er theoretisch nur bei Flüssigkeiten unter Druck gegeben ist. Diese Erkenntnis führte zur Entwicklung des isostatischen Pressens (siehe 4.2.7). Angaben über den Verlauf der Druckverteilung durch den Pressling wurden von Haas [4.14] gemacht. Bild 4.29 zeigt eine schematische Darstellung der Dichteverteilung.

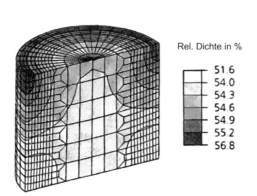

Rel. Dichte in %

51.6
54.0
54.3
54.6
54.9
55.2
56.8

Bild 4.30: Dichteverteilung in der oberen Hälfte eines trockengepressten Zylinders [4.19]

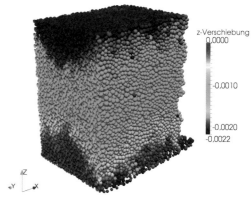

z-Verschiebung
0,0000

-0,0010

-0,0020
-0,0022

Bild 4.31: Vertikale Partikelverschiebungen beim einachsialen Druckversuch (Endzustand) [4.17]

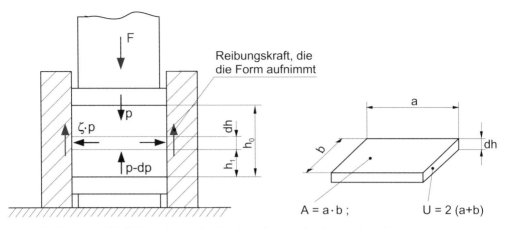

Bild 4.32: Parameter für die Berechnung des Druckdurchgangs durch einen Pressling

Solche Darstellungen lassen sich heute auch durch die Modellierung und Simulation der Verdichtung von Gemengen (siehe Kapitel 6) ermitteln. So zeigt Bild 4.30 die mit Hilfe der Finite-Elemente-Methode ermittelte Dichteverteilung in der oberen Hälfte eines trockengepressten Zylinders (Axialschnitt durch die Mitte des Zylinders) [4.19].

In [4.17] wird beispielsweise die vertikale Partikelverschiebung eines Kalksandstein-rohlings beim einachsigen Druckversuch (Endzustand) wiedergegeben, die der Druck-verteilung proportional ist. In der Abbildung sind einzelne Versatzzonen, die auf die Entstehung von Rissen hindeuten, klar erkennbar (Bild 4.31).

Für den Pressvorgang selbst ist demzufolge der Druckdurchgang entscheidend. Die dafür maßgebenden Kräfte und geometrischen Größen sind aus Bild 4.32 ersichtlich [4.14].

Im Einzelnen bedeuten:

p   Druck in MPa
h_1 Höhe der komprimierten Masse in mm
h_0 Höhe der Masse vor dem Komprimieren in mm
μ   Koeffizient der äußeren Reibung an den Wänden der Form
ζ   Koeffizient des seitlichen Drucks
A   Querschnittsfläche
U   Umfang des Volumenelements

Nach diesen Festlegungen kann das folgende Kräftegleichgewicht definiert werden:

$$p \cdot A - (p - dp)A - U \mu \zeta \cdot p \cdot dh = 0 \qquad (4.51)$$

Tabelle 4.1: Produkt aus Reibungsbeiwert und Koeffizienten für die seitliche Druckübertragung in Trockenpressmatrizen

Masse	$\zeta \cdot \mu$
Wandbelagsplatten (Feuchte 8,3 %)	0,2
Bodenplatten	0,12 ... 0,2
Schamotte AL 52	0,15
Kaolinschamotte	0,13
Ziegelton „Satoo"	0,27
Ziegelton „Malenovice"	0,3

Tabelle 4.2: Gebräuchliche Pressdrücke p_0 für unterschiedliche Verarbeitungsgüter

Verarbeitungsgut	p_0 in MPa (= N/mm²)
Betonsteine	15
Kalksandsteine	30
Viehfutterbriketts	50
Silikatsteine	75
Dolomitsteine	100
Magnesitsteine	100
Kohlebriketts	120

Von Bedeutung für das Durchpressen eines Rohlings ist das Produkt $\zeta \cdot \mu$ das in erster Näherung für den gesamten Bereich der Pressdrücke konstant ist. Durch Messung wurden durch Bouchner [4.14] die in der Tabelle 4.1 angegebenen Werte für $\zeta \cdot \mu$ für keramische Gemenge ermittelt.

Die Lösung der Gleichung (4.51) führt zur Pressgleichung (4.52) für die Ermittlung des Druckdurchgangs [4.14]:

$$p_1 = p_0\, e^{-\frac{U\,\mu\,\zeta}{A}(h_0 - h_1)} \tag{4.52}$$

mit

p_1 Druckdurchgang in MPa
p_0 aufgegebener Druck in MPa
h_1 Höhe des Presslings in mm

Gebräuchliche Drücke p_0 sind in Tabelle 4.2 zusammengestellt [4.13].

Durch die Steigerung des Höchstdrucks wird im Allgemeinen auch der Verdichtungsgrad der Rohlinge erhöht. Wie Untersuchungen bei der Verdichtung von Kalksandsteinen in [4.18] zeigten, nimmt der Dichtegewinn jedoch nach Überschreiten des optimalen Verdichtungsdrucks wieder ab und nähert sich schnell einem Endwert (Bild 4.33).

Die erreichbare Steindruckfestigkeit von Kalksandsteinen hängt jedoch auch wesentlich von der eingestellten Pressfeuchte ab. Bild 4.34 [4.18] zeigt für drei Sandsorten die typischen Maximalendkurven der Pressfeuchte.

In diesem Fall werden für die drei exemplarischen Sande maximale Steindruckfestigkeiten im Bereich von 4,5 bis 5,5 M-% Pressfeuchte erreicht.

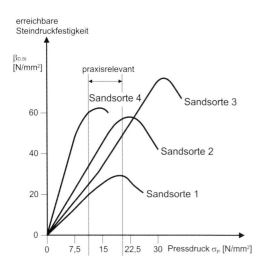

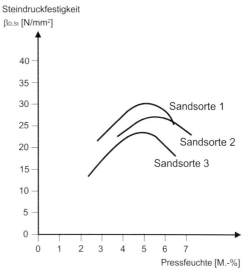

Bild 4.33: Zusammenhang zwischen dem Pressdruck und der erreichbaren Steindruckfestigkeit – Beispiele für Kalksandsteine [4.18]

Bild 4.34: Zusammenhang zwischen der Pressfeuchte und der erreichbaren Steindruckfestigkeit – Beispiele für Kalksandsteine [4.18]

4.2.2 Einseitige Oberdruckverpressung mit beweglichen Formen

Eine Verbesserung der einseitigen Verpressung wird erreicht, wenn die Form gemäß Bild 4.35 mit einer Feder oder hydraulisch (Bild 4.36) abgefedert wird [4.14].

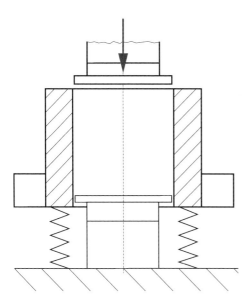

Bild 4.35: Mit Feder abgestützte Form

109

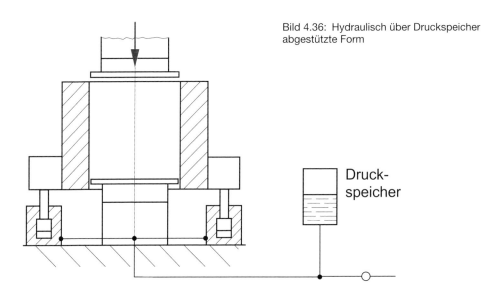

Bild 4.36: Hydraulisch über Druckspeicher
abgestützte Form

Druck-
speicher

Wegen der notwendigen Aufnahme der Presskräfte durch die Abstützung ist diese so bemessen, dass die Formenmitnahme in der Anfangsphase der Verdichtung nicht erfüllt ist.

Im Ergebnis dessen erscheint die Pressneutrale nicht in Presslingsmitte, sondern wird zum Unterstempel hin verschoben.

Ähnlich verhält es sich, wenn bei einer hydraulischen Abstützung statt eines Druckspeichers ein Überdruckventil angeordnet wird [4.14].

Die Druck- und Dichteverteilung bei derartig abgestützten Formen ähneln derjenigen von feststehenden Formen.

Der eigentliche Vorteil besteht darin, dass durch das Absenken der Form die Randkörner infolge Reibung mitgenommen werden, was zu einer besseren Verdichtung der unteren Randzonen und zu höherer Kantenfestigkeit führt.

4.2.3 Einseitige Unterdruckverpressung mit beweglicher Form

Die Abstützung der Form erfolgt in ähnlicher Weise wie bei Oberdruckverpressung durch Federn oder hydraulische Druckkolben (Bild 4.37).

Die Vorgänge beim Unterdruckverpressen stellen im Wesentlichen die Umkehrung des Oberdruckverpressens dar [4.14].

Das Anheben der Form und das damit verbundene Überfahren des Oberstempels durch den Formkasten haben günstige Auswirkungen auf die Verdichtung der oberen Randzonen.

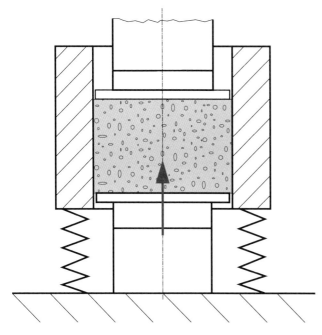

Bild 4.37: Federnd abgestützte Form mit Unterdruckverpressung

4.2.4 Matrizenabzugsverfahren

Um den Nachteil der verzögerten Mitnahme der Form zu vermeiden, wurde, wie im Bild 4.38 dargestellt, der bewegliche Pressstempel mit einer Formenabsenkvorrichtung so gekoppelt, dass ein Geschwindigkeitsunterschied realisiert wurde, z. B. $\frac{V_{Form}}{V_{Stempel}} = \frac{1}{2}$ [4.14].

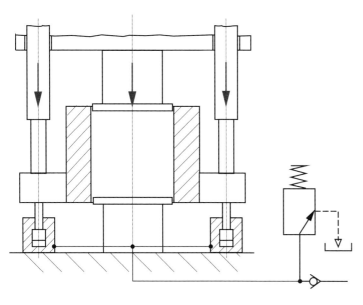

Bild 4.38: Koppelung von beweglichem Stempel und Formenabsenkvorrichtung [4.14]

Wie Untersuchungen zeigten, ist aber auch diese Form der Verpressung eine einseitige, meist Unterdruckverpressung, die allerdings im Vergleich zu den vorgenannten Verfahren eine bessere Randverdichtung bewirkt.

4.2.5 Pressen mit doppelseitigem Druck

Die zweiseitige Verpressung nach dem Doppeldruckprinzip stellt nach [4.14] die vorteilhafteste Pressmethode dar (Bild 4.39).

Damit ist die Voraussetzung für eine hohe Kantenfestigkeit und durchweg gute Erzeugniseigenschaften gegeben. Von beiden Seiten erfolgt ein gleichmäßiges Vorverdichten bei geringem Druck, wobei die Wege der unteren und oberen Gemengebestandteile gleich sind. In diesem Fall ist in der Pressgleichung (4.52) h_1 durch $\frac{h_0}{2}$ zu ersetzen, und es gilt:

$$p_1 = p_0 \cdot e^{-\frac{U \cdot \zeta \cdot \mu \vartheta h_0}{2A}} \tag{4.53}$$

Durch eine bewegliche Abstützung der Form können die Stempelgeschwindigkeiten beeinflusst und der Pressvorgang für den jeweiligen Anwendungsfall verändert werden.

4.2.6 Zweiseitendruck als Nacheinanderdruck

Es wird zunächst eine der gegenüber liegenden Flächen verschoben und nach deren Stillstand wird die zweite gegen die nun ruhende Fläche gefahren (Bild 4.40) [4.14].

Aus Bild 4.40 ist ersichtlich, dass der höhere Pressdruck der zweiten Verdichtungsphase zu einer stärkeren Verdichtung der diesem Presstempel zugewandten Seite führt. Der Pressling hat über dem Querschnitt unterschiedliche Eigenschaften. Dieses

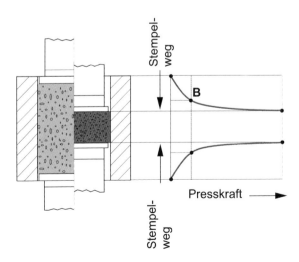

Bild 4.39: Presskurven bei Zweiseitendruck und feststehender Form

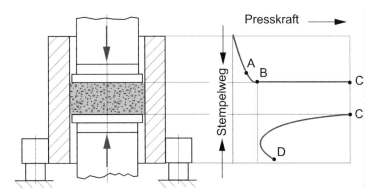

Bild 4.40: Zweiseitendruck
als Nacheinanderdruck

Verfahren ist nach [4.14] somit eine einseitige Verpressung in zwei Perioden, wobei die Pressneutrale nicht in der Mitte liegt.

Dieser Nachteil ist unbedeutend, wenn es sich bei den Erzeugnissen um solche mit geringer Höhe gegenüber den sonstigen Abmessungen handelt.

4.2.7 Isostatisches Pressen

Das isostatische Pressen findet vor allem in der technischen Keramik und der Feuerfestindustrie für die Herstellung von Spezialerzeugnissen – wie beispielsweise Brennerrohren oder Glasspeisern – Anwendung [4.14].

Das Prinzip des isostatischen Pressens basiert auf dem von Pascal bereits im 17. Jahrhundert definierten Gesetz, wonach ein Druck, der auf eine ruhende Flüssigkeit oder auf ein ruhendes Gas einwirkt, sich nach allen Richtungen gleichmäßig ausbreitet (Bild 4.41) [4.14].

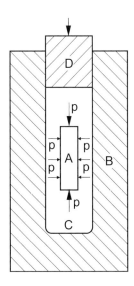

Bild 4.41: Prinzip der Druckverteilung
bei isostatischen Pressen [4.14]
A Presswerkzeug
B Druckbehälter
C Pressflüssigkeit
D Pressstempel

Bei diesem Verfahren wird eine elastomere Form mit dem Gemenge (Pulver) gefüllt und abgedichtet. Danach wird sie in einem mit Flüssigkeit gefüllten Behälter unter Druck gesetzt. Da die Form überall von der Pressflüssigkeit umgeben ist, erfolgt die Verdichtung gleichmäßig, also „isostatisch". Nach dem Pressvorgang wird der Behälter geöffnet und der Formling der Form entnommen.

Die dabei möglichen Verfahren und die dazu gehörigen technischen Mittel werden in [4.14] und [4.19] ausführlich dargestellt.

4.3   Rollen und Walzen

Unter Walzen oder auch Rollen wird das Abrollen eines oder mehrerer zylindrischer Körper auf der Oberfläche des Verarbeitungsguts verstanden. Möglich ist auch das Drücken gegen eine andere Walze. Dadurch erfolgt die Verformung und Verdichtung des Gemenges.

Das Walzen oder Rollen wird bei der Formgebung und Verdichtung ganz unterschiedlicher Verarbeitungsgüter verwendet.

Im Bauwesen werden *Walzen*, die einen oder mehrere Walzkörper besitzen, entsprechend ihrer Bauart insbesondere zum Verdichten bindiger und nichtbindiger Erdarten sowie von Schwarzdeckenbelägen und im Betondeckenbau eingesetzt [4.22].

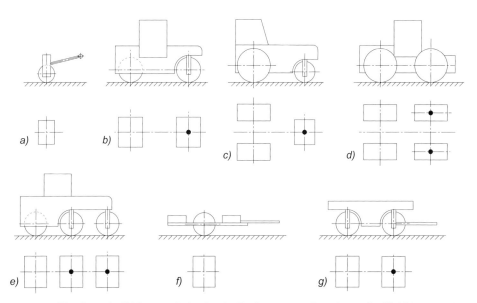

Bild 4.42: Einteilung der Walzen nach der Art der Fortbewegung, Anordnung der Walzkörper und Anzahl der Achsen [4.22]
Selbstfahrende Walzen (Motorwalzen): a) Einradwalze (handgeführt); b) Tandemwalze; c) Dreiradwalze; d) Vierradwalze; e) Dreiachswalze (Triplexwalze)
Gezogene Walzen (Anhängewalzen): f) Einachsanhängewalze; g) Zweiachsanhängewalze

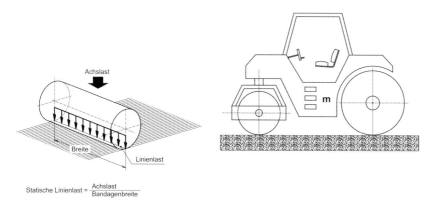

Statische Linienlast = $\dfrac{\text{Achslast}}{\text{Bandagenbreite}}$

Bild 4.43: Statische Walze und statische Linienlast [4.21]

Nach der Art der Walzkörper wird unterschieden zwischen Glatt-, Schaffuß-, Gummi-rad-, Gürtelrad-, Gitterrad-, Scheiben- und Segmentwalzen [4.22].

Bei der Art der Fortbewegung, der Anordnung der Wälzkörper und der Anzahl der Achsen sind selbstfahrende Einradwalzen, Tandem-, Dreirad-, Vierrad- und Dreiachs-walzen sowie Ein- und Zweiachsanhängewalzen (Bild 4.42) [4.22] möglich.

Nach dem Wirkprinzip wird zwischen statischen und Vibrationswalzen unterschieden. Bei statischen Walzen wird nur das Gewicht der Walze (Bandagen) wirksam (Bild 4.43) [4.21].

Um eine ausreichende Verdichtung zu realisieren, sind hohe Gewichte notwendig. Die rein statische Verdichtung durch Walzen kommt deshalb heute kaum noch zur Anwen-dung. Technische Details zu statischen Walzen werden in [4.22] ausführlich dargestellt. Die Bodenverdichtung wird im Folgenden nicht näher betrachtet. Diesbezüglich wird auf [4.21] verwiesen. Anderseits wird auch das Rollen (Bild 4.44), wie es zur Herstel-lung von Haushaltsporzellan verwendet wird, außer Betracht gelassen.

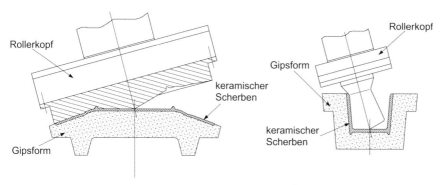

Bild 4.44: Schematische Darstellung der Rollenformgebung. Überformen: Der Fuß des Tellers wird vom Rollerkopf gebildet. Einformen: Die Innenseite des Bechers wird vom Rollerkopf gebildet [4.19]

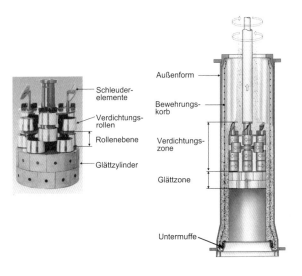

Bild 4.45: Rollenkopf (links) und Fertigungsablauf beim Rotationspressverfahren (rechts) [4.20]

Eine sehr interessante Anwendung der Formgebung und Verdichtung durch zylindrische Körper stellt das *Rotationspressverfahren,* auch „Rollenkopf"-Verfahren genannt, für die Herstellung von Betonrohren dar [4.20]. Das zentrale Element bei diesem Formgebungs- und Verdichtungsprozess ist der so genannte Rollenkopf (Bild 4.39). Mehrere Ebenen mit am Umfang angeordneten Rollen rotieren um eine gemeinsame Achse. Bei der in Bild 4.45 gezeigten Anlage rotieren diese Rollenebenen in entgegengesetzten Drehrichtungen. Am unteren Ende des Rollenkopfs befindet sich ein Glättkopf [4.20].

Der eigentliche Formgebungs- und Verdichtungsprozess kann in drei Hauptphasen untergliedert werden, die aus Bild 4.46 ersichtlich sind.

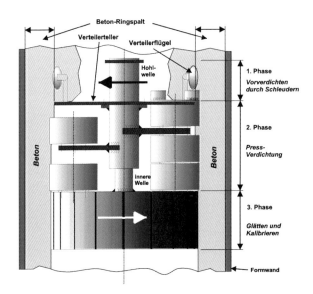

Bild 4.46: Verdichtungsprozess beim Rotationspressverfahren [4.20]

Spannungs-Dehnungs-Diagramm (einachsig) bei schrittweisem Verdichten bei W/Z=0,45

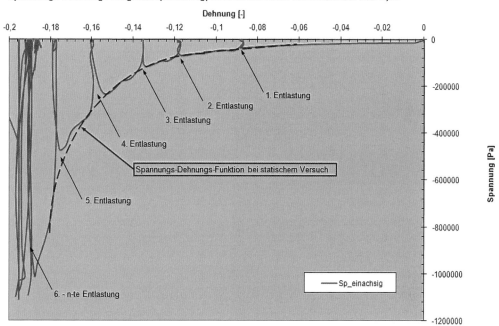

Bild 4.47: Spannungs-Dehnungs-Diagramm für den Lastfall C [4.20]

Baumgärtner hat hierzu in [4.20] sehr umfangreiche und vor allen Dingen tiefgründige experimentelle und modelltechnische Untersuchungen durchgeführt. Bei Pressver-suchen wurde von ihm in einem Lastfall C ein stufenweises Verdichten untersucht. Die Verdichtungsbewegung einer Druckplatte wurde immer wieder gestoppt und der Be-ton entlastet, bis ein Druck von ca. 10 bar erreicht war. Hieraus ergab sich Bild 4.47.

Der Spannungs-Dehnungs-Verlauf in Bild 4.47 zeigt, dass sich die einzelnen Belas-tungsschritte derart aneinander reihen, dass der vom einfachen Pressen bekannte Verlauf (blaue Kurve) als „Hüllkurve" entsteht. Die einzelnen Entlastungsschritte bilden jeweils nahezu eine Senkrechte zur Dehnungsachse. Hieraus ergeben sich wichtige Folgerungen für die Rollenverdichtung [4.20].

Bild 4.48 zeigt die elastischen Verformungsanteile bei stufenweisem Pressen. Beim Entlasten federt das Gemenge etwas zurück. Das bedeutet, dass derartige Gemenge sowohl plastische als auch elastische Anteile besitzen.

In [4.20] wurde gleichfalls eine FEM-Modellierung der Rotationspressverdichtung durch-geführt. Bild 4.49 zeigt beispielsweise die Spannungszustände im Gemenge im Radial-schnitt beim Bewegen der Rolle über das Gemenge. Es wird die Vergleichsspannung nach von Mises dargestellt.

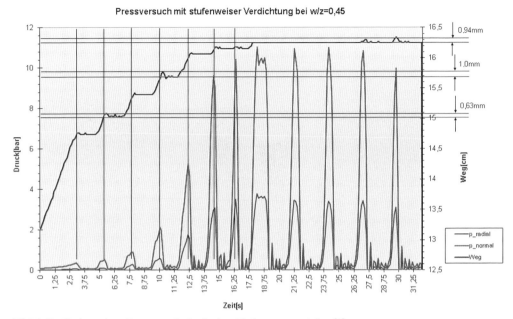

Bild 4.48: Stufenweises Pressen mit elastischen Verformungsanteilen [1]

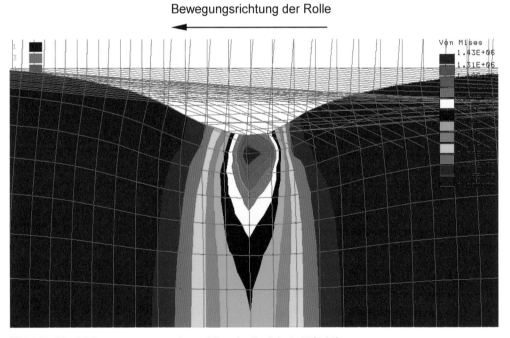

Bild 4.49: Vergleichsspannungen nach von Mises im Radialschnitt [4.20]

Bewegungsrichtung der Rolle

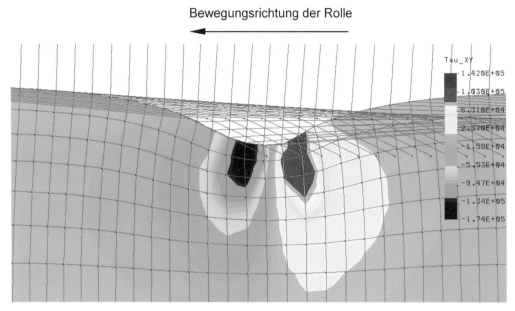

Bild 4.50: Schubspannung in der x-y-Ebene im Radialschnitt [4.20]

Das Bild 4.50 gibt gesondert die Schubspannungen in der x-y-Ebene im Radialschnitt wieder.

4.4 Schleudern

Unter Schleuderverdichtung versteht man das Verdichten von Gemengen in rotierenden Formen, wobei die Zentrifugalkraft (Fliehkraft) die Verdichtung bewirkt [4.15]. Diese Formgebungs- und Verdichtungsart ist besonders für Betonbauteile geeignet, deren Betonmasse sich um Längsachsen gleichmäßig konzentriert. Die Querschnitte sind daher vorwiegend kreisförmig, können aber auch zentralsymmetrisch (quadratisch, polygonal oder zweiachsig-symmetrisch) sein [4.23].

Schleuderbetonbauteile kleinerer Durchmesser, die häufig mit sich verjüngendem, rundem oder polygonalem Querschnitt hergestellt werden, werden als Licht-, Telegrafen- und Oberleitungsmaste verwendet [4.15].

Größere Durchmesser finden als Funkmaste und Antennenträger, als Maste für Windgeneratoren sowie als Stützen im Hoch- und Tiefbau, aber auch als Gründungspfähle Verwendung. Andererseits besitzen derartige Bauteile besonders bei fließenden, aggressiven Medien wegen ihrer hohen Oberflächenqualität viele Vorteile.

Als maximale geometrische Abmessungen werden in [4.23] Durchmesser bis zu 1.600 mm und Längen bis zu ca. 20 m angegeben. Aus der Literatur sind jedoch für spezielle Anwendungsfälle auch noch größere Werte bekannt.

Bild 4.51: Vordach des
Kunstmuseums Bonn [4.23]

Bild 4.51 zeigt das ca. 1.200 m² große und 60 cm dicke Vordach des Kunstmuseums Bonn, das auf 13 asymmetrisch angeordneten Schleuderbetonstützen von 60 cm Durchmesser und 12 m Länge ruht [4.23].

Mit diesem Formgebungs- und Verdichtungsverfahren sind Betondruckfestigkeiten von mehr als 80 N/mm², mit Silicatzusätzen sogar unschwer Werte von 120 N/mm² und mehr erreichbar.

4.4.1 Verdichtungsvorgang

Die Schleuderform Bild 4.52 wird in die Schleudermaschine eingesetzt und zunächst in langsame Drehung versetzt [4.15]. Das eingebrachte Mischgut wird dabei gleich-

Bild 4.52: Zweiteilige
Schleuderbetonform mit
Rollenbank [4.23]

1

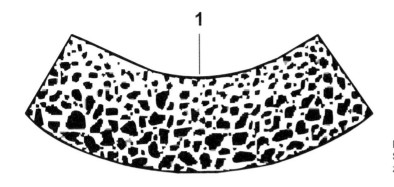

Bild 4.53: Schnitt durch
Schleuderbeton [4.15];
zementreiche Innenschicht

mäßig über die Formwandung verteilt. Die Fliehkraft wird hierbei so groß gewählt, dass das Gemenge, ohne zu wandern, an der Formwandung bleibt. Danach wird die Drehzahl stufenlos bis auf den erforderlichen Wert erhöht.

Durch die Wirkung der Fliehkraft wird das Gemenge an die Formwandung gedrückt, wobei sich das überschüssige Anmachwasser, etwa 60 % des Gesamtwasseranteils, wegen seiner geringen Dichte an der Elementinnenseite absetzt. Dabei werden Zement- und Gesteinskörnungspartikel entsprechend ihrer Dichte mehr oder weniger in Richtung der Elementaußenseite bewegt. Der Zement als Komponente mit der größten Dichte hat dabei das Bestreben, an die Außenhaut zu kommen. Das gelingt aber nur einem Teil des Zements, der dann eine dichte Außenschicht bildet. Der größere Teil des Zements wird einerseits von Gesteinskörnung und Bewehrung zurückgehalten und bleibt andererseits wegen seiner Bindung an das Anmachwasser als Zementleim mit geringerer Masse innenseitig zurück. Hierdurch wird eine außerordentlich dichte, feste und glatte, mehr oder weniger dicke Innenfläche gebildet (Bild 4.53).

Der Schleudervorgang vollzieht sich demzufolge nach [4.15] in folgenden Phasen:

1. Einbringen und Verteilen des Betons an der Formwandung bei geringer Anfangsdrehzahl
2. Aneinanderlagern der Teilchen und Bildung einer glatten Innenfläche sowie Abscheiden des überschüssigen Wassers bei Steigerung der Drehzahl
3. Verdichtung bei voller Verdichtungsdrehzahl

4.4.2 Technische Ausrüstungen

Für die Schleuderverdichtung wird eine große Anzahl unterschiedlicher Maschinen eingesetzt, die wie folgt zusammengefasst werden kann:

– Horizontalschleudermaschinen
  • Planscheibenmaschinen
  • Rollenbankmaschinen
– Vertikalschleudermaschinen

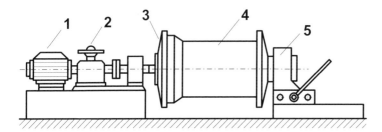

Bild 4.54: Axialbank [1]
1 Motor
2 Getriebe
3 Spindelstock
4 Form
5 verschiebbarer Reitstock

4.4.2.1 Horizontalschleudermaschinen

a) Axialmaschinen
Die einfachste Form der Axialmaschinen ist die Axialbank. Sie ähnelt in ihrem Aufbau einer Drehbank. Sie besteht aus

– dem Antrieb mit Drehzahlregelung,
– dem feststehenden Spindelstock und
– dem in der Maschinenlängsachse verschiebbaren Reitstock (Bild 4.54).

Besonders bei Maschinen für die Mastschleuderung wird der Reitstock oft hohl ausgeführt, damit das Gemenge auch bei geringen Elementdurchmessern auch während des Anschleuderns eingebracht werden kann. Ansonsten muss die abgemessene Mischgutmenge vor dem Einsetzen in die Schleudermaschine in die Form gefüllt werden.

b) Rollenbankmaschinen
Wegen der notwendigen Zentrierung werden bei verschiedenen Ausführungen der Axialmaschinen die Schleuderformen zusätzlich noch durch Laufrollen (Rollbänke) gestützt (Bild 4.45). Rollenbänke können auch mit unterschiedlichen Anzahlen von Rollensätzen hergestellt werden [4.15]. Ein Rollensatz ist mit einem Antriebssystem verbunden, das eine stufenlose Drehzahlregelung realisiert. Die Drehbewegung wird durch die Rohrform von Rollensatz zu Rollensatz übertragen.

4.4.2.2 Vertikalschleudermaschinen

Bei Vertikalschleudermaschinen wird die Rohrform senkrecht auf einen Drehtisch gestellt und auf diesem in Rotation versetzt (Bild 4.55) [4.15].

Zur Führung der Form sind zusätzliche Laufrollen vorhanden. Das Gemenge wird durch eine axial auf- und abwärts bewegte Schleuderscheibe aufgegeben, von dieser durch die aufgesetzten Flügel abgeworfen und an die Formwandung geschleudert. Bei einer entsprechend hohen Fliehkraft treten seitlich aus der Schleuderscheibe Zentrifugalkraftglätter aus, die mit einem Druck von ca. 100 N/cm^2 gegen die Rohrwandung drücken und eine glatte Innenfläche erzeugen. Die Drehzahl der Vertikalschleuderscheibe ist etwa um 10 % höher als diejenige des Drehtischs. In diesem Fall erfolgt demzufolge die Verdichtung des Gemenges in der Vertikalschleudermaschine auf dreifachem Wege:

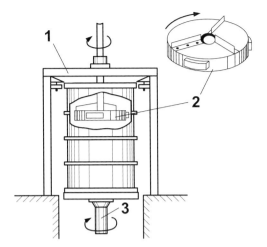

Bild 4.55: Vertikalschleudermaschine [4.15]
1 Aufgabe des Mischguts
2 Schleuderscheibe
3 Drehtisch

– durch Anschleudern des Gemenges,
– durch die Fliehkräfte der Formrotation und
– durch den Druck der Zentrifugalglätter.

4.4.3 Technologische Daten

Erforderliche technische und technologische Daten für die Durchführung des Schleuderprozesses sind:
– Drehzahl beim Einbringen und Verdichten,
– Schleuderzeit und
– Antriebsleistung.

4.4.3.1 Drehzahlen

a) Anlaufdrehzahl
Beim Anlaufvorgang muss die Drehzahl so groß sein, dass das Mischgut vom drehenden Rohr mitgenommen wird und an der Formenwand haftet. Die Kräftebilanz zeigt Bild 4.56.

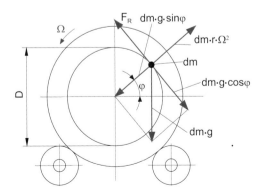

Bild 4.56: Kräftegleichgewicht am Drehrohr

123

Gleichgewicht in radialer Richtung (Bedingung des Haftens an der Wand):

$dm \, r \, \Omega^2 \geqq dm \, g \sin \varphi$

$r \, \Omega^2 \geqq g \sin \varphi$

Gleichgewicht in tangentialer Richtung (Bedingung der Mitnahme des Materials; kein Gleiten zwischen Material und Rohr):

$F_R \geqq dm \cdot g \cos \varphi$

$\text{mit} \quad F_R = \mu \cdot F_N$ (4.54)

F_R Reibkraft ergibt sich aus Bild 4.56

$F_R = \mu \, (dm \cdot r \, \Omega^2 - dm \, g \cdot \sin \varphi)$

und

$\mu \, (r \, \Omega^2 - g \sin \varphi) \geqq g \cos \varphi$

$$r \, \Omega^2 = \frac{g \cos \varphi}{\mu} + g \sin \varphi$$

Damit liefern die beiden Extremlagen

bei $\varphi = 0$ (Gleitbedingung vorrangig)

$r \, \Omega^2 \geqq \dfrac{g}{\mu}$.

bei $\varphi = \dfrac{\pi}{2}$ (Haftbedingung vorrangig)

$r \, \Omega^2 \geqq g$.

Führt man das Verhältnis Fliehkraft/Schwerkraft ein und bezieht auf den Rohrdurchmesser D, folgt:

$$\frac{D \, \Omega^2}{g} = \frac{2}{\mu}$$ (4.55)

Der Reibwert μ liegt etwa bei:

$\mu \approx 0{,}3 \dots 0{,}5$

Damit ergibt sich:

$$\frac{D\,\Omega^2}{g} \approx 7 \ldots 4 \tag{4.56}$$

Eine Auswertung von Betriebsdaten ergab als praktischen Optimalbereich:

$$\frac{D\,\Omega^2}{g} \approx 3{,}3 \ldots 6{,}5$$

Hieraus kann die Anlaufdrehzahl aus

$$\Omega_A = 2\pi\, n_A \tag{4.57}$$

berechnet werden.

b) Verdichtungsdrehzahl
Zur Berechnung der Verdichtungsdrehzahl (Bild 4.57) wird in [4.15] vom erforderlichen Anpressdruck des Betons auf die Forminnenfläche ausgegangen. Hierunter wird die auf die projizierte Fläche bezogene Fliehkraft verstanden. Der notwendige Anpressdruck ist in gewissem Maße von der Wanddicke des zu verdichtenden Elements abhängig.

Die Fliehkraft berechnet sich bekanntlich aus:

$$F_f = m \cdot r \cdot \Omega^2 \tag{4.58}$$

Mit $\Omega = 2\pi\, n$

und m für die halbe Kreisringfläche:

$$m = \frac{\pi}{8}(D^2 - d^2) \cdot L \cdot \rho$$

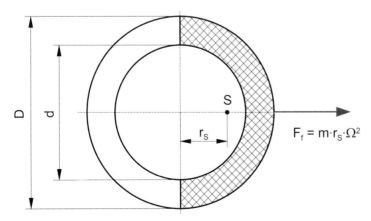

Bild 4.57: Berechnung der Verdichtungsdrehzahl

125

mit
ρ   Rohdichte des Gemenges
L   Länge des Rohrs

sowie

$$r_s = \frac{2}{3\pi} \left(\frac{D^3 - d^3}{D^2 - d^2} \right)$$

ergibt sich dann:

$$F_f = \frac{L\,\rho\,\Omega^2}{12} \left(D^3 - d^3 \right) \tag{4.59}$$

und für den Anpressdruck p für die Rohrlänge L:

$$\rho = \frac{F_f}{A} = \frac{F_f}{D \cdot L} = \frac{\rho \cdot \Omega^2}{12} \left(\frac{D^3 - d^3}{D} \right) \tag{4.60}$$

Somit entsteht für die Verdichtungsdrehzahl n_V unter Beachtung von

$$\Omega = 2\pi n_V \tag{4.61}$$

die Gleichung:

$$n_V = \sqrt{\frac{3 \cdot p \cdot D}{\pi^2 \rho \, (D^3 - d^3)}} = \frac{1}{D} \sqrt{\frac{3\,p}{\pi^2 \rho \left[1 - \left(d/D \right)^3 \right]}} \tag{4.62}$$

Für die üblichen Rohrdurchmesser beträgt nach [4.15]:

$$p = (7 \dots 10) \cdot \frac{10^4\,N}{m^2}$$

Diese Gleichungen liefern Anhaltswerte, die wegen der unterschiedlichen Verdichtungsbedingungen im speziellen Fall durch praktische Versuche überprüft werden müssen.

Aus praktischen Erfahrungen ergibt sich für die Verdichtungsdrehzahl die Kennzahl:

$$\frac{D\,\Omega^2}{g} = 110 \dots 180$$

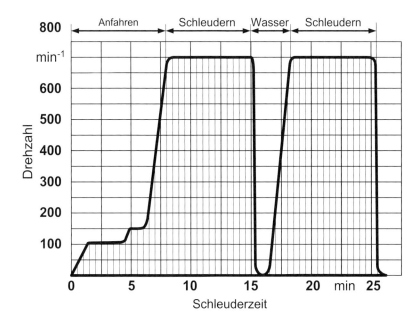

Bild 4.58: Schleuder-
diagramm

4.4.3.2 Schleuderzeit

Die Schleuderzeit, das heißt die Dauer des gesamten Verdichtungsvorgangs, hängt ab von:

– dem Elementdurchmesser,
– der Elementlänge und
– der Wanddicke des Elements.

Im praktischen Betrieb wird das Verdichten durch Schleudern etwa nach der halben Verdichtungszeit unterbrochen, um das ausgetriebene Wasser zu ziehen. Bild 4.58 zeigt ein entsprechendes Schleuderdiagramm [4.15].

Als Bedingung wurde empirisch die Mindestanzahl von $N = 10^4$ Umdrehungen pro Element gefunden, was als grober Anhalt für die überschlägliche Ermittlung der reinen Verdichtungszeit dienen kann.

$$t_V = \frac{N}{n_V}$$

(4.63)

mit
t_v Verdichtungszeit
n_v Verdichtungsdrehzahl

Detaillierte Angaben sind u. a. [4.15] zu entnehmen.

127

4.4.3.3 Antriebsleistung

Die erforderliche Antriebsleistung des Motors für Schleuderbetonmaschinen setzt sich im Wesentlichen aus den folgenden drei Anteilen zusammen:

– Hubleistung P_H
– Reibungsleistung (Laufwiderstand) P_R
– Beschleunigungsleistung P_b

Somit ergibt sich:

$$P_M \cdot \eta_{ges} = P_H + P_R + P_b \qquad (4.64)$$

η_{ges} Gesamtwirkungsgrad

Die Ermittlung der einzelnen Leistungsanteile für die verschiedenen Phasen des Verdichtungsprozesses wird in [4.24] dargestellt.

4.5 Extrudieren

4.5.1 Allgemeines

Das Extrudieren (lat. extrudere = hinausstoßen, hinausdrücken) ist ein Formgebungsverfahren. Es arbeitet nach dem Funktionsprinzip des Schneckenförderers, bei dem überwiegend plastische Arbeitsmassen mit Hilfe eines schraubenartigen Fördergeräts (genannt Extruder bzw. Schneckenpresse) geformt und durch ein Mundstück hindurch gepresst werden.

4.5.2 Extrusion in der keramischen und Feuerfestindustrie

In der keramischen Industrie wird das Funktionsprinzip der Schneckenpresse sowohl in der Rohstoffaufbereitung als auch in der Formgebung angewendet. Die Herstellung von Hubeln für die anschließende bildsame Formgebung bei der Herstellung von Geschirrkeramik, Isolatoren und feuerfesten Erzeugnissen dient zur Verbesserung der Bildsamkeit, Dichte und Homogenität sowie zur Vermeidung von Lufteinschlüssen [4.14].

In der grobkeramischen Industrie werden Schneckenpressen zur Herstellung von Mauer- und Dachziegeln, Spaltplatten sowie Steinzeugrohren eingesetzt [4.14]. Beispiele für Produkte aus dem Bereich der technischen Keramik sind waben- und granulatartige keramische Katalysatorträger [4.25].

Die meisten Schneckenpressen sind als Vakuumstrangpressen ausgeführt. Mit Hilfe des Vakuums wird eine Entlüftung der Arbeitsmassen erzielt und damit eine Verbesserung der Bildsamkeit, Verringerung der Texturanfälligkeit und schließlich Erhöhung der Produktqualität erreicht [4.14].

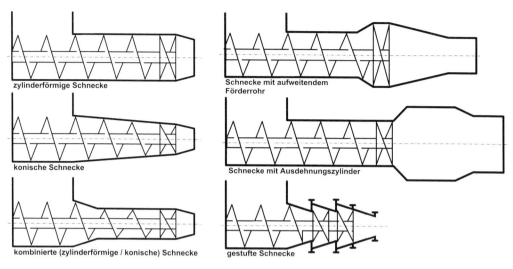

Bild 4.59: Schematische Darstellung unterschiedlicher Extrudertypen [4.25]

Schneckenpressen gibt es in großer Ausführungsvielfalt. Die schematischen Darstellungen verschiedener Extrudertypen zeigt Bild 4.59. Die Konstruktionen sind auf den jeweiligen Anwendungsfall zugeschnitten und dienen entweder der besseren Entlüftung, exakteren Formgebung oder der wirtschaftlichen Produktionsweise und Verschleißreduzierung. Nähere Erläuterungen finden sich in [4.25].

Das für den Transport der Arbeitsmassen entscheidende Konstruktionselement ist die Förderschnecke. Sie wird charakterisiert durch die Schneckengeometrie. Variationen werden insbesondere durch die Gestaltung des Steigungswinkels der Schnecke erreicht. Die wesentlichen Parameter der Schneckengeometrie befinden sich in Tabelle 4.3, eine bildliche Darstellung in Bild 4.60.

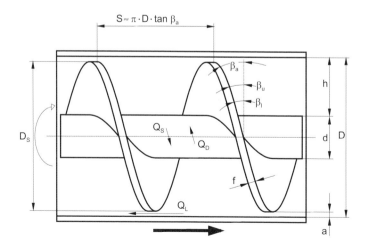

Bild 4.60: Schematische Darstellung einer Schnecke mit Benennung der Schneckengeometrie [4.25]

129

Tabelle 4.3: Parameter der Schneckengeometrie [4.25]

Parameter	Symbol	Einheit
Zylinderinnendurchmesser	D	mm
Schneckendurchmesser	D_S	mm
Nabendurchmesser	D	mm
Verhältnis Nabendurchmesser / Schnecke	d/D_S	–
Schneckensteigung (Steigung einer vollen Spirale von 360°)	S	mm
Mittlerer Winkel der Schneckenneigung	β_m	°
Dicke der Flanken (Flügel)	f	mm
Zahl der Schneckenflügel	n	–
Zylinderlänge	L	mm
Parameter für den Druckaufbau – Zylinderlänge / Rohrinnendurchmesser	L/D	–
Spalt zwischen Schnecke und Zylinderwand	a	mm
Bereich zwischen Nabe und Zylinderwand	h	mm
Materialfluss	Q_S	m³/h
Rückfluss	Q_D	m³/h
Rückfluss im Spalt zwischen Schnecke und Zylinderwand	Q_L	m³/h

Bei der Gestaltung des Extruders werden mehrere Zonen berücksichtigt. Dies sind die Speisezone, in der das Ausgangsmaterial der Schnecke zugeführt wird, die eigentliche Verdichtungszone, in der die Masse durch den Presszylinder bewegt wird, die Arbeitszone mit dem Endmesser und die Mundstückzone, in der die Formgebung des entstehenden Erzeugnisses stattfindet [4.16]. Eine Prinzipskizze wird in Bild 4.61 gezeigt.

Vakuumstrangpressen sind Formgebungsmaschinen, in denen häufig mehrere Schnecken angeordnet sind. Eine schematische Darstellung zeigt Bild 4.62.

Die zu verarbeitende Arbeitsmasse wird zunächst über eine Einzugswalze oder Speisehaspel in die Presse transportiert. Über die Vorpressschnecke wird die Masse dann

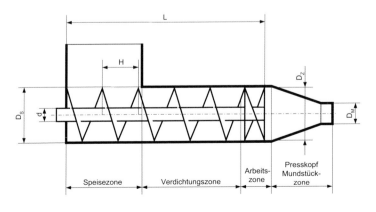

Bild 4.61: Wichtige Parameter zur Gestaltung der Pressschnecke [4.16]
D_S Schneckendurchmesser
d Nabendurchmesser
$H = S$ Schneckensteigung
L Zylinderlänge
D_Z Zylinderinnendurchmesser
D_M Mundstückinnendurchmesser

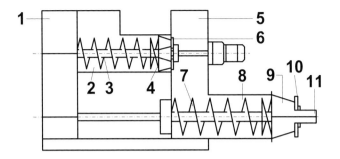

Bild 4.62: Schematische Darstellung eines Schneckenextruders [4.16]
1 Getriebe
2 Vorpresse
3 Vorpressschnecke
4 Vorpressmundstück
5 Vakuumkammer
6 Schnitzelvorrichtung
7 Pressschnecke
8 Presszylinder
9 Presskopf
10 Mundstück
11 Strang

durch den Presszylinder bewegt. Dabei erfolgt ein Misch- und Homogenisierungsvorgang. Am Ende der Kammer schließt sich das Vorpressmundstück an. Es sorgt für eine Verdichtung der Masse und schafft die Voraussetzung für die Evakuierung. Mit Hilfe einer danach angeordneten Schnitzelvorrichtung (Schlitzplatte) wird die Masse in viele kleine Stückchen zerteilt. In der folgenden Vakuumkammer befindet sich ein Vakuum von 96 % des absoluten Vakuums. Hier werden die Massenudeln entlüftet. Anschließend werden diese von einem Einräumer erfasst und mit der entgegen dem Uhrzeigersinn laufenden Austragsschnecke durch den Presszylinder, den Presskopf und schließlich durch das Mundstück gepresst, welches dem austretenden Strang die endgültige Form gibt [4.14] [4.16].

In Abhängigkeit von der Materialsteifigkeit ergibt sich ein unterschiedlicher Druckbedarf für den Strangpressvorgang. Man teilt daher die Extrusion in drei Typen ein:

– Extrusion mit niedrigem Druck
– Extrusion mit mittlerem Druck
– Extrusion mit hohem Druck

Die wichtigsten Parameter sind der Feuchtigkeitsgehalt, die Steifigkeit und der Pressdruck. Die Kennwerte wurden in [4.25] tabellarisch zusammengefasst und in Tabelle 4.4 dokumentiert.

Ob die Weich-, Halbsteif- oder Steifverpressung angewendet wird, richtet sich in erster Linie nach dem Rohstoffvorkommen und dem herzustellenden Erzeugnis.

Tabelle 4.4: Extrusionstypen und durchschnittliche Werte wichtiger Parameter [4.25]

Extrusionstyp		Extrusion mit niedrigem Druck	Extrusion mit mittlerem Druck	Extrusion mit hohem Druck	
Bezeichnung in der keramischen Industrie		Weichverpressung	Halbsteif- verpressung	Steif- verpressung	
Parameter	Einheit	1	2	3	4
Pressfeuchtig- keit	% bez. auf Trockenmasse	10 ... 27	15 ... 22	12 ... 18	10 ... 15
Pressdruck	bar	4 ... 12	15 ... 22	25 ... 45	bis 300
Penetrometer	N/mm²	< 0,2	0,2 ... 0,3	0,25 ... 0,45	

Tabelle 4.5: Technische Entwicklung der Vakuum-Schneckenextruder in den letzten 50 Jahren [4.26]

Kenngröße	Stand 1960	Stand 2010
Förderverhältnis Q_{eff}/Q_{th}	0,25	0,60
Wanddicken (Produkt) in mm		0,08
Strangbreite in mm	800	2.000
Maximaler Pressdruck in bar (MPa)	50 (5)	250 (25)
Druckbildungsvermögen Schnecke in bar/cm	0,25	1,0
Schneckendurchmesser (horizontal) in mm	$\leq$ 600	$\leq$ 750
Variabilität der Schneckendrehzahl	$\leq$ 3 Stufen	stufenlos
Stranggeschwindigkeit in m/min	15	35
Restluftdruck in Vakuumkammer in mbar	ca. 50	40 ... 15
Anzahl der Entlüftungen	1	1 ... 3
Elektrische Antriebsleistung Extruderschnecke in kW	$\leq$ 160	$\leq$ 500
Elektrische Maximalleistung Vorpresse in kW	80	260
Nutzbares Drehmoment in Nm	55.000	200.000

Am besten geeignet für das Strangpressen sind bildsame bzw. plastische Arbeitsmassen, die sich durch Krafteinwirkung verformen lassen und nach Entlastung eine bleibende Verformung aufweisen, ohne zu deformieren und ohne zur Rissbildung zu neigen. Die Massen besitzen eine entsprechend hohe Fließgrenze, damit sich der Formling nicht unter seinem Eigengewicht deformiert [4.16]. Für diese Arbeitsmassen wird meist die Weichverpressung angewendet.

Magere Arbeitsmassen dagegen sind für eine Steifverpressung besser geeignet. Aufgrund der geringeren Feuchtegehalte verursachen diese Massen zwar einen höheren Reibungsdruckverlust, weshalb sie auch einen höheren Pressdruck zum Verdichten benötigen, jedoch erfordern sie einen geringeren Energieaufwand für die Trocknung. Der Vorteil der durch Steifverpressung hergestellten Erzeugnisse besteht darin, dass diese grünstandsfest sind und auch eine höhere Maßhaltigkeit besitzen [4.14].

Seit 1960 hat sich auf dem Gebiet der Extrudertechnik eine enorme technische Entwicklung vollzogen (Tabelle 4.5). Lagen die Pressdrücke anfangs noch bei 50 bar, erreichen sie heute 250 bar mit steigender Tendenz. Diese hohen Pressdrücke sind vor allem für die Herstellung sehr dünnwandiger Wabenkeramiken (Katalysatorträger) erforderlich. Der Trend zu noch dünneren Wanddicken und damit auch zu noch höheren Pressdrücken setzt sich fort. Dies bedeutet auch höhere Anforderungen an das Verarbeitungsgut. So müssen beispielsweise Additive zur Vermeidung des Abpressens der Flüssigphase zugegeben werden [4.26]. Außerdem werden spezielle Schnecken- und Zylindergeometrien verwendet, wie z. B. ein sehr großes Länge/Durchmesser-Verhältnis der Schnecke und ein großes Verhältnis Nabendurchmesser/Schneckendurchmesser, das heißt eine geringe Gangtiefe.

Bedeutsam für die Praxis ist der Massendurchsatz einer Schneckenpresse. Nach [4.27] lässt sich der theoretische Durchsatz wie folgt berechnen:

$$Q_{max} = \frac{\pi^2 D_S^3}{4} \left(1 - \frac{d^2}{D_S^2}\right) n \sin ß \cos ß \qquad (4.65)$$

mit

Q_{max} maximaler theoretischer Durchsatz
D_S Schneckendurchmesser
d   Nabendurchmesser
ß   mittlerer Schneckensteigungswinkel
n   Schneckendrehzahl

Dieser Durchsatz wird in der Praxis aufgrund von Relativbewegungen zwischen Masse und Schnecke bzw. Zylinderwand und dem dadurch entstehenden Schlupf nicht erreicht [4.28]. Wie in Tabelle 4.5 gezeigt, konnte das Förderverhältnis Q_{eff}/Q_{th} durch die technische Weiterentwicklung von 0,25 im Jahr 1960 auf 0,6 im Jahr 2010 gesteigert werden [4.26].

4.5.3 Extrusion in der betonverarbeitenden Industrie

Auch in der Betonelementeproduktion werden Extruder bzw. Gleitfertiger eingesetzt. Diese langlebigen Maschinen werden vorrangig zur Herstellung vorgespannter Hohldecken, Deckenträger und Wandelemente sowie Massiv- und Rippenplatten verwendet. Extruder arbeiten nach dem Prinzip der Scherverdichtung.

Extruder formen und verdichten Betonbahnen so, dass das Material gleich hinter dem Fertiger formstabil „steht" und erhärten kann. Sie arbeiten auf möglichst langen Stahlbahnen, üblich sind 100 bis 150 m, auf denen die untere und ggf. auch obere Bewehrung vorgespannt einbetoniert wird.

Diese fahrbare Verdichtungseinheit enthält einen Rahmen mit Fahrwerk, welcher ein Betonsilo trägt. Aus diesem wird das zu formende Betongemenge durch rotierende Schnecken in einen Formraum gepresst und dort unter Vibration verdichtet.

Sollen im Erzeugnis Hohlräume eingearbeitet werden, so werden im Anschluss an die Extruderschnecken Kerne angeordnet, um die der verdichtete Betonstrang geführt wird.

Die schematische Darstellung eines Extruders ist in Bild 4.63 ersichtlich [4.9].

Ein Strangpressverfahren wird auch angewendet, um Betondachsteine in hoher Produktionsmenge je Zeiteinheit zu produzieren.

Über eine automatische Dosierungsanlage werden die Materialien nach bestimmten Gewichtsanteilen gemischt und gelangen mit Förderbändern zur Strangpresse (Extruder), wo sie im so genannten Strangpressverfahren auf aneinander gereihte Metallpaletten, den so genannten Pallets, zu einem waagerechten „Endlosdachstein" geformt werden.

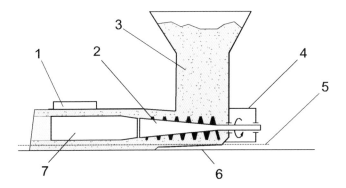

Bild 4.63: Schematische Darstellung eines Extruders [4.9]
1 Glättbohle
2 Extrusionsschnecke
3 Gemengesilo
4 Rahmen, Antriebe und Fahrwerk
5 Bewehrungsdraht
6 Boden der Spannbahn
7 Kern

Die Betondachsteinmaschine besteht allgemein aus den folgenden Hauptbaugruppen:

- Befüll- und Zuführeinheit des Betons
- Werkzeugbox mit Stachelwalze
- Schneideeinrichtung mit angeformtem Messer
- Fördereinrichtung zum Abtransport der Paletten

In der Werkzeugbox verteilt die Stachelwalze das Gemenge gleichmäßig über den gesamten Querschnitt und fördert es in Richtung Mundstück. Gleichzeitig werden die Paletten mittels Vorschub unten durch die Betondachsteinmaschine gedrückt und transportieren ebenfalls das Gemenge zum Mundstück. Der vorgelagerte Roller formt die obere Kontur des Dachsteins und sorgt für eine Vorverdichtung. Die endgültige Strangpressformgebung erfolgt im Mundstück. Dort wird die Kontur nochmals nachgeformt und die Oberfläche geglättet.

Der geformte „Endlosdachstein" wird durch eine temporäre, zum Palettenförderer synchron bewegliche Schneideeinrichtung auf das gewünschte Maß geschnitten und in Härtekammern wärmebehandelt. Eine Prinzipskizze des Herstellungsprozesses zeigt Bild 4.64.

Die Technologie ermöglicht die Verarbeitung erdfeuchter Betone.

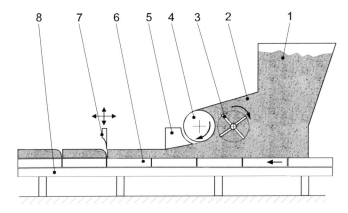

Bild 4.64: Prinzipdarstellung einer Betondachsteinmaschine [4.9]
1 Betonsilo
2 Werkzeugbox
3 Stachelwalze
4 Roller
5 Mundstück
6 Palette
7 Schneideeinrichtung
8 Palettenförderer

4.6 Evakuieren

4.6.1 Allgemeines

Unter Evakuieren (lat. evacuare – ausleeren) ist im Wortsinne die Entleerung oder das Entfernen des Inhalts zu verstehen. Im technischen Sinne versteht man darunter das Entfernen von Lufteinschlüssen.

4.6.2 Evakuieren in der keramischen Industrie

Luft wirkt in keramischen Arbeitsmassen wie ein Magerungsmittel. Eine Evakuierung kann zur Erhöhung der Bildsamkeit führen. Die Texturanfälligkeit wird reduziert. Das Verfahren der Evakuierung wird bei der Strangformgebung (siehe Abschnitt 4.5) genutzt. So genannte Vakuumpressen bzw. Vakuumstrangpressen sind mit speziellen Evakuierungseinrichtungen oder Vakuumkammern ausgestattet, die eine Entlüftung der Masse bewirken. Vorgeschaltet sind meist Siebe, Roste oder Schlitzplatten, die den ankommenden Strang in zahlreiche kleine Stücke zerlegen [4.14] (Bild 4.62).

In der Technischen Keramik ist die Entlüftung eine sehr anspruchsvolle Aufgabe, da viele Hochleistungskeramiken mit organischen Additiven in einem speziellen Aufbereitungsprozess gezielt plastifiziert werden und dadurch nahezu gasdicht sind. Die Entfernung eingeschlossener Luft- bzw. Gasbläschen ist nur möglich, wenn die Bläschen angeschnitten werden. Dies bedingt eine sehr feine Zerteilung der Masse beim Eintritt in die Vakuumkammer. Gelöst wird diese Aufgabe durch die Anordnung zweier rotierender Messer, die auf einer Welle befestigt sind und deren Drehzahl variierbar ist. So lassen sich die Massestränge in sehr dünne Scheiben schneiden. Der Entlüftungsgrad kann noch weiter verbessert werden, wenn die Strangpressen mit einer zweiten oder sogar einer dritten Vakuumkammer aufgerüstet sind [4.26].

Das Vakuum wird in der Entlüftungskammer durch Absaugen der Luft erzeugt. Eine gute Abdichtung ist selbstverständlich erforderlich, um das Eintreten von Falschluft zu vermeiden. Das Vakuum sollte mindestens 90 % betragen. Meistens liegt es bei 96 % des absoluten Vakuums. Größere Werte sind nicht zweckmäßig, da das Wasser sonst siedet und verdampft, denn ein hohes Vakuum bedeutet eine Annäherung an den Druck, der dem Dampfdruck des Wassers bei Raumtemperatur entspricht. Die Bildsamkeit verringert sich und die Gefahr des Austrocknens der Masse nimmt zu. Ausreichend bekannt ist, dass jeder Ton ein bestimmtes Vakuum verlangt [4.14].

4.6.3 Evakuieren in der Betonindustrie

In der Betontechnologie wird das Evakuieren zur Herstellung von Vakuumbeton genutzt. Beim so genannten Vakuumverfahren wird dem Beton nach der Verarbeitung überschüssiges Anmachwasser entzogen. Dies führt zu einer Reduzierung des wirksamen Wasserzementwerts und damit zu erhöhter Dichtigkeit und Festigkeit [4.30]. Hierbei erfolgt an der Betonoberfläche durch Vakuumteppiche, -matten, -tafeln oder -schalungen oder im Inneren des Betons durch Vakuumnadeln die Erzeugung eines Unterdrucks (Bild 4.65) [4.30].

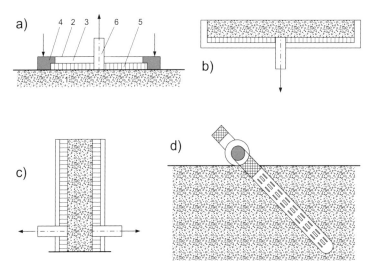

Bild 4.65: Verschiedene Arten der Vakuumbehandlung von Frischbeton [4.30]
a) Vakuummatte für großflächige Bauteile geringer Dicke und zur Oberflächenvergütung
   (1 Frischbeton
    2 Vakuumschalung
    3 Saugraum mit Drahtgelegeeinlage
    4 Randabdichtungen
    5 Filter
    6 Saugstutzen)
b) Vakuumschalung mit Vakuum von unten
c) Vakuumschalung auf einer oder mehreren Flächen stehend betonierter Betonteile
d) Vakuumnadel

Während im Inneren des Betons ein Unterdruck erzeugt wird, wirkt gleichzeitig der atmosphärische Druck auf die Betonoberfläche. Bei der Herstellung von großflächigen Betonbauteilen entsprechend Bild 4.65 a) wird dabei wie folgt vorgegangen (Bild 4.66):

Das Betongemenge wird in der üblichen Weise eingebaut und beispielsweise mit einer Vibrationsbohle abgezogen. Unmittelbar danach werden auf die Betonoberfläche Filtermatten aufgelegt, über die das überschüssige Wasser abgesaugt wird. Das wird dadurch erreicht, dass auf die Filtermatten wasser- und luftundurchlässige Vakuumteppiche aufgelegt werden, an die eine Vakuumpumpe angeschlossen ist. Hierdurch wird zwischen Betonoberfläche und Vakuumteppich ein Unterdruck erzeugt. Aus der Differenz zwischen dem Unterdurck von 0,01 N/mm² und dem Luftdruck 0,1 N/mm² ergibt sich ein effektiver Druck von 0,09 N/mm², mit dem der Beton zusammengedrückt wird. Nach Entfernen der Vakuumeinrichtung kann die Betonoberfläche geglättet und nachbehandelt werden.

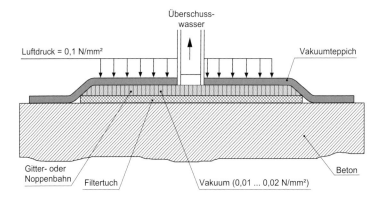

Bild 4.66: Herstellung von Vakuumbeton

Als Betongemenge wird in der Regel ein plastischer bis weicher Beton mit einem Ausbreitmaß von 42 ± 3 cm verwendet. Der Mehlkorngehalt sollte, um den Entzug des Wassers zu erleichtern, den kleinstmöglichen Wert besitzen.

Das Verfahren ermöglicht das frühe Ausschalen der Betonbauteile und vermindert die Schwindrissbildung. Es werden dichte und verschleißfeste Betonoberflächen erreicht, wodurch Festigkeit, Wasserundurchlässigkeit und Witterungsbeständigkeit des Betons verbessert werden.

4.7 Stampfen

Unter Stampfen wird das Verdichten von Gemengen mittels dynamisch wirkender Druckkräfte (Stöße, Schläge) verstanden [4.13]. Das Arbeitsorgan, nämlich ein Stampfer, fällt aus einer bestimmten Höhe auf die Oberfläche des zu verdichtenden Verarbeitungsguts (Bild 4.67).

Dabei wird kinetische Energie auf das Gemenge übertragen. Hierdurch werden die Reibungskräfte im Verarbeiten gut überwunden; es erfolgt eine Verschiebung der Teilchen, die zu einer Verringerung der vorhandenen Hohlräume führt.

Für die Bewegung des Stampfers gilt der Impulssatz:

$$\int_0^{t_S} F_s \cdot dt = m_s \, (v_1 - v_2) \tag{4.66}$$

mit
F_s Stampfkraft
t_s Schlagdauer
m_s Masse des Stampfers
v_1 Geschwindigkeit des Stampfers am Anfang des Schlags
v_2 Geschwindigkeit des Stampfers am Ende des Schlags

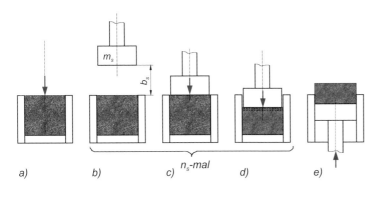

a)   b)   c) n_s-mal   d)   e)

Bild 4.67: Stampfvorgang [4.13]
a) Füllen
b) Stampferstellung vor dem Fall
c) Aufprall des Stampfers auf die Oberfläche des Verarbeitungsguts
d) Verdichtung
e) Ausstoßen (bei geometrisch bestimmten Erzeugnissen)

137

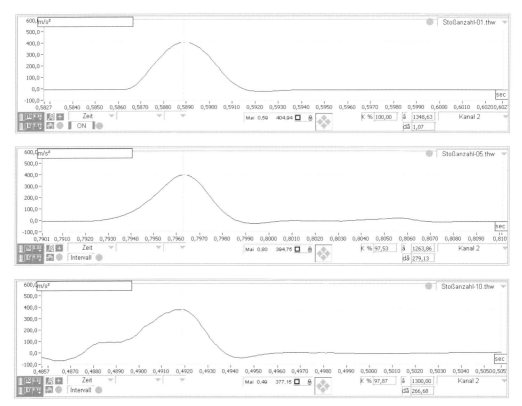

Bild 4.68: Beschleunigungen am Fallgewicht nach 1,5 und 10 Stößen; Masse des Fallgewichts 6 kg; Fallhöhe 44 mm; Kiesschüttung 8-16 mm (trocken)

Nach 4.1.1.11 wird dabei zwischen

– elastischem Stoß (Annahme einer linearen oder nichtlinearen Feder),
– plastischem Stoß (Annahme einer viskosen Dämpfung oder Reibungsdämpfung) und
– realem Stoß (Kombination zwischen nichtlinearer meist progressiver elastischer Verdichtungsarbeit und anderen energieverzehrenden Anteilen)

unterschieden.

Diesbezüglich wurden am Institut für Fertigteiltechnik und Fertigbau Weimar e.V. Fallversuche bei trockenen Kiesschüttungen durchgeführt. Dabei wurden die Beschleunigungen am Fallgewicht, die der Stoßkraft F_s proportional sind, gemessen. Ein Ergebnis dieser Messungen ist in Bild 4.68 dargestellt.

Es zeigt sich, dass die Form des Stoßimpulses sich mit zunehmender Anzahl der Stöße verändert. Das bedeutet, dass die Stoßform ganz wesentlich von den Gemengeeigen-

138

schaften abhängt und sich mit fortschreitender Verdichtung ändert. Aus derartigen Darstellungen lässt sich über

$$p_s = \frac{F_s}{A_s}$$

mit

p_s mittlerer Druck an der Oberfläche des zu verdichtenden Arbeitsguts
A_s Grundfläche des Stampfers

das Stampfdruckdiagramm ableiten.

Beim eigentlichen Verdichtungsvorgang wird mit einer bestimmten Schlagzahl auf das Gemenge eingewirkt. Der Verdichtungseffekt wird in erster Linie durch die Größe des spezifischen Impulses I_{sp} und die Anzahl der Schläge n bestimmt. Diese beiden Kenngrößen kennzeichnen die Intensität der Einwirkung I_v, die mit zunehmender Schichtdicke des Verarbeitungsguts einen progressiven Anstieg erfordert. Sie hängen ab von

– den Stoffkenngrößen des Gemenges (siehe Kapitel 2) und
– den maschinentechnischen Kenngrößen
  • Masse des Stampfers m_s,
  • Stampfergrundfläche A_s sowie
  • Fallhöhe h.

Das Stampfen besitzt eine größere Tiefenwirkung als das Pressen. Dieses Verfahren kann deshalb auch für die Verdichtung dickerer Schichten des Verarbeitungsguts bei schwankenden Feuchtigkeitsgehalten und unterschiedlicher Körnung eingesetzt werden. Bei Formlingen größerer Dicke wird das Gemenge schichtenweise eingebracht und verdichtet [4.13].

Das Stampfen wird häufig in der Bodenverdichtung angewendet.

Das Stampfen als Formgebungs- und Verdichtungsverfahren im Betonbau ist nahezu in Vergessenheit geraten. Entstanden ist die Stampfbetonbauweise ursprünglich aus dem Pisè-Verfahren [4.31]. Bei dieser Bauweise wurde seit Anfang des 17. Jahrhunderts in Frankreich Lehm zu Wänden gestampft. Der Unternehmer Wilhelm Jakob nutzte in Weilburg an der Lahn das Verfahren Anfang des 19. Jahrhunderts, um die Wände seiner Wohn- und Geschäftshäuser, teils bis zu sechs Etagen hoch, bauen zu lassen. In der Folgezeit fand der Stampfbeton lange Zeit für die Herstellung großer Fundamente sowie im Brückenbau Anwendung. Spätestens seit Anfang des 20. Jahrhunderts setzte sich jedoch der Stahlbeton wegen seiner vielfältigen Gestaltungsmöglichkeiten durch, da mit Stampfbeton nur unbewehrte und auf Vertikaldruck beanspruchte Bauelemente herstellbar waren. Vor einigen Jahren hat jedoch der Schweizer Architekt Peter Zumthor u. a. mit dem Neubau der Bruder-Klaus-Kapelle bei Wachendorf in der Eifel für eine „Renaissance" der Stampfbeton-Architektur gesorgt. Die Tatsache, dass der unbewehrte Beton schichtenweise aufgebracht und verdichtet wird, führt zu besonderen ästhetischen Merkmalen. Heute wird der Stampfbeton nach wie vor besonders dort verbaut, wo der Einsatz umfangreicher Technik im Gegensatz zur Bauaufgabe steht. Das betrifft beispielsweise die Landschaftsarchitektur.

Aber auch in der Keramikindustrie kommt das Stampfen zur Herstellung von großformatigen Wannensteinen für die Glasindustrie oder von Feuerbetonfertigteilen zur Anwendung. Auch bei der Verdichtung von Feuerfestgemengen wird dieses Verfahren in breiterem Umfang eingesetzt [4.14]. Dabei werden vorwiegend unplastische Massen verarbeitet. Die meist krümelige und kaum Zusammenhang besitzende – das heißt kaum bildsame – Masse wird durch Druckluft- oder Elektrostampfer verdichtet. Hierdurch wird bewirkt, dass wegen der Tixotropieeffekte die Masse besser fließt und die Verdichtung begünstigt wird [4.14].

4.8 Schocken

Das Schocken ist ein niederfrequentes Verdichtungsverfahren mit einer gleichzeitig hohen Schwingwegamplitude. Die Anwendung dieses Verfahrens erfolgt vorwiegend für die Verarbeitung steifer bis schwach plastischer Betongemenge. Schocktische können für das Verdichten schwerer Fertigteile oder für das gemeinsame Verdichten einer größeren Zahl kleinerer Einheiten zweckmäßig sein [4.32].

Das Gemenge wird durch die Einwirkung vertikal gerichteter Stöße (siehe auch Abschnitt 4.1.1) verdichtet, die eine Frequenz von 3,3 … 5 Hz und Schwingwegamplituden von 3 … 4 mm (aber auch mehr) aufweisen [4.32]. Die entsprechenden Ausrüstungen bestehen aus einem oberen beweglichen Rahmen, der die Form mit dem Gemenge aufnimmt, und einem unteren Rahmen, der mit dem Fundament verbunden ist. Die Anhebung des oberen Rahmens kann erfolgen mit Hilfe

– eines Nockenmechanismus,
– einer Exzenterwelle,
– einer Schubkurbel,
– mehrgliedriger Koppelgetriebe oder
– eines pneumatischen Antriebs.

Nachdem der Obertisch auf die jeweilige Maximalhöhe von 3 bis 12 mm angehoben wurde, fällt er infolge der Schwerkraft durch die Massen von Form und Gemenge sowie seiner Eigenmasse nach unten und schlägt dabei auf entsprechende Begrenzer auf. Weitere technische Details sind u. a. [4.32] und [4.33] zu entnehmen.

Bild 4.69 zeigt beispielhaft einen Schocktisch mit einem Nockenmechanismus [4.32].

Eine ausführliche Darstellung technischer Lösungen zur Realisierung einer Schockverdichtung findet sich in [4.32], [4.33] und [4.34]. Dabei existiert eine Vielzahl von Patenten, insbesondere aus der ehemaligen Sowjetunion. Umfangreiche experimentelle Untersuchungen zu dieser Art der Formgebung und Verdichtung wurden am Rigaer Polytechnischen Institut unter Leitung von Prof. G. Kunnos durchgeführt [4.32].

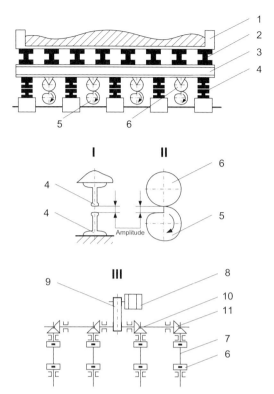

Bild 4.69: Schocktisch mit Nockenmechanismus [4.32]
 1 Form mit Gemenge
 2 Stützschiene
 3 oberer Tisch
 4 Anschlagschiene
 5 Anschlagmechanismus
 6 Rollen
 7 Querwelle
 8 Elektromotor
 9 Riemengetriebe
10 konische Übergabe
11 Längswelle
 I System der Anschlagschienen
 II Anschlagmechanismus
 III Antrieb

4.9 Vibration

Unter Vibrationsverdichtung wird die Verdichtung durch Einleiten mechanischer Schwingungen in das Gemenge verstanden. Die dafür im deutschen Sprachgebrauch eingebürgerte Bezeichnung „Rütteln" spiegelt aber das Wesen dieser Verdichtung nur ungenügend wider [4.15]. Die Vibration findet in vielen Bereichen der Technik für die Formgebung und Verdichtung von Gemengen Anwendung. In der Beton- und Fertigteiltechnik ist sie das dominierende Verfahren. Hierzu hat Rebut bereits 1962 in [4.35] eine hervorragende Darstellung der Komplexität dieser Problematik gegeben. Aber auch in anderen Bereichen wie der Bau- und Grobkeramik sowie der Feuerfestindustrie kommt dieses Verfahren zum Tragen.

So werden beispielsweise vorwiegend Feuerbetonfertigteile und Konverterböden in der Feuerfestindustrie durch das Vibrationsverdichten hergestellt [4.14]. Ähnlich wie in der Betonfertigteilindustrie wird feuerfeste Gesteinskörnung mit Mikrofüllern, Bindemitteln und Wasser in Formen gegeben und auf Vibrationstischen verdichtet. Die Erregerfrequenz beträgt dabei 50 bis 67 Hz.

Bei der Vibrationsverdichtung werden von einem Schwingungserreger (Bild 4.70) periodische Schwingungen erzeugt, durch Übertrager (Bild 4.73) in das Verarbeitungsgut eingeleitet und dieses selbst in Schwingungen versetzt [4.13].

141

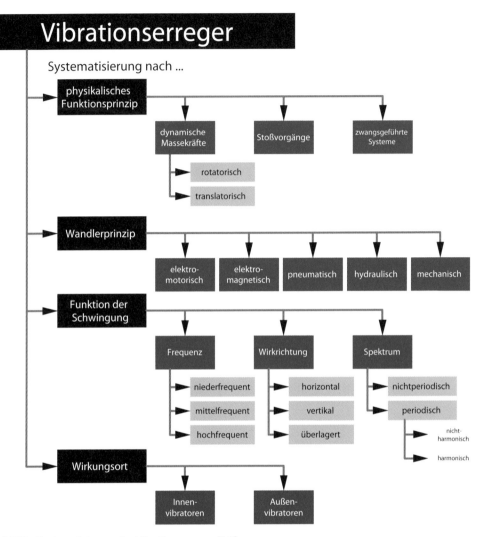

Bild 4.70: Systematisierung der Vibrationserreger [4.9]

Bei den Vibrationserregern kommt fast durchweg die Fliehkrafterregung zur Anwendung (Bild 4.20). Neben speziellen Vibrationserregersystemen bei Formgebungs- und Verdichtungsausrüstungen werden dabei häufig Außenvibratoren (Bild 4.71) und Innenvibratoren (Bild 4.72) [4.42] eingesetzt.

Die dabei möglichen Varianten des Vibrierens sind in Bild 4.73 dargestellt [4.13]. Sie basieren auf Bild 4.19.

Die Schwingungsübertragung bei der Vibrationsverdichtung besteht demzufolge aus drei Übertragungsphasen [4.15]:

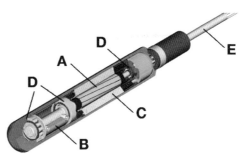

Bild 4.71: Schnitt durch einen elektrischen Außenvibrator mit Asynchronmotor; zu erkennen sind der
Rotor (A) mit den Umwuchten (B), die elektrische
Wicklung des Stators (C), die Kugellager (D) sowie
die elektrischen Anschlüsse (E) [4.42]

Bild 4.72: Aufbau eines Hochfrequenz-Innenvibra-
tors von Wacker: Antriebswelle mit Motorläufer (A)
und Unwucht (B), Statorpaket (C), Wälzlager (D)
und elektrische Zuleitung (E) [4.42]

a) Schwingungsübertragung vom Erreger auf den Schwingungsübertrager
b) Schwingungsübertragung vom Übertrager auf das Gemenge
c) Schwingungsübertragung im Gemenge

Die erste Übertragungsphase wird von der Verbindung von Erreger und Übertrager bestimmt. Sie hängt von der Art der Erreger (Bild 4.70), der Konstruktion der Verdichtungsausrüstung und dem gewünschten Übertragungseffekt ab. Zu den *Schwingungs-*
übertragern zählen alle Zwischenglieder zwischen Erreger und Gemenge. Das sind
Formen und Teile von Verdichtungsausrüstungen, die erst selbst in Schwingungen versetzt werden müssen, bevor sie diese an das Gemenge weiterleiten. Demzufolge bestehen Übergangsstellen zwischen Erreger und Schwingungsübertrager, beispielsweise zwischen Außenvibrator und Formwandung (Bild 4.73 c), zwischen Erreger und
Vibrierplatte bei Oberflächenvibration (Bild 4.73 b) oder zwischen Vibrator und Tischplatte sowie Tischplatte und aufgesetzter Form (Bild 4.73 d).

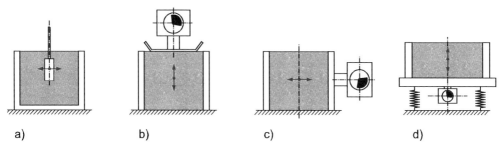

a)　　　　　　　　b)　　　　　　　　c)　　　　　　　　d)

Bild 4.73: Varianten des Vibrierens
a) Innenvibration; b) Oberflächenvibration; c) Außenvibration; d) Tischvibration

An diesen Übertragungsstellen können erhebliche Schwingungsverluste, Veränderungen der Schwingungscharakteristik und hohe Lärmentwicklung auftreten. Hierauf wird in den Kapiteln 7 und 8 eingegangen.

Bei unmittelbarer Schwingungsübertragung, wie bei Innenvibration (Bild 4.73 und Bild 4.65 a) entfällt die erste Übertragungsphase, da keinerlei dämpfende oder federnde Zwischenglieder vorhanden sind.

Die zweite Übertragungsphase, nämlich die Schwingungsübertragung vom Übertrager auf das Gemenge, kann wie folgt vonstatten gehen (Bild 4.73) [4.15]:

a) innerhalb des Gemenges (Innenvibration)
b) über die freie Oberfläche des Gemenges (Oberflächenvibration)
c) über die Gesamtform (Tischvibration)

Die Wahl der Übertragungsart wird vor allem von der Größe der Form und der Dicke der herzustellenden Produkte bestimmt. Hieraus ergeben sich die vorzusehenden technischen Mittel für die Verdichtung (siehe Kapitel 8).

Die dritte Übertragungsphase, die Schwingungsübertragung im zu verdichtenden Gemenge, erfordert die Abstimmung der Schwingungskennwerte auf die Gemengeeigenschaften (Kapitel 2).

Die entsprechenden schwingungstechnischen Grundlagen sind im Abschnitt 4.1.1 dargestellt. Die Kenngrößen für die Vibrationsverdichtung von Gemengen sind dem Kapitel 5 zu entnehmen.

Hinsichtlich der Erregerfrequenz bei der Vibrationsverdichtung werden die in Tabelle 4.6 angegebenen Bereiche für Betongemenge unterschieden.

Die Vibrationsverdichtung mittels Formenerregung durch Außenvibratoren liegt gegenwärtig im Frequenzbereich von 50 bis 100 Hz und führt zu relativ hoher Lärmbelastung. Messungen im Umfeld von Verdichtungseinrichtungen haben teilweise Lärmbelastungen von 100 dB(A) und mehr ergeben.

Ein interessanter Ansatz für die Lärmreduzierung bei der Vibrationsverdichtung besteht, wie Bild 4.74 zeigt, im Arbeiten im niederfrequenten Bereich (Tabelle 4.6), da die Hörschwelle für den Menschen sehr frequenzabhängig ist.

Tabelle 4.6: Erregerfrequenzbereiche bei Vibrationsverdichtung von Betongemengen

Bereiche	Frequenzbereich	Anzuwendende Einwirkungskenngrößen
hochfrequent	ca. 100 bis 200 Hz (... 500 Hz)	z. B. Beschleunigungsamplitude $\hat{a} = 100$ m/s^2
normalfrequent	ca. 20 bis 100 Hz	z. B. Beschleunigungsamplitude $\hat{a} = 30$ bis 60 m/s^2
niederfrequent	unter 20 Hz	keine gesicherten Forschungsergebnisse bekannt

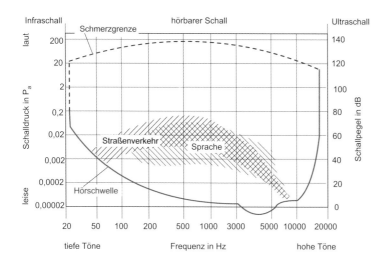

Bild 4.74: Hörfläche des normal hörenden Menschen (Sinustonanregung)

Diese Überlegungen führten zum so genannten „Schütteln", wobei niederfrequente mechanische Schwingungen hauptsächlich in horizontaler Richtung über die Form in das Betongemenge eingetragen werden.

Das Verfahren hat sich in den letzten 15 Jahren für die Herstellung von Betonfertigteilen vielfach etabliert – insbesondere wegen der deutlichen Vorteile in der lärmarmen Verdichtung. Die Maschinenhersteller bieten hierzu sehr unterschiedliche Lösungen an.

Hinsichtlich der erreichbaren Produktqualität in der Oberflächenausbildung und des Verdichtungsgrads muss dieses Herstellungsverfahren sehr differenziert betrachtet werden. Bekannt ist, dass Beton zur optimalen Verdichtung den thixotropen Zustand erreichen sollte. Wegen der geringen Wirkungstiefe der Vibrationen wird dieser Zustand lediglich in den Randbereichen des Betongemenges erreicht, insbesondere dort, wo der Beton senkrecht auf eine Schalfläche trifft [4.36].

Deshalb wird das Verfahren häufig mit höherfrequenter Vibrationseinwirkung kombiniert. Bei der Herstellung dünnwandiger Betonfertigteile, wie beispielsweise Elementdecken oder Doppelwände, kann mit diesem Verfahren erfahrungsgemäß die geforderte Qualität erreicht werden.

Einen Ausweg aus dieser Situation bietet die gleichzeitig horizontale und vertikale niederfrequente Einwirkung der Vibrationsenergie, wie dies in Abschnitt 7.2 dargestellt wird. Auf diese Weise wird einerseits der Vorteil der niederfrequenten Vibration bezüglich der geringen Lärmemission genutzt, andererseits gelingt auf diese Weise die Qualitätssicherung bei der Formgebung und Verdichtung unterschiedlicher geometrischer Fertigteile [4.47].

In 4.1.2 wird auch auf die gleichzeitige Einwirkung an verschiedenen Orten bei der Formgebung und Verdichtung eingegangen. Diesbezüglich kann auf den Entwurf eines

dreiaxialen Vibrationstischs mit servohydraulischem Antrieb für eine Lost Foam Gießanlage verwiesen werden, an dem die Autoren beteiligt waren [4.37]. Bei diesem Verfahren für die Herstellung von Gussteilen werden Schaumstoffmodelle mit den Kontu-
ren der Gussteile hergestellt und anschließend mit einer Trennschicht (Schlichter) mittels Tauchen umhüllt. Die Modelle werden im Behälter eingelegt, welche mit Sand be-
füllt werden. Dieser Sand wird während der Befüllung mittels Vibration verdichtet. Im
anschließenden Gießprozess verbrennt das flüssige Metall den Schaumstoff und nimmt
dessen ursprünglichen Raum im verdichteten Sand ein. Die Aufgabe war, ein schwin-
gungstechnisches Konzept für eine wirkungsvolle Verdichtung in den drei Raumachsen
zu entwickeln. Bild 4.75 zeigt die schematische Darstellung der gewählten Lösung.

Bild 4.76 gibt eine konstruktive Ausführung des 3D-Vibrationstischs mit servohydraulischem Antriebssystem wieder.

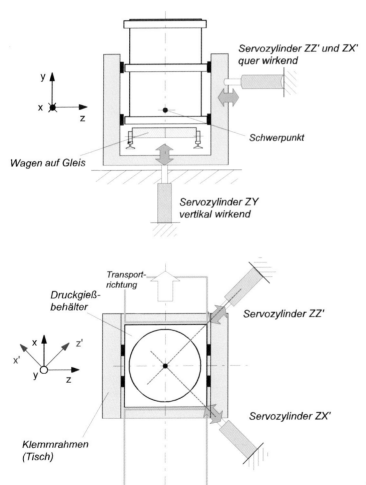

Bild 4.75: Schematische
Darstellung des dreiaxialen
Vibrationstischs [4.37]

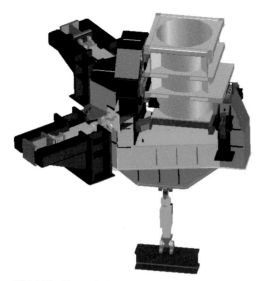

Bild 4.76: Entwurf eines 3D-Vibrationstischs mit servohydraulischem Antrieb [4.37]

Bild 4.77: Horizontale Translationsbeschleunigung des Behälterschwerpunkts [4.37]

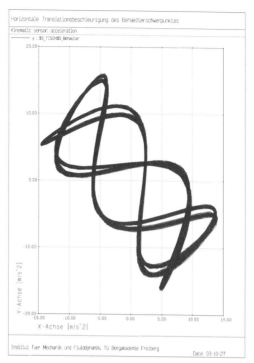

Bild 4.77 zeigt die horizontale Translationsbeschleunigung des Gießbehälterschwerpunkts.

Für die Untersuchung der Formgebungs- und Verdichtungsprozesse bietet sich heute die Modellierung und Simulation verarbeitungstechnischer Vorgänge mit Hilfe der Rechentechnik an. Die dazu vorhandenen Möglichkeiten werden im Kapitel 6 dargestellt. Die hierfür notwendige Charakterisierung der zu verarbeitenden Gemenge durch entsprechende Kenngrößen ist Gegenstand des Kapitels 2.

4.10 Kombinationen

4.10.1 Schleudern und Walzen

Die meisten Kombinationen unterschiedlicher Verdichtungsverfahren stellen nach Bild 4.26 die Verbindung eines statischen oder dynamischen Verfahrens mit der Vibration dar. Eine Ausnahme bildet hier die Kombination des Schleuderns und des Walzens.

Beim Rocla-Walzverfahren (nach Robertson/Clark) wird für die Verdichtung von Betonrohren ein kombiniertes Schleuder-Walz-Verfahren angewendet. Die auf eine Walzwelle gehängte Rohrform rotiert so schnell, dass das eingebrachte Betongemenge an der Formwand haften bleibt (Bild 4.78).

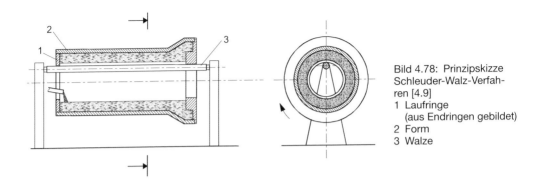

Bild 4.78: Prinzipskizze
Schleuder-Walz-Verfahren [4.9]
1 Laufringe
  (aus Endringen gebildet)
2 Form
3 Walze

Es wird so viel Betongemenge eingebracht, dass die Form nicht mehr über Laufringe, sondern über den Beton aufgelagert ist [4.9]. Dieser wird nun zusätzlich durch das Walzen verdichtet, wodurch eine sehr glatte Rohrinnenfläche entsteht.

Mit diesem Verfahren werden in der Regel nur Stahlbetonrohre hergestellt [4.39]. Sie besitzen eine sehr glatte Außenfläche und sind daher besonders als Vortriebsrohre geeignet.

4.10.2 Vibrationspressen

Bei der Kombination von Pressen und Vibration werden zusätzlich zum statischen Pressen durch Druckkräfte, die durch Massen oder mechanische, pneumatische sowie hydraulische Antriebe erzeugt werden, Vibrationskräfte aufgebracht.

Bei der Verdichtung von Gemengen durch Oberflächenvibration ergibt sich die statische Auflast aus der Eigenmasse der Verdichtungsausrüstung.

Oberflächenvibratoren bestehen im Wesentlichen aus einer Grundplatte, einem oder mehreren darauf angebrachten Vibratoren und einem Antriebsmotor, der die Vibratoren meist über Keilriemen antreibt [4.22]. Anstelle des Antriebsmotors und der Vibratoren können auch Außenvibratoren zur Anwendung kommen.

Entsprechend der Ausbildung der Grundplatte wird zwischen *Vibrationsplatten* (Bild 4.79) und *Vibrationsbohlen* (Bild 4.80) unterschieden. Bei Vibrationsbohlen ist die Breite wesentlich größer als die Länge:

B: L > 3:1 [4.22].

Bild 4.79 zeigt die prinzipielle Darstellung einer *Vibrationsplatte* für die Oberflächenvibration [4.21].

Wie eingangs bereits dargestellt, ist das Unwuchtsystem auf einer Grundplatte befestigt. Das Antriebssystem besteht aus Motor, Fliehkraftkupplung und Keilriemen- oder Gelenkwellenantrieb. Die Grundplatte (untere Masse) und das Antriebssystem (obere Masse) sind durch Gummifederelemente miteinander verbunden [4.21]. Es wird

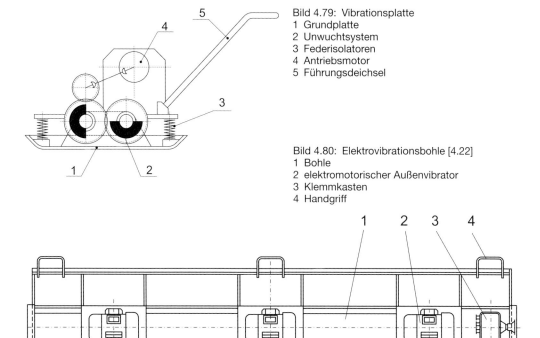

Bild 4.79: Vibrationsplatte
1 Grundplatte
2 Unwuchtsystem
3 Federisolatoren
4 Antriebsmotor
5 Führungsdeichsel

Bild 4.80: Elektrovibrationsbohle [4.22]
1 Bohle
2 elektromotorischer Außenvibrator
3 Klemmkasten
4 Handgriff

unterschieden zwischen Vibrationsplatten mit Vorlauf sowie Vibrationsplatten mit Vor- und Rücklauf. Dies wird durch entsprechende Anordnung von Kreis- und Gegenlaufer-regern realisiert [4.21]. Vibrationsplatten kleinerer Baugrößen werden auf Baustellen und in Betonwerken verwendet.

Mittelschwere Vibrationsplatten, die meist mit Kreiserregern arbeiten, werden mit Eigen-massen von 100 bis 800 kg, Erregerkräften von 65 kN und Erregerfrequenzen von 20 bis 50 Hz im Straßenbau zur Verdichtung von Schwarzdecken eingesetzt [4.22].

Vibrationsbohlen (Bild 4.80) werden nach [4.22] in Breiten von 2,0 bis 7,5 m, Eigen-massen von 130 bis 2.300 kg, Erregerkräften von 4 bis 24 kN und Erregerfrequenzen von 40 bis 100 Hz angewendet. Sie werden in der Betonfertigung, insbesondere aber auch bei leistungsstarken Straßenbau- und Formgebungsmaschinen wie beispiels-weise Betondecken-, Schwarzdecken- und Gleitfertigern eingesetzt.

Die Verdichtungswirkung von Oberflächenvibratoren ist von folgenden Einflussgrößen abhängig:

– Erregerkraft
– Erregerfrequenz
– Eigenmasse der Vibrationsausrüstung

– Abmessung der Grundplatte
– Vibrationsdauer
– Eigenschaften des zu verdichtenden Gemenges
– Schichtdicke

Eine typische Anwendung von Vibrationsbohlen findet sich bei der Strangfertigung auf Spannbahnen in der Betonvorfertigung [4.9]. Bild 4.81 zeigt die schematische Darstellung eines derartigen Gleitfertigers.

Bei der Verdichtung durch Vibration sind verschiedene Lösungen möglich. Zum einen wird das Gemenge durch aufliegende Stampfer bzw. Vibrationsbohlen komprimiert. Bei mehrlagigem Aufbau des Gemengestroms wird jede Schicht für sich verdichtet. Zudem ist auch eine Vibrationsverdichtung an den Kernen möglich.

Wesentlich komplexer gestaltet sich die Problematik bei Vibrationsverdichtungsausrüstungen, beispielsweise zur Herstellung von Betonwaren, wie diese in [4.9] ausführlich dargestellt werden.

Bild 4.82 zeigt hieraus die schematische Darstellung der Verdichtungseinrichtung einer Steinformmaschine [4.11] mit harmonischer Tischvibration.

Es ist ersichtlich, dass zu der weiter oben beschriebenen Auflastvibration (Oberflächenvibration) von oben noch eine Tischvibration von unten hinzukommt. Die sich dabei ergebenden komplexen Zusammenhänge wurden in [4.40] sowohl mit Hilfe von Berechnungsmodellen als auch experimentell eingehend untersucht. Beispielsweise wurde festgestellt, dass ein schwellender Auflastdruck mit hoher Amplitude zu einer effektiven Verdichtung führt (Bild 4.83) [4.40].

Andererseits ergab sich erwartungsgemäß, dass die Phasenverschiebung der Bewegungen zwischen Brett und Auflast starken Einfluss auf die Formgebung und Verdichtung hat.

Bild 4.84 zeigt experimentelle Untersuchungsergebnisse an einem Experimentalsteinfertiger, die den Einfluss der Druckschwankungsamplitude auf die relative Rohdichte der Erzeugnisse deutlich machen.

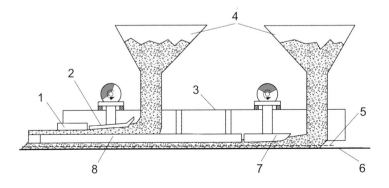

Bild 4.81: Schematische Darstellung eines Gleitfertigers [4.9]
1 Glättbohle
2 Vibrationsbohle
3 Rahmen, Antrieb und Fahrwerk
4 Gemengesilo
5 Bewehrungsdraht
6 Boden der Spannbahn
7 Vibrationsbohle mit Hohlraumkontur
8 Kern

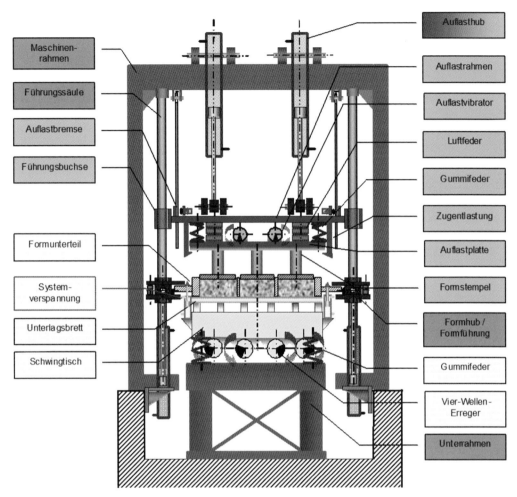

Maschinen-rahmen

Führungssäule

Auflastbremse

Führungsbuchse

Formunterteil

System-verspannung

Unterlagsbrett

Schwingtisch

Auflasthub

Auflastrahmen

Auflastvibrator

Luftfeder

Gummifeder

Zugentlastung

Auflastplatte

Formstempel

Formhub / Formführung

Gummifeder

Vier-Wellen-Erreger

Unterrahmen

Bild 4.82: Schematische Darstellung einer Steinformmaschine mit harmonischer Tischvibration [4.11]

Auf der Basis der in [4.40] durchgeführten berechnungstechnischen und experimentellen Untersuchungen werden dort Auslegungsempfehlungen für derartige Vibrationsverdichtungssysteme angegeben.

In jüngster Zeit wurden am Institut für Fertigteiltechnik und Fertigbau Weimar e.V. Untersuchungen durchgeführt, die die Anwendung der Vibration bei der Formgebung und Verdichtung von Kalksandsteinen zum Inhalt hatten [4.41]. Das Ziel war die Fertigung von großformatigen Kalksandstein-Elementen, die durch reines Pressen nicht hergestellt werden können. Im Mittelpunkt stand dabei das Erzielen qualitätsgerechter Eigenschaften der Kalksandsteinelemente. Es erfolgten umfangreiche modelltechnische und experimentelle Untersuchungen im labor- und kleintechnischen Maßstab (Bild 4.85).

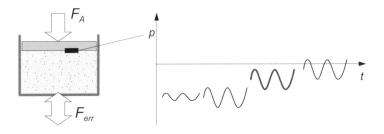

Bild 4.83: Darstellung des schwellenden Drucks an der Auflast

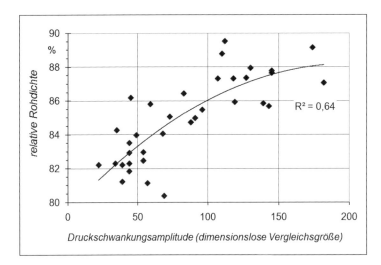

Bild 4.84: Einfluss der Druckschwankungsamplitude auf die relative Rohdichte

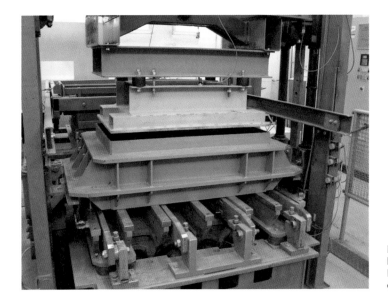

Bild 4.85: Form und Auflast für die Herstellung von Kalksandsteinblöcken in einem Fertiger

Bild 4.86: Großblock nach dem Autoklavprozess;
Rissbildung während der Entnahme aus dem Fertiger

Die prinzipielle Anwendungsmöglichkeit der Vibration für die Herstellung von Kalk-sandsteinelementen wurde dabei bestätigt. Allerdings ist im großtechnischen Maßstab besondere Sorgfalt hinsichtlich Schalenbildung bei der Fertigung und Rissbildung bei der Handhabung der fertigen Elemente erforderlich (Bild 4.86).

Aus gegenwärtiger Sicht wird voraussichtlich das reine Pressen für die meisten An-wendungsfälle der Kalksandsteinherstellung das dominierende Verfahren bleiben.

4.10.3 Vibrationswalzen

Beim Vibrationswalzen handelt es sich entsprechend Abschnitt 4.9 um eine Oberflä-chenvibration. In mindestens einem Walzkörper bzw. auf dem Maschinenrahmen sind Vibrationserreger angebracht. Die vom Vibrator erzeugten Erregerkräfte werden auf den Walzkörper und von da auf das zu verdichtende Gemenge übertragen (Bild 4.87 a).

Bild 4.87: Vibrationswalze;
a) Walzenzug

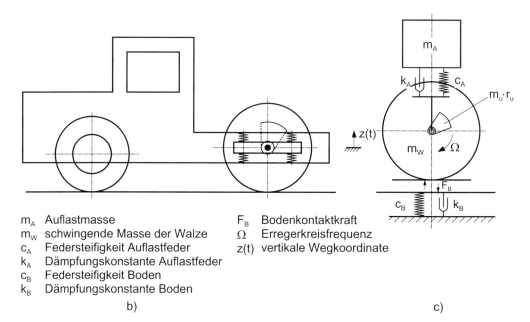

m$_A$ Auflastmasse
m$_W$ schwingende Masse der Walze
c$_A$ Federsteifigkeit Auflastfeder
k$_A$ Dämpfungskonstante Auflastfeder
c$_B$ Federsteifigkeit Boden
k$_B$ Dämpfungskonstante Boden

F$_B$ Bodenkontaktkraft
Ω Erregerkreisfrequenz
z(t) vertikale Wegkoordinate

b)   c)

Bild 4.87: Vibrationswalze; b) schematische Darstellung; c) Modell für vertikale Schwingbewegung

Die auftretenden Massenkräfte bewirken in Verbindung mit der Eigenlast die Verdichtung [4.22]. Dadurch wird trotz der gegenüber statischen Walzen wesentlich geringeren Eigenlast bei für eine Vibrationsverdichtung geeignetem Verarbeitungsgut eine wesentlich größere Tiefenwirkung erzielt.

Die Schwingbewegungen von Vibrationswalzen sind ein typisches Beispiel für die Interaktion von Verdichtungsgut und Verdichtungseinrichtung. Im Bild 4.87 b) ist schematisch die Vibrationswalze nach Bild 4.87 a) und in Bild 4.87 c) das daraus abgeleitete Modell für die vertikale Bewegung dargestellt.

Wesentlich für das Modell ist zum einen die Kontaktbedingung, dass nur Druckkräfte und keine Zugkräfte zwischen der Bandage und dem Boden wirken können. Zum anderen spielen die Bodenkräfte eine wesentliche Rolle im Modell. Im einfachsten Fall wird für den Kontakt Bandage und Boden ein Feder-Dämpfer-Glied vorgesehen [4.44]. Komplexere Bodenmodelle könnten die Kontaktgeometrie, den Halbraum des Bodens und Material-Nichtlinearitäten beinhalten. Die Bodeneigenschaften ändern sich mit zunehmender Verdichtung, der Boden wird steifer.

Wenn die Eigenfrequenz des Chassis auf den Federelementen zur Bandage tief abgestimmt ist, kann dieser Teil des Modells vernachlässigt und durch eine statische Auflastkraft ersetzt werden [4.44].

Bei den Schwingbewegungen sind in Abhängigkeit von der Kontaktkraft drei Fälle zu unterscheiden (Bild 4.88):

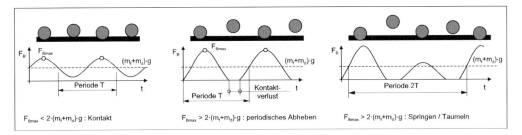

Bild 4.88: Verschiedene Fälle der Kontaktkraft [4.44]

Fall 1: Harmonische Schwingungen ohne Abheben
Wenn die Auflastkraft groß, der Boden elastisch und die Unwuchtkraft gering ist, kann die Bandage auf dem Boden schwingen, ohne abzuheben. Die vertikale Bewegung entspricht der Funktion

$$z(t) = \hat{z}\sin(\Omega t + \varphi) \qquad (4.67)$$

und ist damit eine harmonische Funktion in der Erregerfrequenz der Unwucht.

Fall 2: Einfaches Abheben der Bandage
Wenn die Unwuchtkraft steigt bzw. der Boden steifer wird, kann die Bandage zeitweise vom Boden abheben. Es kommt also zum Springen der Bandage. Wiederholt sich dieser Vorgang gleichartig in jeder Erregerperiode, liegt eine nichtharmonische Schwingung mit der Grundfrequenz vor, die der Erregerfrequenz der Unwucht entspricht und sich in Form einer Fourier-Reihe schreiben lässt:

$$z(t) = \hat{z}_1\sin(\Omega t + \varphi_1) + \hat{z}_2\sin(2\Omega t + \varphi_2) + \hat{z}_3\sin(3\Omega t + \varphi_3) + \cdots \qquad (4.68)$$

Fall 3: Komplexes/chaotisches Abheben der Bandage
Wenn die Schwingbewegung mit Abheben nicht in jeder Erregerperiode gleich ist, können Grundfrequenzen auftreten, die einem ganzzahligen Bruchteil der Erregerfrequenz entsprechen. Ist keine Periodizität mehr erkennbar, kann auch von chaotischem Verhalten gesprochen werden. Für eine Schwingbewegung, die nach zwei Erregerperioden wieder periodisch ist, beträgt demnach die Grundfrequenz $\frac{\Omega}{2}$ und die Wegfunktion hat die Form:

$$z(t) = \hat{z}_1\sin\left(\frac{1}{2}\Omega t + \varphi_1\right) + \hat{z}_2\sin\left(\frac{2}{2}\Omega t + \varphi_2\right) + \hat{z}_3\sin\left(\frac{3}{2}\Omega t + \varphi_3\right) + \cdots \qquad (4.69)$$

Die verschiedenen Bewegungszustände, die aus der Interaktion Maschine/Verdichtungsgut resultieren, haben im Ergebnis auch wieder erheblichen Einfluss auf die weitere Verdichtung des Bodens.

Aufgrund der verschiedenen Einsatzgebiete und der zu verdichtenden Verarbeitungsgüter wurden die verschiedensten Walzenarten entwickelt, die in [4.21] ausführlich dargestellt werden.

4.10.4 Extrudieren und Vibration

Im Abschnitt 4.5 ist die Funktion eines Extruders zur Herstellung von Hohlplatten aus Beton schematisch dargestellt worden (Bild 4.57).

Auch an Extrudern kann die Formgebung und Verdichtung durch Vibrationserregung an den Kernen oder durch Vibrationsbohlen unterstützt werden. Bild 4.89 zeigt eine Lösung, bei der durch Außenvibration und Unwuchterregung des Extruders eine zusätzliche Vibrationserregung realisiert wird.

4.10.5 Vakuumieren mit Vibration

Beim in 4.6.3 beschriebenen Vakuumieren von Betongemenge zur Herstellung von großflächigen Betonbauteilen lassen sich durch gleichzeitige Vibration Vorteile erreichen. Vibrieren während der Vakuumbehandlung verringert die innere Reibung und die Reibung an der Schalung [4.30]. Damit wird der Wasserentzug gefördert und eine kürzere Behandlungsdauer ermöglicht. Bei Nachvibration des vakuumbehandelten Betons erhöht sich dessen Dichte weiter. Es konnten zusätzliche Festigkeitssteigerungen bis zu 10 % erreicht werden.

4.10.6 Vibrationsstampfen

Vibrationsstampfer sind leichte, handgeführte Verdichtungsmaschinen, die durch einen Benzin-, Diesel- oder Elektromotor angetrieben werden [4.21]. Bild 4.90 zeigt einen Vibrationsstampfer mit Verbrennungsmotor [4.42].

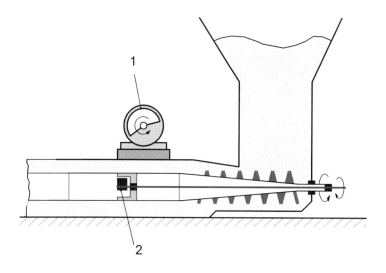

Bild 4.89: Extruder mit Vibration
1 Außenvibrator
2 Unwucht

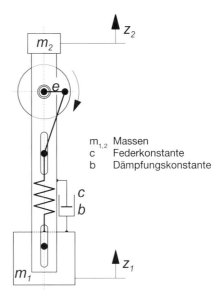

$m_{1,2}$ Massen
c Federkonstante
b Dämpfungskonstante

Bild 4.90: Vibrationsstampfer

Bild 4.91: Schwingungsersatzsystem für einen Vibrationsstampfer [4.45]

Wesentliche technische Daten sind [4.21], [4.22]:

- Betriebsgewicht   30 … 100 kg
- Antriebsleistung   2,2 … 3,2 kW
- Stampfplattengröße   Breite 200 … 400 mm; Länge 300 … 400 mm
- Frequenz   6,7 … 16,7 Hz
- Springhöhe   bis 80 mm
- Arbeitsgeschwindigkeit   bis 13 m/min

Bei derartigen Vibrationsstampfern wird über einen Kurbeltrieb eine erzwungene Schwingung erzeugt [4.45], wobei sich die Untermasse m_1 und die Obermasse m_2 im Wesentlichen gegeneinander bewegen. Die Bewegungsgleichungen für das entsprechende Schwingungsersatzsystem nach Bild 4.91 ergeben sich nach [4.45] zu:

$$m_2 \, \ddot{z}_2 = - c \, (z_2 + e \cdot \sin \Omega t - z_1) - b \, (\dot{z}_2 - \dot{z}_1) \tag{4.70}$$

$$m_1 \cdot \ddot{z}_1 = -c \, (z_1 - (z_2 + e \sin \Omega t)) - b \, (\dot{z}_1 - \dot{z}_2) \tag{4.71}$$

und mit $z_{rel} = z_1 - z_2$ und $\dfrac{1}{m_{ers}} = \dfrac{1}{m_1} + \dfrac{1}{m_2}$

ergibt sich:

$$\ddot{z}_{rel} + \frac{b}{m_{ers}} \dot{z}_{rel} + \frac{c}{m_{ers}} z_{rel} = \frac{z}{m_{ers}} \cdot e \cdot \sin (\Omega t) \tag{4.72}$$

Es handelt sich aus maschinendynamischer Sicht also um eine Federkrafterregung als erzwungene Schwingung.

Während der Schwingungsphase des Stampfers ohne Bodenkontakt wird dieser als Ganzes durch die Gewichtskraft nach unten gezogen und stößt sich durch den Kontakt mit dem Boden wieder nach oben ab. Hieraus ergibt sich die stampfende Bewegung des Fußes mit der beabsichtigten Verdichtungswirkung.

Für die grundsätzliche Auslegung von Vibrationsstampfern kann nach [4.45] das im Bild 4.92 dargestellte einfache Schwingungsersatzsystem zugrunde gelegt werden.

Aus Bild 4.92 lässt sich bezüglich des Freiheitsgrads des Relativwegs die Eigenfrequenz

$$f_0 = \frac{1}{2\pi}\sqrt{c\left(\frac{1}{m_1} + \frac{1}{m_2}\right)} \tag{4.73}$$

berechnen.

Durch die Wahl etwa der gleichen Erregerfrequenz für den Kurbeltrieb, also die Realisierung einer Resonanznähe, lässt sich mit relativ wenig Energieaufwand das Vibrationsstampfen realisieren. Der Vortrieb des Vibrationsstampfers wird durch dessen Neigung gegenüber der Vertikalen realisiert.

4.10.7 Schockvibration

Bei der Schockvibration wird versucht, die Vorzüge der Vibrations- und der Schockverdichtung zu vereinen und deren Mängel auszuschließen. Eine ausführliche diesbezügliche Diskussion ist [4.33], [4.34] und [4.47] zu entnehmen.

Bei der Schockvibration werden gewöhnlich Frequenzen im Bereich von 10 ... 65 Hz angewendet. Die durch den Vibrationsantrieb erregten harmonischen Schwingungen werden von zusätzlichen Stoßimpulsen überlagert [4.33], die von meist elastischen Begrenzern erzeugt werden. Das Gemenge nimmt dabei erzwungene Schockvibrationsschwingungen auf.

Auch hier lassen sich die diesbezüglichen technischen Lösungen wiederum nach der Art der Erzeugung der Schockvibration und dem Ort der Einwirkung und damit der

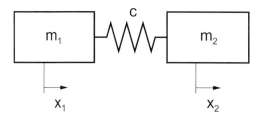

Bild 4.92: Schwingungsersatzsystem für einen Vibrationsstampfer [4.45]

Einwirkungsrichtung unterscheiden. Hierzu gibt es eine Vielzahl technisch interessanter Möglichkeiten, die in [4.33] zusammengefasst werden. Nachfolgend werden einige Beispiele dargestellt, die deutlich machen, dass auf diesem Gebiet weitergehende Untersuchungen sinnvoll sind.

Bild 4.93 zeigt eine interessante Lösung mit einem Schubkurbelschwingungserreger [4.49]. Dabei ist eine Auflastplatte vorgesehen, die über elastische Binder und zweiarmige Hebel, die an Stützen befestigt werden, mit dem Arbeitsorgan verbunden ist. Durch die Binder und Hebel entstehen zwischen Arbeitsorgan und Auflastplatte rückbezüglich wirkende Bewegungen, das heißt, bei einer Aufwärtsbewegung des Arbeitsorgans senkt sich die Auflastplatte. Bild 4.93 zeigt die Gesamtansicht dieses Schockvibrationstischs.

Schockvibrationstische mit ein oder zwei Begrenzern besitzen Unwuchterreger als Schwingungserzeuger.

Das Grundprinzip der Schockvibrationserregung kann, wie Bild 4.94 [4.50] zeigt, auch bei horizontaler Einwirkung auf Gemenge zur Anwendung kommen.

Der Schockvibrationstisch besteht aus einem horizontal beweglichen Rahmen für das Aufnehmen der Form, der sich mit Hilfe von Rollen auf ein Fundament stützt. An einem Ende des Rahmens sind eine Stützplatte mit Pufferelementen und rechts und links davon die beiden Sektionen der Unwuchterreger aufmontiert, die horizontal gerichtete Schwingungen abgeben. Die Sektionen besitzen zweiseitige elastische Schlagglieder und liegen sich gleichachsig gegenüber.

Eine typische, weltweit bekannte Anwendung der Schockvibration ist bei Formgebungs- und Verdichtungsausrüstungen von Betonsteinmaschinen zu finden [4.9]. Die entsprechenden Details sind u.a. in [4.33], [4.46] und [4.48] ausführlich beschrieben.

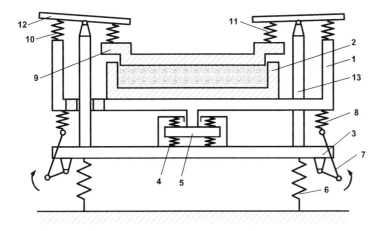

Bild 4.93: Schockvibrationstisch mit Schubkurbelschwingungsantrieb und Auflastplatte
  1 Arbeitsorgan
  2 Form
  3 Ausgleichsrahmen
  4 Pufferelemente
  5 Stößel
  6 elastische Stützen
  7 Kurbeltriebe
  8 elastische Elemente
  9 Auflastplatte
  10 und 11 elastische Binder
  12 zweiarmige Hebel
  13 Stützen

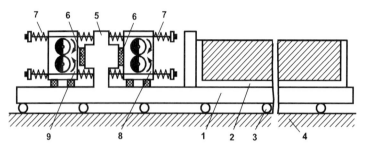

Bild 4.94: Schockvibrationstisch mit horizontaler Schwingungserregung [4.50]
1 beweglicher Rahmen
2 Form
3 Rollen
4 Fundament
5 Stützplatte
6 Pufferelemente
7 elastische Schlagglieder
8 und 9 Sektionen des Schwingungserregers

Eine derartige Verdichtungseinrichtung einer Steinformmaschine mit Schockvibration während der Hauptvibration ist im Bild 4.23 schematisch dargestellt [4.11]. Der Vibrationstisch, der auf Gummifedern gelagert ist, wird durch ein elektronisch geregeltes Vier-Wellen-Erregersystem zu Schwingungen angeregt. Von den vier servomotorisch angetriebenen, rotierenden Unwuchtwellen bilden jeweils zwei ein synchron entgegengesetzt rotierendes Paar, einen so genannten Gegenlauferreger. Die Wirkungsweise eines derartigen Erregers ist in Bild 4.21 schematisch dargestellt. Durch die elektronische Regelung der Winkelstellung der Unwuchten zueinander kann die resultierende vertikale Kraftkomponente F_v zwischen Null und einem Maximum verändert werden.

Während der zunächst harmonischen Bewegung des Schwingtischs kommt es zu Stößen zwischen Schwingtisch und Unterlagsbrett/Form sowie zwischen Unterlagsbrett/Form und Schlagleisten. Da die pneumatische Aufspannung der Form (Bild 4.23) auch Relativbewegungen zwischen Form und Unterlagsbrett zulässt, werden zusätzliche Impulse in das System eingeleitet.

Gleichzeitig wird während der Hauptvibration durch das Auflastsystem (blaue Beschriftung in Bild 4.23) ein Vibrationspressen auf die Betongemengeoberfläche ausgeübt. Wie Untersuchungen in [4.40] gezeigt haben, können dabei auch Stöße zwischen der Betonoberfläche und den Formenstempeln auftreten. Diese haben einen signifikanten Einfluss auf das Verdichtungsergebnis.

Derartige Steinformmaschinen mit Schockvibration gehören zu den kompliziertesten Vibrationsverdichtungssystemen. Aufgrund der hohen impulsartigen Bewegungsgrößen werden hohe Anforderungen an die Lärm- und Schwingungsabwehr gestellt. Bild 4.95 zeigt exemplarisch den Beschleunigungsverlauf und das zugehörige Frequenzspektrum an der Form einer Steinformmaschine.

Ein Schockvibrationstisch mit sowohl horizontaler als auch vertikaler Schwingungseinwirkung wird in [4.51] vorgestellt (Bild 4.96). Die vertikalen Schwingungserreger sind am beweglichen Rahmen befestigt, welcher auf elastischen Stützen ruht. Zwischen den Begrenzern der vertikalen Bewegung mit den elastischen Zwischenschichten ist der bewegliche Rahmen mit Spielraum angebracht. Einer der beiden Begrenzer wurde

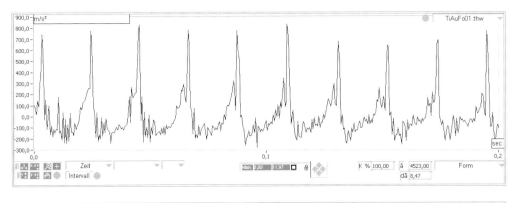

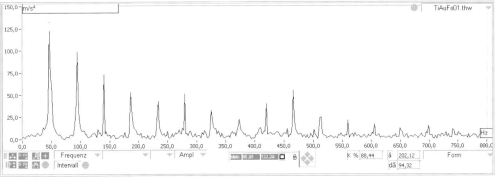

Bild 4.95: Beschleunigungsverlauf und Frequenzspektrum an der Form einer Steinformmaschine

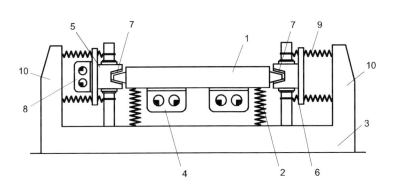

Bild 4.96: Schock-
vibrationstisch mit ver-
tikaler und horizontaler
Erregung [4.51]
1 beweglicher Rahmen
2 elastische Stütze
3 Fundament
4 vertikaler Schwin-
    gungserreger
5 und 6 Begrenzer
7 elastische Zwischen-
    schichten
8 horizontaler Schwin-
    gungserreger
9 Feder
10 Anschlag

mit einem horizontalen Schwingungserreger versehen. Die Oberflächen des beweglichen Rahmens und der elastischen Zwischenschichten sind geneigt ausgeführt und
berühren einander.

4.10.8 Kombinationen bei Schwarzdeckenfertigern und Betondeckenfertigern

Die Formgebung und Verdichtung von Oberflächen durch entsprechende Ausrüstungen ist ein äußerst vielfältiges, anspruchsvolles und eigenes Fachgebiet. Im Folgenden wird zunächst nur auf die Fertigung von Oberflächen für Straßen, Plätze usw. eingegangen. Die Bodenverdichtung bleibt außer Betracht. Hierzu sind aus [4.21] entsprechende Informationen zu entnehmen.

Die Verdichtungsstruktur für Fertiger wird in [4.43] von Ulrich in anschaulicher Weise dargestellt (Bild 4.97).

Die Verdichtung des Gemenges erfolgt demzufolge nach [4.43] durch

1. den Versetzungswiderstand und die Schütthöhe im Schneckenraum,
2. die pressende Verdichtung durch die Form der Vorderwand (entscheidend ist dabei die Größe und die Gestaltung des Einzugswinkels),
3. die stampfende Verdichtung, die durch
   – die Stampferdrehzahl,
   – den Stampferhub,
   – die Stampferform und
   – den Einzugswinkel
   charakterisiert ist,

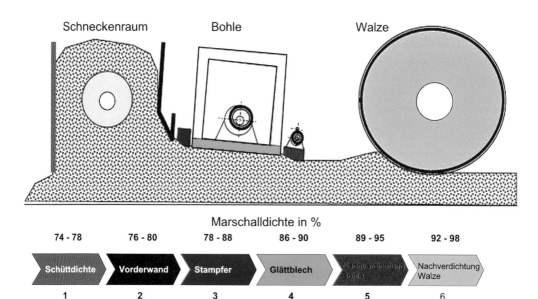

Bild 4.97: Verdichtungsstruktur für Fertiger [4.43]

4. die pressende Verdichtung und die dynamische Auflast durch den Unwuchtvibrator am Glättblech (entscheidend sind
   – die Vibrationskraft,
   – die Vibrationsfrequenz,
   – die Einleitung der Vibration,
   – das Bohlengewicht und
   – die Glättblechtiefe),
5. die Nachverdichtung durch eine Bohle bei statischer Flächenpressung mit dynamischer Auflast durch einen Unwuchtvibrator (wesentliche Kenngrößen sind dabei
   – die Vibrationskraft,
   – die Vibrationsfrequenz,
   – die Gestaltung der Auflastvibration und
   – die konstruktive Gestaltung der Auflast),
6. die Nachverdichtung durch eine Walze mit statischer Flächenpressung (Linienlast) und dynamischer Auflast durch Unwuchtvibrator (die entscheidenden Kenngrößen hierfür sind in Bild 4.87 dargestellt).

Aus dieser Aufzählung wird die Vielfalt unterschiedlicher Verdichtungsverfahren für die Oberflächenverdichtung deutlich. Typisch sind diese Kombinationen beispielsweise für *Schwarzdeckenfertiger*.

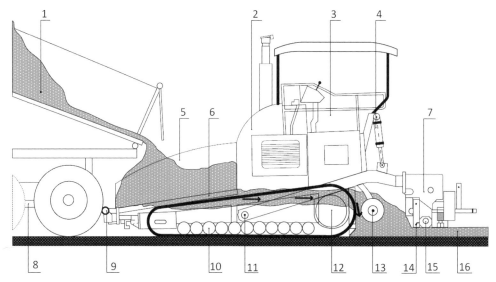

Bild 4.98: Schematische Darstellung eines Schwarzdeckenfertigers [4.21]

1 angeliefertes Asphaltmischgut
2 Antriebsaggregat
3 Steuerstand
4 Hubzylinder für Einbaubohle
5 Mischgutbehälter
6 Kratzbänder
7 Einbaubohle
8 Lkw in Kippstellung
9 Abdruckrollen für Lkw
10 Raupenfahrwerk mit gummierten Bodenplatten
11 Ankopplung der Nivellierzylinder
12 Antriebsrad (Turas)
13 Verteilerschnecken für Mischguttransport in Querrichtung
14 Stampfleiste
15 Glättbohle mit Vibrator
16 verdichteter Asphalt

In Bild 4.98 ist die Funktion eines Schwarzdeckenfertigers schematisch dargestellt [4.21].

Das Mischgut gelangt über Kratzbänder (6) und einen Dosierschieber zu den Verteilerschnecken (13), die das Gemenge dem Bereich der Einbaubohle (7) zuführen. Diese Einbaubohle mit dem Stampfer (14) und dem Vibrator (15) spielt, wie eingangs bereits dargestellt, eine wesentliche Rolle. Die dabei möglichen Ausführungsformen werden nachfolgend dargestellt.

Bei *Normalverdichtungsbohlen* erfolgt die Verdichtung durch die durch einen Unwuchtvibrator zu Schwingungen angeregte Glättbohle (Standardausführung) oder es wird eine Stampferleiste vorgelagert, die durch einen Exzenter angetrieben wird (Bild 4.99).

Bei *Hochverdichtungsbohlen* wird durch die zusätzliche Anordnung von Stampf- oder Pressleisten vor oder nach der Glättbohle eine höhere Verdichtungsleistung erreicht. Dadurch können die nachfolgenden Walzübergänge verringert werden [4.21].

Einige diesbezüglich von den Herstellern entsprechender Verdichtungsausrüstungen realisierte technische Lösungen werden im Bild 4.100 dargestellt.

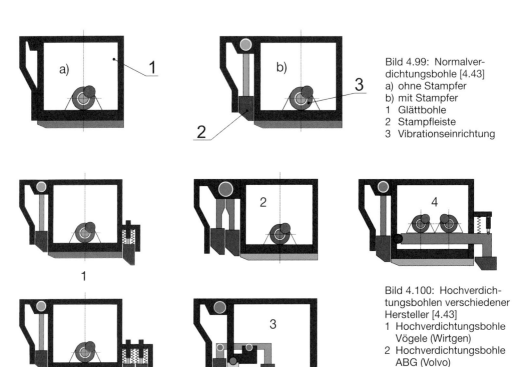

Bild 4.99: Normalverdichtungsbohle [4.43]
a) ohne Stampfer
b) mit Stampfer
1 Glättbohle
2 Stampfleiste
3 Vibrationseinrichtung

Bild 4.100: Hochverdichtungsbohlen verschiedener Hersteller [4.43]
1 Hochverdichtungsbohle Vögele (Wirtgen)
2 Hochverdichtungsbohle ABG (Volvo)
3 Hochverdichtungsbohle „Combo" Dynapac
4 Hochverdichtungsbohle „Pluss-Bohle" Dynapac

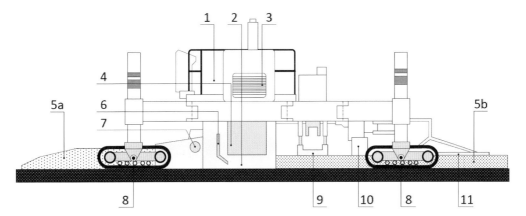

Bild 4.101: Schematische Darstellung eines Betondeckenfertigers mit vier Raupenfahrwerken für den einlagigen Betondeckenbau [4.43]
1 Fahrstand; 2 Inset-Gleitschalung; 3 Antriebsaggregat mit Dieselmotor; 4 Presskasten;
5a vorgelegter Beton; 5b neue Betondecke; 6 Innenvibrator; 7 Verteilerschnecke;
8 lenk- und höherverstellbare Kettenfahrwerke; 9 Dübelsetzgerät (optional); 10 Querglätter; 11 Längsglätter

Die Formgebung und Verdichtung von *Betondeckenfertigern*, die im Wesentlichen für den Straßenbau, den Bau von Autobahnen, im Flughafenbau für Start- und Landebahnen sowie Rollbahnen zum Einsatz kommen, unterscheidet sich in einigen Phasen von derjenigen der Schwarzdeckenfertiger.

Zunächst wird beim Aufbau und in der Wirkungsweise von Betondeckenfertigern zwischen einlagigen und zweilagigen Betondeckeneinbau unterschieden.

Bild 4.101 zeigt die schematische Darstellung eines Betondeckenfertigers mit vier Raupenfahrwerken für den einlagigen Betondeckenbau [4.21].

Die Verteilung des vorgelegten Betons (5a) quer zur Fahrtrichtung erfolgt über eine Verteilerschnecke (7). Mehrere schräg eingestellte Innenvibratoren (6), die bei einigen Maschinentypen bis unter den Presskasten (4) reichen, verflüssigen das Betongemenge und dienen damit der Verdichtung. Eine weitere Verdichtung erfolgt über eine schräg eingestellte Pressbohle (4), deren Einstellwinkel von besonderer Bedeutung ist. Dem folgen eine oszillierende Oberglättbohle (10) und ein Längsglätter (11).

Eine besonders anspruchsvolle Aufgabe stellt die *Herstellung fester Fahrbahnen für Hochgeschwindigkeitsstrecken bei der Bahn* dar. Die Schaffung automatisierter Anlagen für diese Art der Formgebung und Verdichtung von Betongemenge stellt durch die geometrischen Bedingungen eine besondere Herausforderung dar.

5 Formgebungs- und Verdichtungskenngrößen

Die Kenngrößen für die Formgebung und Verdichtung von Gemengen beruhen auf den bereits im Vorwort des Buchs genannten vier Komponenten dieses Verarbeitungs- und Fertigungsprozesses, nämlich:

- stoffliche Aspekte (Gemengeeigenschaften),
- technologische Prozesse,
- technische Ausrüstungen und
- Erzeugniseigenschaften (Qualität).

Für den eigentlichen Formgebungs- und Verdichtungsprozess sind zunächst die Gemengeeigenschaften und Kenngrößen, die den technologischen Prozess beschreiben, von besonderem Interesse.

5.1 Gemengeeigenschaften

Die Kenntnis des Verarbeitungsverhaltens unterschiedlicher Gemenge durch entsprechende Kenngrößen und Kennwerte ist die Voraussetzung für die Beherrschung des Formgebungs- und Verdichtungsprozesses. Der diesbezügliche gegenwärtige Stand wird im Kapitel 2 dargestellt. Dabei interessieren

- Stoffkenngrößen zur Kennzeichnung des granulometischen Zustands des Gemenges, wie z.B. Siebdurchgänge
- Feuchtigkeitsgehalt
- Rohdichte
- Fließverhalten von fluiden Gemengen (Abschnitt 2.3)
- Kenngrößen von Schüttgütern (Abschnitt 2.4)
- Kenngrößen schüttgutartiger Gemenge (Abschnitt 2.5)
  - Fließfähigkeit
  - Verformbarkeit
  - Verdichtbarkeit
  - Schüttdichte bzw. Schüttgewicht
  - Wandreibungskoeffizient
  - innere Reibung des Gemenges
  - elastische und dämpfende Eigenschaften bei Vibration
- Kenngrößen bildsamer Gemenge (Abschnitt 2.6).

5.2 Technologische Kenngrößen

5.2.1 Statische Verdichtung

Für statische Verdichtungsverfahren (Abschnitt 4.1.3) sind folgende Kenngrößen von Bedeutung:

Pressen (Abschnitt 4.2)

– Grundfläche des Pressstempels
– Pressdruck (Tabelle 4.2) p_p
– Pressgeschwindigkeit v_p
– Presszeit t_p
– Pressweg s_p
– Verlauf der Verdichtungskurve (Dichte, Pressdruck)
– Auffederungsverhalten (axial und radial zur Pressrichtung)

Extrudieren (Abschnitt 4.5)

– Schneckengeometrie
– Druckbedarf
– theoretischer Durchsatz

Evakuieren (Abschnitt 4.6)

– Höhe des Vakuums in Bezug auf das absolute Vakuum (Keramikindustrie)
– Betonindustrie:
  • Luftdruck
  • Vakuum
  • effektiver Druck

Rollen und Walzen (Abschnitt 4.3)

– Walzen:
  • Eigenlast (statische Linienlast)
  • Art der Walzkörper
  • Arbeitsgeschwindigkeit
  • Anzahl der Übergänge

– Rollen:
  • Pressdruck
  • Spannungs-Dehnungsverlauf des Verarbeitungsguts
  • Vergleichsspannung im Verarbeitungsgut

Schleudern (Abschnitt 4.4)

– geometrische Abmessungen des Bauteils
– Anlaufdrehzahl
– Verdichtungsdrehzahl
– Schleuderzeit
– Antriebsleistung

5.2.2 Dynamische Verdichtung

Die Grundverfahren der dynamischen Verdichtung sind entsprechend Bild 4.26 das Stampfen, das Schocken und die Vibration.

Alle statischen und die beiden erstgenannten Verdichtungsverfahren sind in der Praxis auf vielfältigste Weise mit der Vibration gekoppelt (Bild 4.26) und zählen dann zu den dynamischen Verdichtungsverfahren.

Die Kenngrößen der Vibrationsverdichtung besitzen daher Gültigkeit für alle dynamischen Verdichtungsverfahren. Sie müssen einerseits Korrelationen zu den gewünschten Eigenschaften des Erzeugnisses zulassen und andererseits messbar sein. Sie werden auf der Basis der harmonischen Schwingungen formuliert (siehe auch Abschnitte 4.1.1 und 4.9). In diesen sind immer die Bewegungsgrößen, insbesondere die Beschleunigungen, und die Frequenz enthalten [5.1]. Sie stellen demzufolge primäre Kenngrößen dar.

Derzeit übliche Kenngrößen der Vibrationsverdichtung sind:

1. Schwingungsfrequenz
   – Erregerfrequenz f
   – Erregerkreisfrequenz $\Omega = 2 \cdot \pi \cdot f$

2. Bewegungsgrößen
   – Schwingweg z
     Schwingwegamplitude $\hat{z}$
   – Schwinggeschwindigkeit v
     Amplitude der Schwinggeschwindigkeit $\hat{v}$
   – Schwingbeschleunigung a
     Amplitude der Schwingbeschleunigung $\hat{a}$
     und zwar häufig in der Form der bezogenen Beschleunigung
     $$a_g = \frac{\hat{a}}{g}$$
     mit g = Erdbeschleunigung

3. Verdichtungsdauer t_v

4. Verdichtungsintensität
   $$I_v = \hat{z}^2 \cdot f^3$$

5. Gesamteinwirkung
   $$W_v = I_v \cdot t_v$$

Bei W_v kommt demzufolge mit der Verdichtungszeit t_v eine prozesstechnische Größe hinzu.

Erregerfrequenz f [Hz]	Beschleunigung â in m/s²
50	30 bis 50
100	60 bis 80
150	80 bis 100
200	100 bis 120

Tabelle 5.1: Richtwerte für die Beschleunigung nach DIN 4235

Eine bestimmte Intensität I_v kann durch unterschiedliche Kombinationen von Frequenzen und Bewegungsamplituden erreicht werden. In gleicher Weise kann eine gewünschte Gesamtwirkung W_v durch die Summe unterschiedlicher Intensitäts- und Verdichtungszeit-Kombinationen verwirklicht werden. Moderne Verfahren zeichnen sich dadurch aus, dass in dieser Weise den einzelnen Verdichtungsphasen Rechnung getragen wird. Die Frequenzregelbarkeit und die stufenlose Verstellbarkeit der Erregerkraft, beispielsweise durch elektronische Zwangssynchronisation der Phasenlage mehrerer Vibratoren, machen dies heute bei vielen Vibrationsausrüstungen möglich.

In entsprechenden Normen und Vorschriften werden üblicherweise Beschleunigungswerte in Abhängigkeit von der Frequenz angegeben. So werden beispielsweise in DIN 4235 Teil 3:1978–12 [5.2] für die Formgebung und Verdichtung von schalungserhärtenden Betonbauteilen die in Tabelle 5.1 angegebenen Richtwerte für die Beschleunigungsamplituden an der Schalfläche (Betonkontaktfläche) in Abhängigkeit von der Erregerfrequenz genannt.

Diese Richtwerte enthalten jedoch keinen Bezug zum zu verdichtenden Betongemenge. Sie gelten ohnehin nicht in Bereichen, die durch die Verarbeitung von steifen Betongemengen und Frischentformung charakterisiert sind, beispielsweise bei Steinformmaschinen oder Betonrohrfertigern.

Problematisch wird die Angabe von Richtwerten bei Vorliegen impulsartiger Erregung. Hierfür steht die Festlegung entsprechender Kenngrößen und Richtwerte noch aus.

Eine besonders interessante Kenngröße bei der Vibrationsverdichtung, insbesondere auch im Hinblick auf die Lärm- und Schwingungsabwehr, ist die optimale Erregerfrequenz. Auch heute wird noch häufig in Faustformeln zur Bestimmung der optimalen Frequenz auf den allgemeinen Ansatz von L'Hermite [5.3], [5.4] zurückgegriffen. L'Hermite stellt auf der Basis eines Einmassenschwingers (Bild 4.8) den Zusammenhang zwischen der Korngröße der Gesteinskörnung und der zu wählenden Erregerfrequenz her. Demnach besitzt ein in Schwingung versetztes Teilchen eines Gemenges nach (4.13) die Eigenkreisfrequenz der ungedämpften Schwingung:

$$\omega = \sqrt{\frac{c}{m}},$$

wobei eine gewisse elastische Lagerung des Korns vorausgesetzt wird.

Da die Federkonstante c dem Querschnitt und die Masse m dem Volumen des Einzelkorns proportional ist, ergibt sich nach [5.5] unter Voraussetzung der Kugelgestalt des Teilchens:

$$n = \sqrt{\frac{K}{d}}$$

mit

n Eigenschwingung des Einzelkorns in min^{-1}
K zusammenfassende Konstante
d Durchmesser des Einzelkornes in cm

Dabei wird von der Überlegung ausgegangen, dass bei der Anregung eines Gemenges mit dieser Frequenz für das Teilchen quasi der Resonanzfall, also eine starke Bewegung, auftritt. Bei mehreren Kornfraktionen wird von der Eigenfrequenz des Größtkorns ausgegangen, da bei dessen starker Bewegung auch die angrenzenden Gemengebestandteile beeinflusst werden.

Ausgehend vom Größtkorn des zu verdichtenden Verarbeitungsguts ergibt sich demzufolge die zu wählende Erregerfrequenz. Für die zusammenfassende Konstante K kann nach [5.5] gesetzt werden:

$$K = 14 \cdot 10^6$$

Daraus ergeben sich die in [5.5] angegebenen Beziehungen zwischen Größtkorn und Erregerfrequenz (Tabelle 5.2).

Die Tabelle 5.2 stimmt auch mit den in [5.6] gemachten Angaben für die Wahl optimaler Erregerfrequenzen bei der Bodenverdichtung überein. Das weist darauf hin, dass sich die in [5.3] und [5.4] angestellten Überlegungen in der Praxis bewährt haben. Der absolute Wert der Eigenfrequenz des Korns ist jedoch von der Dichte und dem Elastizitätsmodul abhängig. Diese Abhängigkeit wird in [5.5] ausgewertet.

Da sich in zu verdichtenden Gemengen meist gleichzeitig feinere und gröbere Bestandteile befinden, bietet sich aufgrund der vorstehenden Überlegungen eine Erregung mit mehreren Frequenzen gleichzeitig (Frequenzregelung) oder nacheinander (Anlauframpen) an.

Größtkorn	[mm]	10	20	40
Erregerfrequenz	[Hz]	100	50	33,3
Schwingungszahl	min^{-1}	6000	3000	2000

Tabelle 5.2: Abhängigkeit der Erregerfrequenz von der Korngröße des Verarbeitungsguts

Nach heutigem Erkenntnisstand muss für die Wahl von Erregerfrequenzen das Bewegungsverhalten der Gemenge selbst bei Vibrationsverdichtung betrachtet werden [5.1]. Dies erfolgt zunächst durch die Modellierung und Simulation von Formgebungs- und Verdichtungsprozessen (siehe Kapitel 6). Die Verifizierung der Ergebnisse aus diesen Untersuchungen im labor-, klein- und großtechnischen Maßstab bildet die Grundlage für die Beherrschung der Formgebungs- und Verdichtungsprozesse und die daraus resultierende Auslegung der Formgebungs- und Verdichtungsausrüstungen. Hierzu sind weitere Kenngrößen erforderlich. In [5.1] werden diese in Kenngrößenklassen strukturiert; sie bilden eine kausale Kette und werden im Bild 5.1 am Beispiel einer Vibrationsform zur Herstellung von Betonfertigteilen dargestellt.

Die maschinentechnischen Einflussgrößen des Vibrationsverdichtungssystems wie Massen, Steifigkeiten, Dämpfungen und Kräfte bestimmen den Bewegungsverlauf der Arbeitsmassen. Hieraus ergeben sich die Einwirkungen auf das Gemenge. Aus diesen Einwirkungen an den Rändern des Gemenges resultieren interne Verdichtungskenngrößen, die die Verdichtung des Gemenges bewirken. Die Kenngrößenklassen lassen sich demzufolge allgemeingültig wie folgt definieren:

Maschinentechnische Einflussgrößen
Maschinentechnische Einflussgrößen sind alle Parameter, die das Bewegungsverhalten der Arbeitsmassen beeinflussen. Es sind Massen, Steifigkeiten, Dämpfungen, Ver-

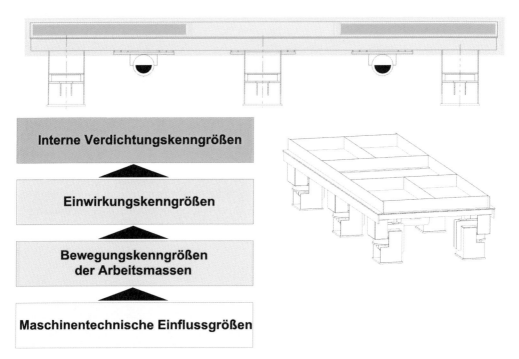

Bild 5.1: Kenngrößenklassen bei der Herstellung von Betonfertigteilen in einer Vibrationsform

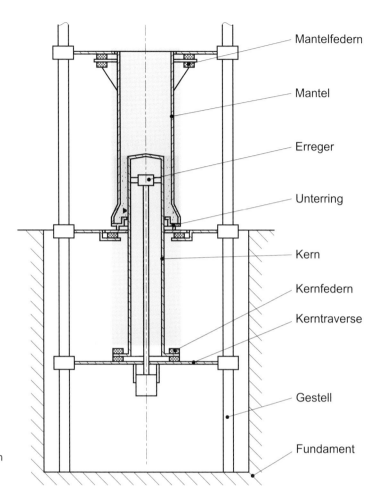

Mantelfedern

Mantel

Erreger

Unterring

Kern

Kernfedern

Kerntraverse

Gestell

Fundament

Bild 5.2: Kenngrößenklassen an einem Rohrfertiger mit steigendem Kern

spannkräfte, Stoßabstände und Erregerkräfte. Auch die für die Bewegung der Arbeitsmassen interessierenden Eigenschaften der Gemenge fallen darunter, weil auch diese ein Teil des Schwingungssystems sind.

Bewegungsgrößen der Arbeitsmassen
Als Arbeitsmassen werden die in Bewegung versetzten Bauteile und Baugruppen der Verdichtungseinrichtung bezeichnet. Bei Steinformmaschinen sind das beispielsweise Tisch, Brett, Form und Auflast (Bild 4.23). Die Bewegungen der Arbeitsmassen werden durch Größe, Zeitverlauf und Frequenzinhalt beschrieben.

Einwirkungskenngrößen
Einwirkungskenngrößen auf das Gemenge sind die physikalischen Größen an den Rändern des Gemenges, also den Schnittstellen zwischen Gemenge und Maschine. Bei Betonrohrfertigern beispielsweise sind dies die Schnittstellen zwischen Kern und

173

Beton, Mantel und Beton sowie Unter- und Oberring und Beton (Bild 5.2). Die Einwirkungskenngrößen sind Bewegungs- und Spannungsgrößen analog den internen Verdichtungskenngrößen. Ebenso wie diese sind sie in Abhängigkeit von der Zeit zu sehen. Damit ergeben sich weitere Größen wie Energieeintrag und Leistung.

Interne Verdichtungskenngrößen
Unter internen Verdichtungskenngrößen werden physikalische Größen an einem Volumenelement verstanden, die die Verdichtung bewirken (Bild 4.7). Dieses Volumenelement liegt im Inneren des Gemenges (siehe auch Abschnitt 4.1.1). Für die Verdichtung des Volumenelements zählen nur die physikalischen Größen, die an seinen Rändern auftreten. Diese physikalischen Größen sind natürlich die Folge der Einwirkung von außen und der Weiterleitung im Gemenge. Durch den Ansatz interner Verdichtungskenngrößen sind z.B. Verdichtungsunterschiede in einem Bauteil erklärbar.

6 Modellierung und Simulation von Formgebungs- und Verdichtungsprozessen

Die Modellierung von Systemen und Prozessen ist immer auf gewisse Aufgaben und Fragestellungen ausgerichtet. Die für diese Aufgaben wesentlichen Eigenschaften und Zusammenhänge werden im Modell beschrieben. Für einen Prozess und sogar für die gleiche Aufgabenstellung kann es sehr unterschiedliche Modellansätze geben. Andererseits wird ein sehr komplexes Modell, das viele Eigenschaften und Fragestellungen behandeln kann, nur dann für sinnvoll gehalten werden, wenn es deutliche Wechselwirkungen zwischen den einzelnen Effekten gibt, so dass eine separate Betrachtung keine ausreichende Abbildungsgenauigkeit ergeben kann.

Bei Modellen zur Formgebung und Verdichtung sind zwei grundlegende Fragestellungen zu unterscheiden. Die erste ist, wie das Gemenge an seinen Bestimmungsort kommt und die Form annimmt. Die zweite Fragestellung ist, wie das Gemenge sich verdichtet, das heißt, wie seine Rohdichte zunimmt. Mit dieser Frage können auch weitere Eigenschaftsveränderungen des Gemenges, z. B. die Grünstandsfestigkeit und die erreichbare Endfestigkeit, zusammenhängen. Bei der Vibrationsverdichtung kommt auch der Frage nach der Schwingungsweiterleitung im Beton eine große Rolle zu, so dass sich einige Modelle mit dieser Fragestellung auseinandersetzen.

6.1 Analytische Modelle

Unter analytischen Modellen wird die mathematische Formulierung von grundlegenden Zusammenhängen verstanden, die im Prinzip auch per Hand umgestellt und berechnet werden können.

Ein typisches analytisches Modell ist das vertikale Vibrationsverdichtungssystem mit Tisch, Gemenge und Auflast, wie es z. B. im Abschnitt 4.1, Bild 4.5 beschrieben wird. In diesem Fall werden die dynamischen Gemengeeigenschaften durch eine diskrete Elastizität und Dämpfung wiedergegeben, wie im Abschnitt 2.5.2 beschrieben. Dieses Modell ist auf unterschiedliche Systeme adaptierbar und kann z. B. auch auf die horizontale Vibrationsverdichtung von Betonrohren angewandt werden.

Eine schematische Darstellung eines Rohrfertigers mit stehendem Kern ist im Bild 6.1 zu sehen. Der zylinderförmige Kern mit vertikaler Achse wird durch zentrale Unwuchten zu Schwingungen angeregt. Das Betongemenge wird zwischen Kern und Mantel, der die äußere Rohrkontur formt, eingefüllt und verdichtet. Das im Bild 6.2 dargestellte ebene Modell für die Vibrationsverdichtung in Rohrfertigern besteht aus den Massen Kern und Mantel und hat zwei Freiheitsgrade.

Die Bewegungsgleichungen für das Modell im Bild 6.2 sind [6.1]:

$$m_1\ddot{x}_1 + b_1\dot{x}_1 + c_1x_1 + b_2(\dot{x}_1 - \dot{x}_2) + c_2(x_1 - x_2) = m_ur_u\Omega^2\sin\Omega t \qquad (6.1)$$

$$m_2\ddot{x}_2 + b_3\dot{x}_2 + c_3x_2 + b_2(\dot{x}_2 - \dot{x}_1) + c_2(x_2 - x_1) = 0 \qquad (6.2)$$

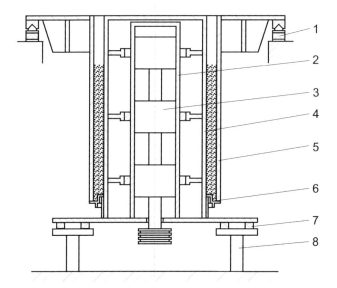

Bild 6.1: Schematische Darstellung eines Rohrfertigers mit stehendem Kern [6.1]
1 Mantelfeder
2 Vibratorenbaum
3 Vibrator
4 Kern
5 Mantel
6 Unterring
7 Kernfeder
8 Rahmen

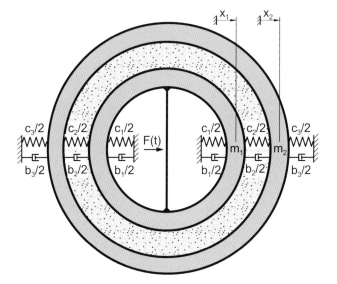

Bild 6.2: Diskretes Modell für die Vibrationsverdichtung in Betonrohrfertigern [6.1]
m_1 Kernmasse
m_2 Mantelmasse
$F(t)$ Erregerkraft
b_i Dämpfungskonstante zu c_i
c_1 Kernfederkonstante
c_2 Betonfederkonstante
c_3 Mantelfederkonstante

Da im Allgemeinen nicht von einer modalen Dämpfung ausgegangen werden kann, erfolgt die Berechnung der erzwungenen Schwingungen des Systems durch eine direkte Lösung der Bewegungsgleichungen unter Verwendung harmonischer Ansatzfunktionen der Form:

$$x_1(t) = R\sin\Omega t + S\cos\Omega t = \hat{x}_1 \sin(\Omega t - \varphi_1) \tag{6.3}$$

$$x_2(t) = V\sin\Omega t + W\cos\Omega t = \hat{x}_2 \sin(\Omega t - \varphi_2) \tag{6.4}$$

wobei R, S, V und W die gesuchten Unbekannten sind. Vergleiche mit Lösungen über einen modalen Dämpfungsansatz zeigten jedoch auch die Möglichkeit einer guten Näherung über diesen Weg.

Im Bild 6.3 sind die mit dem Modell berechneten Schwingwegamplituden bei der erzwungenen Schwingung in Abhängigkeit von der Erregerfrequenz dargestellt. Zum Vergleich der Berechnungsergebnisse sind zudem experimentell ermittelte Größen dargestellt. Sie zeigen eine gute Übereinstimmung der Ergebnisse von Modell und Experiment.

Für die Betrachtung der Schwingungsvorgänge in höheren Gemengesäulen sind zusätzlich Freiheitsgrade im Gemenge einzuführen. Altmann [6.10] modelliert das Betongemenge als Voigt-Kelvin-Körper und geht von der Wellenausbreitung in der Betonsäule aus (s. Abschnitt 4.1).

Im unteren Bereich einer hohen Betonsäule übertragen sich die Schwingungen des Formbodens auf den Beton und breiten sich in vertikaler Richtung als Longitudinalwellen aus. Die Schwingwegamplituden nehmen durch die Dämpfung mit zunehmender Höhe über den Formboden ab. Die einfache Wellenausbreitung trifft jedoch nur für den Fall zu, dass die in den Beton eingetragenen Schwingungen infolge der Dämpfung bis zur Oberfläche vollständig abklingen. Ansonsten wird die Welle an der Oberfläche reflektiert und die Überlagerung der vom Formboden ausgehenden und zum Formboden zurücklaufenden Wellen ergibt eine „stehende Welle" mit Schwingungsbäuchen und -knoten (Bild 6.4).

Kuch und Wölfel [6.15] beschreiben die erzwungene Schwingung einer wegerregten Betonsäule, indem eine von Tisch- und Auflastmasse begrenzte Betonsäule als Voigt-Kelvin-Körper modelliert wird. Ein ähnliches Modell wird von Hohaus [6.11] betrachtet. In [6.14] wurde eine Diskretisierung des Modells der Betongemengesäule vorgenommen und es wurden die Möglichkeiten einer Freiheitsgradreduktion diskutiert.

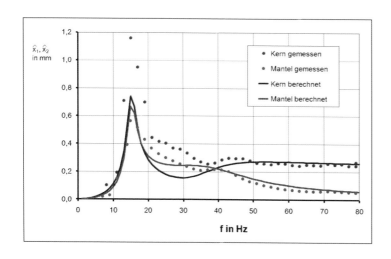

Bild 6.3: Horizontale Schwingwegamplituden an Kern und Mantel bei freier Betonoberfläche [6.1]

177

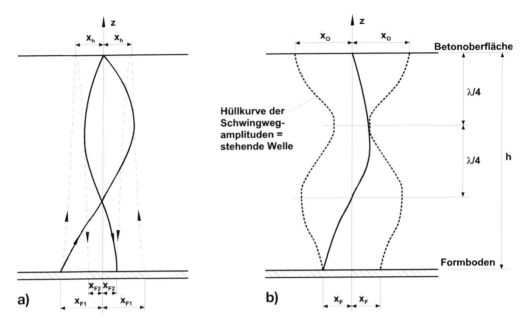

Bild 6.4: Überlagerung der vom Formboden ausgehenden und der an der Oberfläche reflektierten Schwingungen [6.10]
a) vom Formboden ausgehende und zum Formboden zurücklaufende Wellen
b) Ergebnis der Überlagerung der gegeneinander laufenden Wellen (messbare Schwingungen)

Von Hoppe [6.12] wurden experimentell stehende Wellen in einer vibrationserregten Betonsäule nachgewiesen und mit Modellberechnungen verglichen. Durch gute Übereinstimmungen zwischen Modell und Experiment wurde die Anwendbarkeit der obigen Modellvorstellungen unterstrichen.

Analytische Modelle zur Beschreibung des Verdichtungsverhaltens sind eng mit den Hypothesen verknüpft, welche physikalischen Größen letztlich eine Verdichtung bewirken. Bei der Vibrationsverdichtung von Beton sind als Verdichtungskenngrößen insbesondere die Erregerfrequenz und die Beschleunigung bekannt. Bild 6.5 zeigt experimentell ermittelte Zusammenhänge zwischen Erregerfrequenz, Beschleunigungsamplitude und erreichter Verdichtung in Form der Rohdichte bei der Verdichtung von Betonrohren [6.1].

Werden diese Beziehungen zwischen Einwirkung und Verdichtungsergebnis als mathematisch beschreibbare Zusammenhänge formuliert, kann das auch als Modell für das Verdichtungsverhalten aufgefasst werden, da damit Prognosen möglich werden, welche Rohdichte bei bestimmten Einwirkungen zu erwarten ist.

Für den Zusammenhang im Bild 6.5 b) wurde in [6.1] die folgende Funktion gebildet:

$$\rho(\hat{a}) = \rho_A + \frac{\rho_{max} - \rho_A}{2} \cdot \{\tanh[v_a(\hat{a} - a_m)] + 1\} \tag{6.5}$$

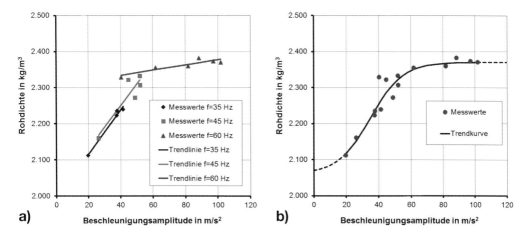

Bild 6.5: Trendkurven für die Abhängigkeit der Rohdichte von der Beschleunigungsamplitude am Kern [6.1]
a) lineare Regressionsgeraden für jeweils eine Erregerfrequenz
b) hyperbolische Trendkurve

mit

ρ   Rohdichte
â   Beschleunigungsamplitude
ρ_A Anfangsdichte
ρ_{max} Maximaldichte
v_a Faktor für die Änderungsgeschwindigkeit
a_m Änderungszentrum; Beschleunigungsamplitude, die das Zentrum der Dichteänderung markiert

Die Form der Funktion ist das Modell, welches wiedergibt, dass kleine Beschleunigungen nur geringe Verdichtungen bewirken, in einem mittleren Bereich die Verdichtung mit größeren Beschleunigungen zunimmt, jedoch bei großen Beschleunigungen kein weiterer Dichtezuwachs mehr möglich ist, da die Maximaldichte erreicht ist. Die Koeffizienten der Funktion sind die Parameterwerte des Modells, die entsprechend den Gemengeeigenschaften zu ermitteln sind. In gleicher Weise sind beim statischen Pressen Zusammenhänge zwischen Pressdruck und Rohdichte zu formulieren.

6.2   Strukturmechanische Modelle

Bei strukturmechanischen Modellen hat sich insbesondere die Finite-Elemente-Methode (FEM) als numerisches Simulationswerkzeug in vielen Bereichen durchgesetzt. So ist auch die Berechnung von Formgebungs- und Verdichtungseinrichtungen mit der FEM mittlerweile weit verbreitet, bei der auch kompliziert geformte Bauteile einer statischen, dynamischen und festigkeitstechnischen Untersuchung zugänglich gemacht werden. Ein Beispiel zeigt Bild 6.6, bei dem die Spannungsverteilung an einem Vibrationstisch bei dynamischer Belastung simuliert wurde.

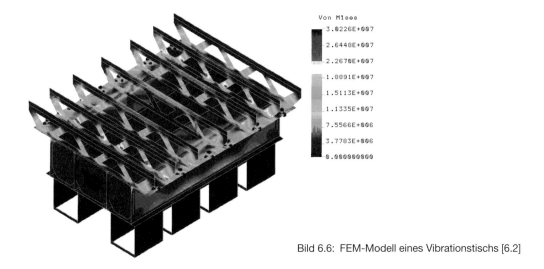

Von Mises

3.0226E+007

2.6448E+007

2.2670E+007

1.8891E+007

1.5113E+007

1.1335E+007

7.5566E+006

3.7783E+006

0.000000000

Bild 6.6: FEM-Modell eines Vibrationstischs [6.2]

Der Grundansatz der FEM ist die Zerlegung der Strukturen in kleine Abschnitte (finite Elemente), die geometrisch einfach (wie Quader, Tetraeder) und so einer Berechnung zugänglich sind. Neben diesen geometrischen Verhältnissen spielen die Materialmodelle eine wichtige Rolle, die beschreiben, wie Spannungen und Verformungen zusammenhängen. Die übliche Basiseinstellung der Programmsysteme ist das Hookesche Gesetz (Eingabewerte E-Modul und Querkontraktionszahl), mit dem z.B. das linear-elastische Verhalten von Stahl sehr gut beschrieben wird. Es gibt jedoch in modernen Programmsystemen eine Reihe anderer Materialgesetze für nichtlineares und plastisches Verhalten.

Die FEM kann auch zur Berechnung von Formgebungs- und Verdichtungsprozessen eingesetzt werden. Ein Anwendungsgebiet ist die Berechnung von Schwingungsvorgängen in Gemengen. Bei diesen Modellen wird das Gemenge als Struktur vernetzt und es werden die Schwingbewegungen an den Knoten berechnet. Bild 6.7 zeigt als Beispiel die Impulsfortpflanzung in einer vertikalen Gemengesäule, und es ist gut zu sehen, wie in den unterschiedlichen Höhen der unten eingetragene Stoßimpuls mit Zeitversatz und abnehmender Größe ankommt. Das Modell steht in engem Zusammenhang mit den analytischen Modellen zur Schwingungsweiterleitung in Gemengesäulen (s. Abschnitt 6.1) und ist somit auch ein gutes Beispiel dafür, dass für ähnliche Aufgabenstellungen unterschiedliche Werkzeuge zur Modellierung eingesetzt werden können.

Während das Modell im Bild 6.7 hauptsächlich eindimensional ist, zeigt Bild 6.8 eine zweidimensionale Schwingungsverteilung. Das in [6.1] beschriebene Modell behandelt die Vibrationsverdichtung von Betonrohren. Im Bild 6.8 ist ein Schnitt durch das vibrationserregte Betongemenge im Muffenbereich mit der farblichen Absetzung der Beschleunigungsverteilung zu sehen. Die vom Kern eingetragenen Schwingungen reichen nur ungenügend in den Muffenschenkel hinein. An der Unterringfläche bleibt Beton lie-

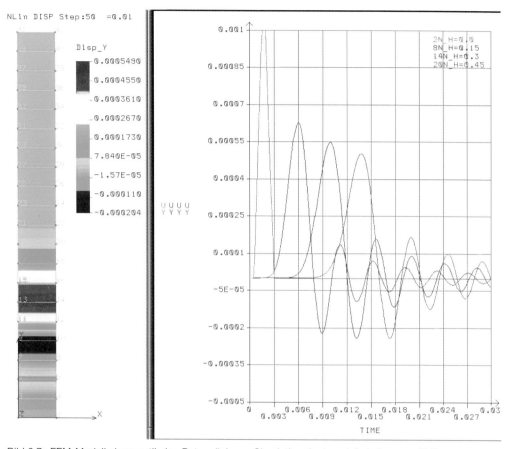

Bild 6.7: FEM-Modell einer vertikalen Betonsäule zur Simulation der Impulsfortpflanzung [6.2]

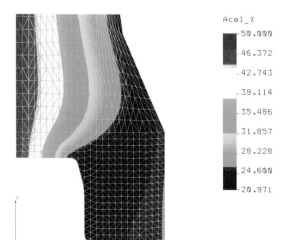

Bild 6.8: Beschleunigungsverteilung im Muffenbereich von Betonrohren, Farbdarstellung: Amplituden der Beschleunigung in horizontaler Richtung $\hat{a}_x$ in ms^{-2} [6.1]

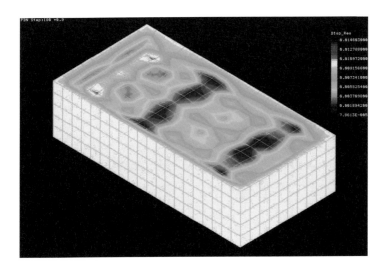

Bild 6.9: Simulation der niederfrequenten horizontalen Vibrationsverdichtung eines Gemenges [6.7]

gen, der kaum eine Schwingbewegung erfährt. Hier werden nach der Entschalung des Unterrings Luftporen zu finden sein. Geringe Beschleunigungen zeigen also die Problemzonen bei der Verdichtung im Muffenbereich.

Die Beschleunigungsverteilung wird von den Betongemengeeigenschaften und den Randbedingungen an Kern, Unterring und Mantel sowie der Erregerfrequenz bestimmt und ist damit auch durch diese beeinflussbar.

Ein dreidimensionales Modell zur niederfrequenten horizontalen Vibrationsverdichtung ist im Bild 6.9 zu sehen. Hier geht es darum, wie die an den Rändern eingetragenen Schwingungen in das Gemenge hineinreichen.

Der Ansatz der Finite-Elemente-Methode ist prinzipiell auch geeignet, um Verdichtungswirkungen zu simulieren. Dabei kommt den bereits oben erwähnten Materialgesetzen die wesentliche Rolle zu, zu beschreiben, unter welchen Bedingungen ein Dichtezuwachs erfolgt. So kann beim Pressen von Gemengen unter entsprechenden Randbedingungen die Druckverteilung im Gemenge berechnet und auch eine Dichteverteilung prognostiziert werden, wenn für das Gemenge ein Zusammenhang von Spannung und plastischer Kompression bekannt ist.

6.3 Strömungsmechanische Modelle

Für Gemenge mit fluiden Eigenschaften (s. a. Abschnitt 2.3) können Simulationswerkzeuge zur Berechnung von Strömungen eingesetzt werden. Die Computational Fluid Dynamic (CFD) nutzt auch einen Ansatz mit finiten Elementen. Es wird jedoch der durchströmte Raum vernetzt und die Freiheitsgrade an den Knoten sind Strömungsgeschwindigkeiten. Anspruchsvoll ist insbesondere die instationäre Strömungsberechnung mit freien Oberflächen, wie sie beim Füllen von Formen benötigt wird.

Im Hinblick auf die Formgebung hat sich z. B. die Simulation des Füllens von Formen in Industriebereichen wie der Kunststoffindustrie etabliert (Bild 6.10). Insbesondere bei den Kunststoffen sind die Materialgesetze ein entscheidender Faktor. Durch die Simulationen wird deutlich, auf welchen Wegen, wie schnell und wie vollständig sich Formen füllen. Sie geben so wichtige Informationen zur Formgestaltung und Prozessführung.

Strömungssimulationen bei Gemengen zeigen meist Pump- oder Füllprozesse. Ein klassisches Beispiel sind Betonpumpen.

Beim Füllen von Formen sind fluide Gemenge wie Selbstverdichtender Beton (SVB) im Fokus. Hier hat sich in den letzten Jahren die Anwendung der CFD stark weiterentwickelt [6.4]. So können die Gemengeeigenschaften z. B. mit einem Bingham-Modell abgebildet und die dafür benötigten Parameterwerte mit Rheometern bestimmt werden (s. Abschnitt 2.3). Bild 6.11 zeigt als Beispiel den Füllvorgang einer Form mit SVB.

Selbst steife Gemenge, die nicht sofort an eine Flüssigkeit erinnern, können in schneller Bewegung oder unter Vibration mit Strömungssimulationen dargestellt werden. Bild 6.12 zeigt z. B. die Strömungssimulation in einer Maschine zur Herstellung von Betondachsteinen. Hier wird feinkörniges steifes Gemenge aus einem Silo durch darunter weglaufende Paletten abgezogen und mit konischen Werkzeugen verdichtet. Die Strömungssimulation kann z. B. Bereiche aufdecken, in denen das Gemenge länger verweilt.

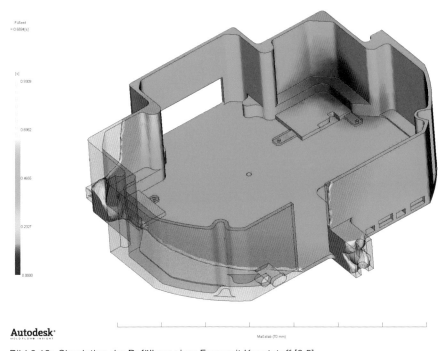

Bild 6.10: Simulation der Befüllung einer Form mit Kunststoff [6.5]

Bild 6.11: CFD-Simulation eines SVB-Füllvorgangs in einer Form mit Bewehrung [6.9]

Eine weitere interessante Anwendungsmöglichkeit der Strömungssimulation bei Gemengen ist die Förder- und Verdichtungswirkung bei Schnecken und Extrudern. Bild 6.13 zeigt die Simulation eines speziellen Verdichtungswerkzeugs zur Herstellung von Betonrohren. Mit der Schnecke wird das Gemenge gleichzeitig gefördert, verdichtet und geformt. Die Simulation hilft hier, die Schneckenform und den Prozess auszulegen.

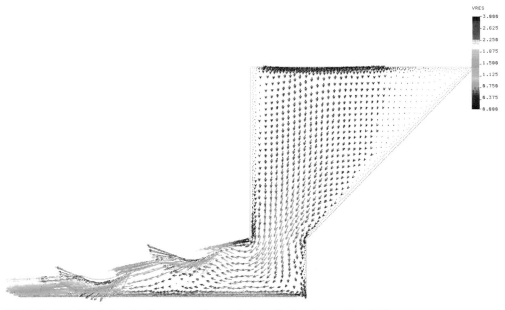

Bild 6.12: CFD-Simulation der Gemengeströmung in einer Dachsteinmaschine [6.7]

184

Bild 6.13: CFD-Simulation der Wirkung einer Werkzeugschnecke; Pumpenkopfverfahren zur Herstellung von Betonrohren [6.7]
links: CFD-Modell für das Gemengevolumen zwischen Schnecke und Außenwand
Mitte: Werkzeugschnecke
rechts: Schnitt durch ein zweischichtiges Betonrohr, Produkt des Pumpenkopfverfahrens

6.4 Korpuskulare Modelle

Unter korpuskularen Modellen werden Modellvorstellungen verstanden, bei denen die Partikel eines Gemenges in ihren Bewegungen und Wechselwirkungen dargestellt werden. Eine einfache korpuskulare Modellvorstellung ist z. B. die von L'Hermite [6.16] beschriebene Hypothese der Eigenfrequenz eines Partikels, das elastisch von dem umgebenen Gemenge abgestützt wird. Durch Anregung mit dieser Partikeleigenfrequenz werden große Bewegungen des Partikels und entsprechende Verdichtungswirkungen erreicht. Der sich daraus ergebene Trend, dass sich feine Gemenge mit hohen Frequenzen gut verdichten lassen, weil kleine Partikel hohe Eigenfrequenzen haben, und grobe Gemenge eher auf niedrige Frequenzen reagieren, entspricht durchaus praktischen Erfahrungen (siehe Kapitel 5).

In den letzten Jahren ermöglicht die Computertechnik immer mehr Rechenoperationen pro Zeit, so dass es möglich wird, die Bewegung und Wechselwirkungen aller Partikel in einem Gemenge zu berechnen. Diese neuartige numerische Simulationsmethode für Schüttgüter und Gemenge ist unter dem Namen Diskrete-Elemente-Methode (DEM) bekannt.

Modelle in der DEM bestehen zunächst aus den meist kugelförmigen Partikeln und Wänden, die als Randbedingung für die Partikel gelten. Für die Partikel werden Bewegungsgesetze formuliert, und es werden entsprechende Kontakte der Partikel zu den Wänden und zwischen den einzelnen Partikeln detektiert. Tritt ein Kontakt auf, so gibt ein Kontaktgesetz an, welche Kräfte aus diesem Kontakt resultieren. Diese Kräfte gehen dann wieder in die Bewegungsberechnung der Partikel ein. Durch eine Berechnungsschleife mit sehr kleinen Zeitschritten kann damit die Bewegung des gesamten Gemenges berechnet werden.

Den Kontaktgesetzen kommt bei der DEM eine besondere Bedeutung zu, da durch sie die globalen Eigenschaften eines Gemenges beschrieben werden. Bild 6.14 unten rechts verdeutlicht dies an einem typischen Kalibrierversuch. Der ursprüngliche Gemengehaufen wird durch die gleichen Partikel in Größe, Anzahl und Position gebildet.

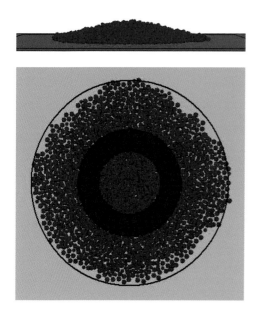

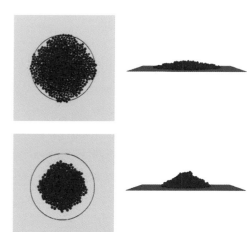

Bild 6.14: DEM-Modell für einen Ausbreitversuch [6.6], [6.19]
oben links: Seitenansicht, links: Draufsicht,
rechts: zwei verschiedene Konsistenzen

Bild 6.14 a): Kalibrierversuch L-Box-Test für SVB als DEM-Modell [6.6]

Bild 6.14 b): Kalibrierversuch zur Verdichtung unter Vibration [6.18]
links: Versuchsaufbau, oben: DEM-Modell

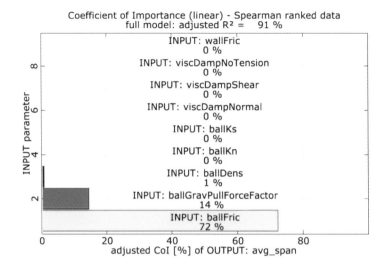

Coefficient of Importance (linear) - Spearman ranked data
full model: adjusted $R^2 = 91\%$

INPUT: wallFric
0 %
INPUT: viscDampNoTension
0 %
INPUT: viscDampShear
0 %
INPUT: viscDampNormal
0 %
INPUT: ballKs
0 %
INPUT: ballKn
0 %
INPUT: ballDens
1 %
INPUT: ballGravPullForceFactor
14 %
INPUT: ballFric
72 %

adjusted CoI [%] of OUTPUT: avg_span

Bild 6.14 c): Abhängigkeit des Setzfließmaßes von den Parameterwerten eines DEM-Materialmodells

Nur durch die Veränderung der Kontaktparameter fließt das obere Gemenge breiter auseinander als das untere.

Kalibrierversuche sollen die für den Prozess wesentlichen Eigenschaften des Gemenges wiedergeben. Ist es ein Befüll-/Fließprozess, sind entsprechend reproduzierbare Versuche mit Fließvorgängen, wie z. B. der L-Box-Test für SVB (Bild 6.14 a), durchzuführen. Eine Kalibrierung auf Verdichtungseigenschaften setzt Versuche voraus, bei denen unter definierten Bedingungen entsprechende Rohdichteveränderungen beobachtet werden können. Ein typischer Vertreter solcher Versuche ist der Setzversuch unter Vibration (Bild 6.14 b).

Die manuelle Anpassung der Modellparameter bei Kalibrierversuchen ist mit großen Zeitaufwänden und subjektiven Einflüssen verbunden. In [6.19] und [6.20] wird eine objektive und automatisierbare Vorgehensweise dargestellt, die auf der Anwendung von Optimierungsstrategien beruht. Optimierungsziel ist die Auffindung des Satzes von Parameterwerten des Stoffmodells, der den Kalibrierversuch am besten nachbildet. Ein interessantes Nebenprodukt dieser Untersuchung ist, welche Parameter den stärksten Einfluss auf das Ergebnis haben (Bild 6.14 c).

Die anfängliche Einschränkung kugelförmiger Partikel wird durch den Zusammenschluss mehrerer Grundpartikel zu einem größeren unregelmäßig geformten Partikel gelöst, so dass auch reale Partikelformen nachgestellt werden können (Bild 6.15).

Die Anwendung der DEM auf Formgebungs- und Verdichtungsvorgänge von Gemengen hat u. a. folgende Vorteile:

– Es wird die Struktur des Gemenges berücksichtigt. Durch eine Umordnung der Partikel zeigen die Modelle eine Verdichtung.

187

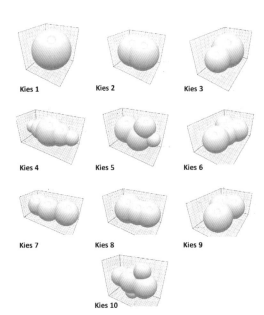

Kies 1   Kies 2   Kies 3

Kies 4   Kies 5   Kies 6

Kies 7   Kies 8   Kies 9

Kies 10

Bild 6.15: Annäherung realer Partikelformen durch mehrere kugelförmige Basispartikel [6.17]

– Es sind innere Vorgänge im Gemenge wie Mischen, Separieren oder auch das Blo- ckieren von großen Bestandteilen bei Durchströmung von Bewehrungen darstell- bar.
– Es können mit einem Modell Fließ- und Verdichtungseffekte untersucht werden. Auch die verflüssigende Wirkung der Vibration ist sichtbar.
– Auch die Zerstörung von Partikeln im Prozess kann modelliert werden.

Die wesentlichen Nachteile und Einschränkungen bei der Anwendung der DEM auf die Formgebung und Verdichtung sind:

– Die Anzahl von Partikeln, die in vertretbarer Zeit berechenbar sind, ist eingeschränkt. Derzeitige Grenzen liegen zwischen 50.000 und 150.000 Partikel. Die Tendenz ist mit der Weiterentwicklung von Computertechnik und Software stetig steigend.
– Meistens können nur die größeren Partikel eines Gemenges abgebildet werden, da z.B. bei einer Betonsieblinie auf ein Kieskorn unzählige Sandkörner kämen. Die Wir- kung der feinen Bestandteile (z.B. Zementleim) muss dann in den Kontaktgesetzen wiedergegeben werden.
– Durch die Partikelanzahl ist auch das Gemengevolumen eingeschränkt. Große Volu- men können nur noch mit sehr großen Partikeln gefüllt werden, um die Maximal- anzahl nicht zu überschreiten.
– Die Definition von Kontaktgesetzen und Kontaktparametern ist aufwendig und an reale Gemenge nur mit Kalibrierversuchen anzupassen.

Im Folgenden werden ausgewählte Beispiele zur Anwendung der DEM bei Formge- bungs- und Verdichtungsprozessen aufgeführt.

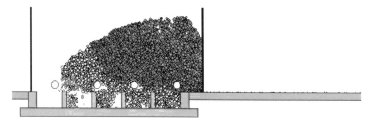

Bild 6.16: DEM-Modell eines Füllprozesses an einem Betonsteinfertiger [6.6]

Bild 6.16 zeigt ein Modell für den Befüllvorgang bei einem Betonsteinfertiger. Ziel ist, möglichst schnell alle Formkammern gleichmäßig zu füllen. Mit dem Modell können unterschiedliche Füllwagengeometrien und Fahrweisen untersucht werden. Das Modell kann aber auch die Wirkung von Vorvibration oder eine Entmischung des Gemenges zeigen.

Bild 6.17 zeigt eine Vibrationsverdichtung mit Auflast. Wände in der DEM führen nur kinematische Bewegungen aus. Um nicht nur die Wirkung von Form und Auflast auf das Gemenge sondern auch die Rückwirkung des Gemenges auf Form und Auflast zu sehen, sind in diesem Modell Form und Auflast auch aus Partikelgrundkörpern aufgebaut. Es ist spannend, in solchen Modellen die Bewegung der einzelnen Partikel im Gemenge zu studieren, wie sie die Schwingungen weiterleiten, sich umordnen und verdichten.

In Bild 6.18 ist eine Formgebung und Verdichtung mit niederfrequenter horizontaler Vibration zu sehen. Das Modell zeigt die Schwingungsübertragung im Gemenge, aber auch eine Verdichtungswirkung und die Ausformung der Seitenkonturen.

Für das Pressen von Kalksandstein zeigt das Bild 4.31 ein DEM-Modell, in dem die Druckverteilung im Gemenge analysiert werden kann.

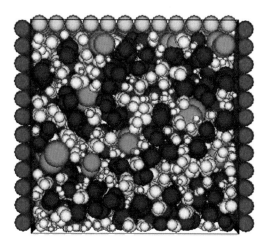

Bild 6.17: DEM-Modell einer vertikalen Vibrationsverdichtung mit Auflast [6.8]

189

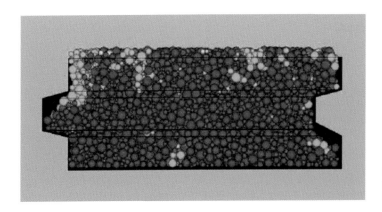

Bild 6.18: DEM-Modell einer niederfrequenten Formgebung und Verdichtung [6.3]

6.5 Zusammenfassung und Ausblick zur Modellierung und Berechnung von Formgebungs- und Verdichtungsvorgängen

Die Modellierung und Berechnung von Formgebungs- und Verdichtungsvorgängen ist eine Schlüsseltechnologie zur Weiterentwicklung und Optimierung bekannter Verarbeitungsprozesse und zur Entwicklung neuer Prozesse zur Verarbeitung neuer Materialien.

Mit der Weiterentwicklung der Rechentechnik und der numerischen Simulationsverfahren sind immer größere Potenziale bei der Modellierung zu erwarten. Sehr interessante Ansätze bestehen auch bei der Kopplung von Simulationsverfahren z.B. von Strömungssimulationen über DEM-Modelle bis zu MKS-Kopplungen zur Maschinentechnik.

Utopisch klingen heute noch Echtzeit-Simulationen für diese Vorgänge – sie würden aber großes Potenzial für die Prozessführung und Qualitätssicherung schaffen!

7 Analyse von Formgebungs- und Verdichtungsprozessen

7.1 Grundsätze

Nach dem gegenwärtigen Erkenntnisstand ist es für eine systematische Analyse des Formgebungs- und Verdichtungsprozesses von Gemengen sinnvoll, in sechs Phasen vorzugehen:

1. Modellierung und Simulation des Verarbeitungsverhaltens von Gemengen
Mit Hilfe moderner Hard- und Software werden sowohl fluide und viskose als auch schüttgutartige Gemenge in ihrem Verarbeitungsverhalten untersucht. Auf diese Weise können mit relativ geringem Aufwand umfangreiche Parameterstudien durchgeführt werden. Das Ziel dieser Phase besteht in der Ermittlung von Einwirkungskenngrößen und -werten für eine effektive Formgebung und Verdichtung von Gemengen sowie in der Generierung neuer Verfahren. Diese Zusammenhänge werden in Kapitel 6 ausführlich dargestellt.

2. Verifizierung der modelltechnischen Untersuchungen im labortechnischen Maßstab
Bei der Modellierung des Verarbeitungsverhaltens von Gemengen ist naturgemäß eine Reihe von Annahmen zu treffen. Die labortechnischen Untersuchungen dienen daher der Bestätigung der mit Hilfe der Modellierung und Simulation erhaltenen Ergebnisse. Auf diese Phase 2 wird im nachfolgenden Abschnitt 7.3 eingegangen.

3. Modellierung und Simulation von Formgebungs- und Verdichtungsausrüstungen
In dieser Phase kommt es darauf an, kinematische und kinetische Lösungen zu finden, mit deren Hilfe die in den Phasen 1 und 2 ermittelten Kennwerte für die Formgebung und Verdichtung von Gemengen realisiert werden können. Ein diesbezügliches Beispiel zeigt Bild 7.1, in dem das kinematische Schema für eine gleichzeitige horizontale und vertikale niederfrequente Vibration dargestellt ist.

Es kommt dann darauf an, derartige angedachte Lösungen einer maschinendynamischen Modellierung zuzuführen, was auf der Basis der Mehrkörperdynamik (MKD) und der Finite-Elemente-Methode (FEM) erfolgen kann. Damit können die Grundlagen für Phase 4 geschaffen werden.

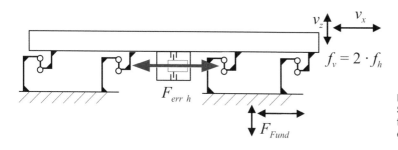

$$f_v = 2 \cdot f_h$$

Bild 7.1: Kinematisches Schema einer niederfrequenten Verdichtungseinrichtung

191

4. Verifizierung der maschinendynamischen Modellierung im kleintechnischen Maßstab

Hierzu werden kleintechnische Versuchsstände konstruiert und gebaut, mit deren Hilfe durch entsprechende experimentelle Untersuchungen der Nachweis der in den vorgenannten drei Phasen ermittelten Kennwerte für eine effektive Formgebung und Verdichtung erfolgt. Auf diese Phase wird im Abschnitt 7.3 ausführlich eingegangen.

5. Entwicklung von Systemen zur Qualitätssicherung

Das Ziel dieser Phase besteht in der messtechnischen Erfassung relevanter Kenngrößen des Formgebungs- und Verdichtungsprozesses von Gemengen und deren Aufbereitung mit dem Ziel der Qualitätssicherung und -überwachung. Hierzu sind im Kapitel 9 Erläuterungen zu finden.

6. Überführung und Überprüfung von Forschungs- und Entwicklungsergebnissen in der Praxis; messtechnischer Nachweis

In dieser Phase ist eine Iststandanalyse des Formgebungs- und Verdichtungsprozesses von Gemengen unter komplexer Betrachtung der Komponenten

- Gemenge,
- Prozess,
- technische Ausrüstungen und
- Erzeugniseigenschaften (Qualität)

durchzuführen. Hierauf wird insbesondere im Abschnitt 7.5 eingegangen. Diese Phase beinhaltet auch die Überführung der in Phase 5 entwickelten Systeme zur Qualitätssicherung.

7.2   Messung charakteristischer physikalischer Kenngrößen

Es zeigt sich, dass in den meisten der sechs Phasen messtechnische Untersuchungen erforderlich sind. Hieraus und aus den in Kapitel 5 genannten Formgebungs- und Verdichtungskenngrößen ergeben sich die zu messenden physikalischen Kenngrößen. Es sind dies in erster Linie:

- Messung von Längen und Wegen
- Messung mechanischer Schwingungen
- Messungen von Dehnungen und daraus abgeleiteten Größen
- Messung von Kräften

Bei diesen Kenngrößen sind die Schwingungen, also die Bewegungsgrößen, von ganz besonderem Interesse.

Nicht unmittelbar zum Formgebungs- und Verdichtungsprozess gehörig, aber insbesondere bei dynamischen Verdichtungsverfahren meist vorhanden, ist die Lärmemission während des Betriebs. Auf die Schallmesstechnik wird deshalb hier sowie im Abschnitt 8.5 kurz eingegangen.

7.2.1 Messung von Längen und Wegen

In der Fertigungstechnik besitzen geometrische Größen eine besondere Bedeutung. Dabei wird meist angestrebt, die nichtelektrische Messgröße in ein elektrisches Signal umzuwandeln, um die Vorteile der rechnergestützten Weiterverarbeitung nutzen zu können [7.1]. Hierfür gibt es eine ganze Reihe von Messverfahren. Einige von ihnen, die für das Anliegen der Formgebung und Verdichtung von Gemengen relevant sind, werden nachfolgend angesprochen.

Bei *induktiven Verfahren* wird durch Eintauchen in eine Spule die Induktivität verändert. Es gilt nach [7.1]:

$$L = \frac{N^2 \cdot \mu \cdot A}{s} \tag{7.1}$$

mit

N Windungszahl
s Weglänge der magnetischen Feldlinien
A die von den magnetischen Feldlinien durchsetzte Fläche
μ Permeabilität des Materials

Die Veränderung der Induktivität wird vorwiegend über die Veränderung des induktiven Widerstands ermittelt. Bild 7.2 [7.2] zeigt hierzu als Beispiel die Bauform eines Tauchkernsensorelements.

Damit können Wege bis 100 mm und mehr gemessen werden, wobei der Anker mit dem zu messenden Maschinenteil verbunden wird.

Kapazitive Verfahren beruhen auf der Veränderung der Kapazität C

$$C = \frac{\varepsilon A}{l} \tag{7.2}$$

mit
A wirksame Fläche
l Plattenabstand
ε Permittivität

und damit der Veränderung des kapazitiven Widerstands. Kapazitive Wegaufnehmer haben einen sehr robusten mechanischen Aufbau. Ihr Einsatz ist auch bei extremen Umweltbedingungen und einem großen Temperaturbereich möglich. Bild 7.3 zeigt das Grundprinzip kapazitiver Aufnehmer [7.1].

Optische Verfahren arbeiten berührungslos und erfassen die zu messenden Wege relativ zu ihrem eigenen Bezugspunkt. Hier kommt beispielsweise das Triangulationsverfahren zum Einsatz. Dieses Verfahren wird zur berührungslosen Abstands- und Län-

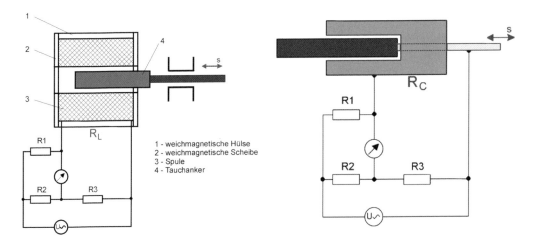

Bild 7.2: Induktives Tauchkernsensorelement [7.2]   Bild 7.3: Kapazitiver Wegaufnehmer

genmessung im industriellen Nahbereich bis ca. 1 m angewendet. Das Messprinzip ist in Bild 7.4 dargestellt [7.1].

Dabei wird ein Laser auf das Messobjekt fokussiert (Bild 7.4). Der Punkt wird mit einem Lagedetektor betrachtet. Dieser Abbildungsort auf dem Lagedetektor verschiebt sich in Abhängigkeit von der Entfernung des Messobjekts. Dies wird zur Bestimmung der Entfernung genutzt. Dieses Verfahren arbeitet mit Auflösungen im Mikrometerbereich sehr genau.

In Bild 7.5 ist ein Lasertriangulationssensor abgebildet.

Bild 7.6 zeigt ein entsprechendes Sensorgestell für die Steinhöhenmessung bei der Herstellung von Betonwaren mit Steinformmaschinen.

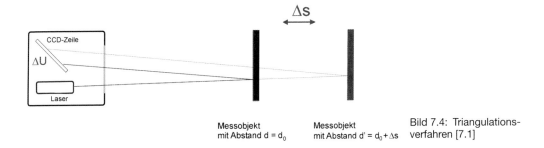

Messobjekt   Messobjekt   Bild 7.4: Triangulations-
mit Abstand $d = d_0$ mit Abstand $d' = d_0 + \Delta s$ verfahren [7.1]

Bild 7.5: Lasertriangulationssensor

Bild 7.6: Sensorgestell mit Lasersensoren mit elektrischer Höheneinstellung

Ein komplettes Messsystem, mit dem Abstände von Objekten auch in großen Entfernungen gemessen werden können, ist das Interferometer (Laserinterferometer). An einem halbdurchlässigen Spiegel wird ein monochromatischer Laserstrahl in einen Mess- und einen Referenzstrahl aufgespalten (Bild 7.7) [7.1].

Die beiden Strahlen werden jeweils von einem feststehenden und einem beweglichen Reflektor reflektiert. Am halbdurchlässigen Spiegel überlagern sich die reflektierten Strahlen. Es entstehen Interferenzstreifen, die quer zum Empfänger liegen und von diesem analysiert werden [7.1].

Spezielle Ausführungen von Laserinterferometern lassen Messbereiche bis mehr als 10 m zu.

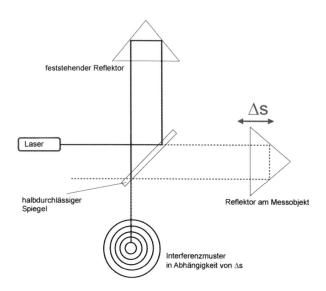

Bild 7.7: Grundprinzip des Interferometers [7.1]

195

7.2.2 Messung mechanischer Schwingungen

7.2.2.1 Grundlegender Aufbau eines Messsystems

Der grundlegende Aufbau eines Messsystems, wie er praktisch für alle elektrischen Messungen nichtelektrischer Größen gilt, ist aus Bild 7.8 zu ersehen.

Zur Messung von Schwingungen können Bewegungsgrößen (Weg, Geschwindigkeit, Beschleunigung) oder Kraftwirkungen (Kraft, Drehmoment, Dehnung) herangezogen werden [7.1]. Über

$$F = m \cdot a \qquad (7.3)$$

mit
F Kraft
m Masse
a Beschleunigung

kann die Beschleunigungsmessung auf eine Kraftmessung zurückgeführt werden. Die Bewegungsgrößen stehen untereinander durch Differenziation oder Integration im Zusammenhang (siehe Abschnitt 4.1.1).

Bei Schwingungsmessungen interessieren hauptsächlich die physikalischen, zeitlich veränderlichen Größen:

– Schwingweg s(t)
– Schwinggeschwindigkeit v(t)
– Schwingbeschleunigung a(t)

An den entsprechenden Stellen werden diese Größen aus dem Prozess ausgekoppelt und von einem Sensor in proportionale elektrische Signale umgewandelt. Hierzu muss

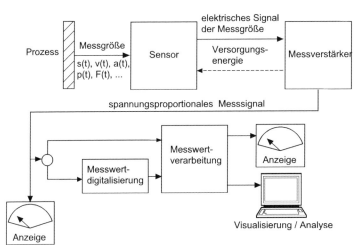

Bild 7.8: Grundlegender Aufbau eines Messsystems

der Sensor mit Energie versorgt werden. Diese Versorgungsenergie wird von einem Messverstärker bereitgestellt, der gleichzeitig die elektrischen Signale des Sensors in ein standardisiertes, spannungsproportionales Messsignal (z.B. ± 5 Volt) umwandelt. Das Spektrum der auf dem Markt angebotenen Messverstärker ist sehr breit. Nachfolgend werden einige Hauptmerkmale aufgelistet, anhand deren Kombinationen die verfügbaren Messverstärker beschrieben werden können:

– einkanalige oder mehrkanalige Messverstärker
– Ladungsverstärker, Spannungsverstärker
– mit und ohne Filter
– mit und ohne einstellbaren Verstärkungsfaktor
– mit und ohne implementierte Computerschnittstelle zur Parametrierung
– Genauigkeitsklasse bezüglich Frequenz- und Phasengang

Das spannungsproportionale Messsignal kann mittels Anzeigegerät dargestellt werden. Da es sich um Echtzeitsignale handelt, eignen sich hierfür analoge Oszilloskope oder analoge Schreiber.

Für eine Messwertverarbeitung kamen in der Vergangenheit vorwiegend analoge Schaltungen zum Einsatz, die ganz spezielle Funktionen übernahmen wie

– Effektivwertbildung,
– Spitzenwertanzeige,
– Filterfunktionen,
– Integrationen,
– Differenziationen und
– Mittelwertbildung.

Für die Darstellung dieser Ergebnisse eignen sich wiederum analoge Anzeigegeräte. Der Vorteil der analogen Messwertverarbeitung besteht darin, dass die Berechnungsergebnisse in Echtzeit bereitstehen. Von besonderer Bedeutung ist dies auch heute noch für den Aufbau von Regelkreisen, das heißt, wenn die Berechnungsergebnisse der Messwertverarbeitung prozesstechnisch weiterverarbeitet werden sollen und es hierbei auf eine sehr hohe Dynamik ankommt.

Mit dem Fortschreiten der Prozessorgeschwindigkeiten zog die Digitalverarbeitung in die Messtechnik ein. Hierfür kommen Hard- und Software-Lösungen zum Einsatz, die als DSP (Digital Signal Processing) bezeichnet werden. Die Hauptfunktionen der Digitalisierung analoger Signale sind Diskretisierung der Zeit und Digitalisierung des Messsignals.

Mit den Möglichkeiten, die sich aus der Digitalisierung von Messgrößen ergeben, entstand eine breite Produktpalette. Als repräsentativste Vertreter seien genannt:

– Datenlogger
– Transientenrekorder
– digitales Speicheroszilloskop

a)   b)   c)

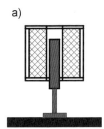  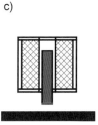

Bild 7.9: Schwingungsmes-
sung mit Relativbewegungsaufnehmern [7.1]
a) kraftschlüssige Kopplung
b) formschlüssige Kopplung
c) berührungslose Kopplung

– Spektrumanalysatoren
– Multifunktionsanalysatoren
– Regelungsbausteine

Von besonderer Bedeutung sind die in Bild 7.8 dargestellten Sensoren zur Aufnahme des elektrischen Signals der Messgröße für die Messaufgaben bei der Formgebung und Verdichtung von Gemengen. Nach Bild 7.8 dienen sie dazu, die zu messende physikalische Größe in ein elektrisches Signal zu wandeln. Nach [7.1] wird dabei zwischen Relativbewegungsaufnehmern und Absolutbewegungsaufnehmern unterschieden.

Bei *Relativbewegungsaufnehmern* wird die Schwingungsgröße gegenüber einem äußeren festen Bezugspunkt gemessen (Bild 7.9) [7.1].

Wesentlich ist, dass die Schwingungsgröße bis 0 Hz bestimmt werden kann. Es ist eine statische Kalibrierung möglich. Besonders die magnetische oder optische berührungslose Kopplung ist von Bedeutung.

Mit *Absolutbewegungsaufnehmern* wird die Schwingungsgröße gegen ein gedämpftes Feder-Masse-System (seismische Masse) gemessen [7.1]. Der Ausschlag der Masse gegenüber ihrer Ruhelage infolge ihrer Trägheit entspricht dem absoluten Ausschlag.

Die diesbezüglichen Möglichkeiten zur Messung des absoluten Schwingwegs, der Schwinggeschwindigkeit und der Schwingbeschleunigung zeigt Bild 7.10 [7.1].

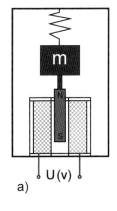 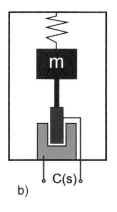 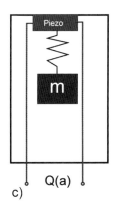

a)   b)   c)

Bild 7.10: Schwingungsmessung mit Absolutbewegungsaufnehmern [7.1]
a) Schwinggeschwindig-
   keitsmessung
b) Schwingwegmessung
c) Schwingbeschleuni-
   gungsmessung

198

Für Beschleunigungsmessungen muss dabei die Bedingung

$\omega \ll \omega_0$ und kleine Dämpfung

mit
ω Kreisfrequenz des Messobjekts
ω_0 Eigenkreisfrequenz des Aufnehmers

gewährleistet sein.

Nachfolgend werden nur diejenigen Sensoren betrachtet, die für die Formgebung und Verdichtung von Gemengen relevant sind.

Sensoren zur Erfassung des Schwingwegs
Mechanische Wegsensoren koppeln die Schwingungen aus dem Prozess über einen Stößel aus. Über induktive oder kapazitive Wegaufnehmer (siehe Abschnitt 7.2.1) können diese Bewegungen in ein elektrisches Signal umgewandelt und entsprechend Bild 7.8 weiterverarbeitet werden.

Die in Abschnitt 7.2.1 dargestellten optischen Messverfahren sind ebenfalls zur Messung von Schwingwegen in besonderer Weise geeignet. Allgemein ist der Grad der integrierten Funktionen bei optischen Verfahren sehr hoch.

Sensoren zur Erfassung der Schwinggeschwindigkeit
Da auch die Geschwindigkeit eine relative Größe ist, bietet sich hierfür auch das induktive Verfahren an. Die Bewegung des Prozesses wird über einen mechanischen Stößel aus dem Prozess gekoppelt. Über das Eintauchen des Stößels in eine Spule wird dort eine Induktionsspannung erzeugt, die proportional zur Schwinggeschwindigkeit ist.

Sensoren zur Erfassung der Schwingbeschleunigung
Die Beschleunigung ist eine von Relativbewegungen unabhängige Größe. Sie kann über ihre Kraftwirkung nachgewiesen werden. Beschleunigungssensoren sind dementsprechend aufgebaut. Sie besitzen eine so genannte seismische Masse, die von einer Feder in der Ruhelage gehalten wird. Wirkt auf den Sensor von außen eine Beschleunigung, so wird diese über die Feder auch auf die Masse übertragen. Die Masse wird aus der Ruhelage ausgelenkt. Die Größe der Auslenkung ist ein Maß für die Beschleunigung.

Der allgemeine Aufbau eines solchen Beschleunigungssensors ist aus Bild 7.11 zu ersehen.

Am häufigsten findet man in den Beschleunigungs-Sensoren so genannte PZT-Elemente (Blei-Zirkon-Titanat-Elemente) (Bild 7.12). Hierbei handelt es sich um einen piezoelektrischen Werkstoff. Dieser hat die Eigenschaft, bei einwirkender Kraft Ladungen abzugeben bzw. aufzunehmen. Dabei ist die von der Kraft umgesetzte Verformung ε sehr gering. Eine mit dem PZT-Element fest verbundene seismische Masse wird bei

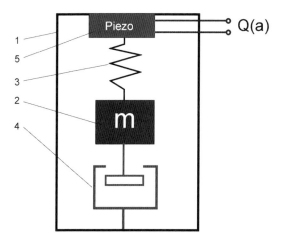

Bild 7.11: Allgemeiner Aufbau
eines Beschleunigungssensors [7.2]
1 Gehäuse
2 seismische Masse m
3 Federkonstante c
4 Dämpfungskonstante b
5 Messsystem

einer von außen wirkenden Beschleunigung eine Kraft auf das PZT-Element ausüben. Dieses gibt eine zur Beschleunigung proportionale Ladung ab. Aufgrund der hohen Federsteifigkeit des PZT-Elements haben diese Sensoren auch in einem sehr breiten Frequenzbereich einen konstanten Übertragungsfaktor.

Ein weiterer Vorteil des Ladungsausgangs besteht in der Störungsunterdrückung bei Einwirkungen elektrischer Felder auf die Messleitungen zwischen Sensor und Ladungs-Verstärker.

Je nach Anwendungsgebiet unterscheiden sich die Sensoren vorwiegend in Form und Masse. So haben z.B. solche Sensoren, mit denen sehr kleine Schwingungsamplituden an Objekten mit sehr großen Massen (z.B. Fundamentschwingungen) gemessen werden, eine verhältnismäßig große Masse (ca. 500 bis 1.000 g). Im Gegensatz dazu sind Beschleunigungssensoren zur Messung von großen Beschleunigungen sehr leicht.

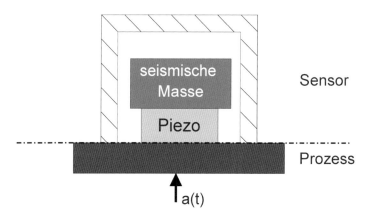

Bild 7.12: Piezo-elektrischer
Beschleunigungs-Sensor

Bild 7.13: Unterschiedliche Größe von piezo-elektrischen Beschleunigungssensoren

Bild 7.14: Präzisionsstahlkörper mit Anordnung der Sensoren in drei orthogonalen Achsen

Eine Auswahl derartiger Sensoren ist aus Bild 7.13 zu ersehen. Vibrationsaufnehmer für die unterschiedlichsten Einsatzzwecke sind in [7.1] ausführlich dargestellt.

Die Ankopplung von drei seismischen Beschleunigungsaufnehmern über einen speziellen Präzisionskörper erlaubt die gleichzeitige Messung in drei orthogonalen Achsen (Bild 7.14).

Inzwischen sind auch Vibrationsaufnehmer für triaxiale Messungen auf dem Markt. Der nachfolgend dargestellte Ablauf einer Schwingungsmessung gilt sinngemäß für die Erfassung aller in 7.2 genannten physikalischen Kenngrößen.

7.2.2.2 Ablauf einer Schwingungsmessung

Ziel der Schwingungsmessung ist die zuverlässige Erfassung von Messwerten, um mit diesen eine Abbildung des Bewegungsverhaltens des Prozesses zu bekommen. Hierbei kommt es zum einen darauf an, die physikalischen Bewegungsgrößen in ihren absoluten Werten zu erfassen, und zum anderen, den zeitlichen Verlauf so genau wie nötig zu ermitteln.

Die Messdatengewinnung gliedert sich in folgende Phasen:

1. Festlegung der Messaufgabe
2. Auswahl und Vorbereitung der Messtechnik
3. Aufbau der Messtechnik
4. Durchführung der Messregime
5. Auswertung der Messergebnisse

a) Festlegung der Messaufgabe
Zunächst müssen die Messpunkte bestimmt werden, an denen mit den Sensoren die Messwerte zu erfassen sind. Dabei sind drei Fragen zu klären:

1. Welche Messgröße gilt es zu erfassen?
2. Werden an diesen Messpunkten Schwingungen auftreten, die für die Untersuchungen relevant sind?
3. Können die Sensoren an diesen Messpunkten so angebracht werden, dass keine Behinderung des Prozesses entsteht und auch eine Beschädigung der Sensoren und Kabel vermieden wird?

Zusätzlich zur Anbringung der Sensoren ist auch zu klären, welche Zustände der Prozess für die Messaufgabe einzunehmen hat.

b) Vorbereitung der Messtechnik
Um die Messtechnik entsprechend vorbereiten und einrichten zu können, sind Vorabinformationen über den Prozess einzuholen, z. B.:

– Welche Beschleunigungen werden erwartet?
– In welchem Frequenzbereich sind die Messwerte zu analysieren?
– Wie lang soll die Aufzeichnungszeit sein?
– Mit welchen Störungen muss gerechnet werden?

Anhand dieser Informationen sind die Sensoren, Verstärker, Kabel, Aufzeichnungs- und Auswerteeinheiten auszuwählen.

Die Messkette muss in dieser Phase bereits einmal aufgebaut werden, um die Kalibrierung durchführen zu können. Es sei darauf verwiesen, dass jeder Verstärker, jede aktive und passive elektrische Einheit (also auch Kabel und Stecker) in der Messkette vom Sensor bis zur Auswerteinheit einen eigenen Frequenzgang hat. Auf der Grundlage des gesamten Frequenzgangs der endgültigen Messkette wird die Kalibrierung vollzogen. Eine derartige Messkette ist in Bild 7.15 dargestellt.

c) Aufbau der Messtechnik
Die Anbringung der Sensoren am Messobjekt muss zuverlässig sein, um ein Lockern oder Lösen während des Prozesses auszuschließen. Hierfür sind die Messpunkte entsprechend vorzubereiten.

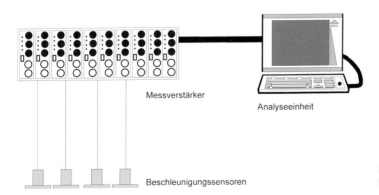

Messverstärker

Analyseeinheit

Beschleunigungssensoren

Bild 7.15: Messkette für Beschleunigungsmessungen

Die Kabel sind so zu verlegen, dass sie während des Prozesses durch sich bewegende Maschinenteile nicht beschädigt oder vom Bedienpersonal zertreten werden. Durch eine kurze Kabelführung vom Sensor bis zur Auswerteinheit sind die Einwirkungen von elektromagnetischen Feldern zu minimieren. Die Auswerteinheit ist geschützt aufzustellen. All diese Forderungen lassen sich in der Praxis nie vollständig erfüllen. Anhand von Erfahrungen findet der Messtechniker einen Kompromiss.

d) Durchführung der Messregime
Es ist meist notwendig, den Prozess in verschiedenen Zuständen zu untersuchen. Als Messregime wurden diese bei der Festlegung der Messaufgabe spezifiziert. Für die Abarbeitung der Messregime ist eine enge Abstimmung mit dem Anlagenfahrer erforderlich. Es sei hierbei erwähnt, dass oftmals zur Durchführung der Messungen bestehende Sicherheitsmechanismen an der Anlage ausgeschaltet werden müssen. Deshalb ist auch den Abläufen in der Umgebung besondere Aufmerksamkeit zu widmen!

Für eine spätere Auswertung sind alle bemerkenswerten Randbedingungen, die während der Messung festgestellt wurden, zu protokollieren.

Die Messwerterfassung ist zu beobachten. Bei eventuell auftretenden Störungen ist das Messregime zu wiederholen. Jedes Regime sollte mehrfach erfasst werden, um bei der Auswertung eine Reproduzierbarkeit nachweisen zu können.

7.2.2.3 Auswertung der Messergebnisse
Das Ergebnis der messtechnischen Untersuchungen ist in einem Protokoll niederzulegen. Für Standard-Messungen, die zur Erstellung eines Gutachtens erfolgen, werden Form und Inhalt eines solchen Protokolls in entsprechenden gesetzlichen Vorschriften (DIN, VDI, EN) geregelt.

Grundsätzlich ist in jedem Messprotokoll die Messpunktanordnung zu dokumentieren. Um später einmal den Bezug zu den Messwertdiagrammen herstellen zu können, ist dabei die Wirkrichtung der Sensoren unbedingt anzugeben.

Die Auswertung der Messergebnisse kann im Zeitbereich oder im Bildbereich erfolgen. Die Auswertung im Zeitbereich gibt einen Überblick über eventuelle Schwebungen, zeitlichen Versatz zweier periodischer Signale, Anfahr- und Abklingvorgänge. Mit entsprechenden Werkzeugen lassen sich im Zeitbereich ganz gezielt bestimmte Intervalle selektieren, um diese im Bildbereich weiter zu untersuchen.

a) Zeitbereich
Das Auftreten von Schwebungen bei der Überlagerung von Schwingungen von 60 Hz und 63 Hz ist in Bild 4.25 dargestellt. Bild 7.16 zeigt das Anfahrverhalten eines Schwingungssystems mit zunehmender Frequenz.

Aus Bild 7.17 ist die Phasendifferenz zwischen zwei Messsignalen ersichtlich.

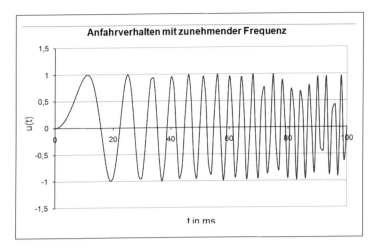

Bild 7.16: Anfahrverhalten
eines Schwingungssystems

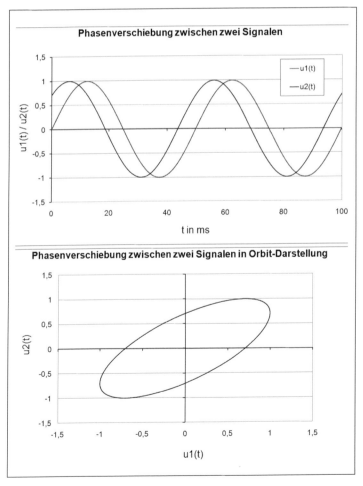

Bild 7.17: Phasendifferenz
zwischen zwei Messsignalen

b) Bildbereich

Ein Vorgang wird allgemein mit der zeitlichen Veränderung eines Merkmals beschrieben. Mit einer entsprechenden Transformation wird ein zeitlich veränderliches Merkmal in den so genannten Bildbereich überführt. Hier erfolgt die Beschreibung des Vorgangs mit anderen Merkmalen. Die Identifikation des Vorgangs anhand der transformierten Merkmale ist jedoch gegeben. Die mit Hilfe der Transformation verfügbaren Merkmale bieten oft eine höhere Informationsdichte und eignen sich besser zum Vergleichen der Vorgänge untereinander.

Für die Analyse periodischer Vorgänge eignet sich in besonderer Weise die Fourier-Transformation.

Grundgedanke ist hierbei, dass sich jedes periodische Signal aus einer Summe von Einzelschwingungen mit verschiedenen Frequenzen, Amplituden und Phasenlagen zusammensetzt.

Die drei Größen

f   Frequenz,
â   Beschleunigungsamplitude und
φ Phasenwinkel

bilden für die Beschreibung des Vorgangs im Bildbereich die Informationsgrundlage und werden mit Amplituden- bzw. Phasen-Frequenz-Diagrammen dargestellt. Für die Analyse von Schwingungsvorgängen findet hauptsächlich das Amplituden-Frequenz-Diagramm Anwendung. Eine derartige Darstellung findet sich bereits in Bild 4.22. Es wird deutlich, wie klar sich die Informationen über einen Schwingungsvorgang mit Fourier-Transformation darstellen lassen.

Aus der reinen Betrachtung des Zeitsignals in Bild 4.22 ist nicht ersichtlich, dass es sich bei diesem Vorgang um eine Schwingung handelt, die sich aus vier Frequenzen zusammensetzt, wobei die Frequenzanteile auch noch unterschiedlich stark vertreten sind.

Die Bedeutung der Analyse von periodischen Vorgängen hinsichtlich ihrer frequenzspektralen Zusammensetzung wird deutlich, wenn man davon ausgeht, dass Schwingungen mit unterschiedlichen Frequenzen und Amplituden auf ein anderes Schwingungssystem unterschiedlich stark einwirken können. Dieser Tatsache entsprechend sind auch in den geltenden Vorschriften zur Bildung von Beurteilungspegeln Bewertungsfunktionen festgelegt.

Ein Schwingungsvorgang stellt in vielen praktischen Fällen eine Wechselbelastung dar. Dabei sind die Zeitintervalle, in denen die Beanspruchung wechselt, sehr kurz gegenüber dem gesamten Einwirkungszeitraum. Für eine in den meisten Fällen ausreichende Beschreibung der Beanspruchung kann der so genannte Effektivwert der jeweiligen Größe herangezogen werden. Der Effektivwert ist der Wert, mit dem eine zeitlich konstante Größe im betrachteten Einwirkungszeitraum die gleiche Arbeit verrichtet wie die zu betrachtende Wechselgröße. Informationen über die Frequenzanteile in der Wechselgröße gehen verloren.

7.2.3 Messung von Dehnungen und daraus abgeleitete Größen

Dehnmessstreifen (DMS) sind Wegaufnehmer, die eine mechanische Verformung in einen elektrischen Widerstandswert umwandeln [7.1]. Dieser Widerstand eines elektrischen Leiters ergibt sich aus:

$$R = \rho \cdot \frac{4\,l}{\pi d^2} \tag{7.4}$$

mit
R elektrischer Widerstand
ρ spezifischer Widerstand
l Länge des Leiters
d Durchmesser des Leiters

Die einzelnen Einflussgrößen haben unterschiedlichen Einfluss auf die Änderung des Gesamtwiderstands. Als *Dehnung* ε wird die relative Längenänderung bezeichnet:

$$\varepsilon = \frac{\Delta l}{l} \tag{7.5}$$

Das Verhältnis der relativen Querkontraktion zur relativen Längenänderung ist die *Poissonsche Zahl* μ:

$$\mu = \frac{\frac{\Delta d}{d}}{\frac{\Delta l}{l}} \tag{7.6}$$

Nach [7.1] gilt für die relative Widerstandsänderung in erster Näherung

$$\frac{\Delta R}{R} = k \cdot \varepsilon \tag{7.7}$$

mit

$$k = \frac{\frac{\Delta R}{R}}{\varepsilon} = \left(\frac{\frac{\Delta \rho}{\rho}}{\varepsilon} + 1 + 2\mu \right) \tag{7.8}$$

wobei der k-Faktor die Empfindlichkeit des DMS beschreibt.

Diese Zusammenhänge gelten in gleicher Weise für alle Ausführungsformen von Dehnmessstreifen. Sie werden normalerweise fest auf einen Verformungskörper aufgeklebt.

Dabei wird prinzipiell zwischen Metall-Dehnmessstreifen und Halbleitermessstreifen unterschieden. Die verschiedenen Ausführungsformen von Dehnmessstreifen und ihre Anwendungen werden in [7.1] und [7.2] ausführlich beschrieben.

Mit Dehnmessstreifen ist die Messung von Dehnungen und allen anderen Größen möglich, die sich auf Dehnungen zurückführen lassen. Beispielsweise sind das Massen, Kräfte, Beschleunigungen und Drehmomente. Zu beachten ist dabei der Temperatureinfluss auf die Messung. Zu dessen Reduzierung gibt es mehrere Möglichkeiten [7.1].

Bei der Messung von Größen, die sich auf Dehnungen zurückführen lassen, kann der Verformungskörper konstruktiv der Messaufgabe angepasst werden. In solchen Fällen werden häufig Brückenschaltungen (Halbbrücken oder vorwiegend Vollbrücken), also das Differenzprinzip zur Unterdrücken von Gleichtaktstörungen, angewendet.

Bei speziellen Aufgabenstellungen, wenn also beispielsweise die Messung einer lokalen Dehnung an einem Bauteil erforderlich ist, können Referenz- oder selbsttemperaturkompensierende Dehnungsstreifen angewendet werden.

Die Aufgabe von Messungen an Formgebungs- und Verdichtungsausrüstungen besteht häufig darin, die tatsächlichen dynamischen Belastungen an bekannten kritischen Stellen der Ausrüstung messtechnisch in Form von Dehnungsmessungen zu erfassen und aus den Messergebnissen Werte zu den auftretenden Materialspannungen zu gewinnen. Hieraus und aus dem Vergleich mit den im speziellen Fall vorliegenden ertragbaren Spannungen der beanspruchten Struktur lassen sich Aussagen über notwendige konstruktive Änderungen treffen.

Für spezielle Fälle können hierzu beispielsweise Rosetten-Dehnmessstreifen zum Einsatz kommen, die eine Bewertung von zweiachsigen Spannungszuständen mit unbekannten Hauptrichtungen ermöglichen. Sie werden auf das zu untersuchende Bauteil aufgeklebt. Bild 7.18 zeigt einen der zum Einsatz gekommenen Sensoren.

Bild 7.18: Rosetten-DMS

Diese Rosetten bestehen aus jeweils drei Einzeldehnmessstreifen, die im Winkel 0°, 45° und 90° angeordnet sind. Durch diese Anordnung der DMS ist es möglich, im zweiachsigen Spannungszustand die Hauptrichtungen der Materialspannungen aus den Einzelsignalen der Messstreifen zu berechnen.

Die DMS sind jeweils mit einem Ergänzungswiderstand zu einer Wheatstoneschen Halbbrücke geschaltet. Diese Halbbrücke liefert eine der Materialdehnung proportionale Ausgangsspannung, welche mittels DMS-Verstärker verstärkt, gefiltert und digitalisiert wird (Bild 7.19).

Bild 7.20 zeigt die Anbringung dieser Dehnmessstreifen an zwei Messpunkten.

Aus Bild 7.21 ist beispielhaft der Zeitverlauf der Vergleichsspannung am Messpunkt 1 bei einer Erregerfrequenz von 45 Hz ersichtlich, der aus den Dehnungsmessungen berechnet wurde.

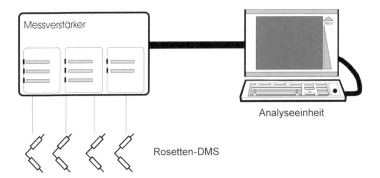

Bild 7.19: Messkette für Dehnungsmessungen

Bild 7.20: Anordnung zweier Dehnmessstreifen

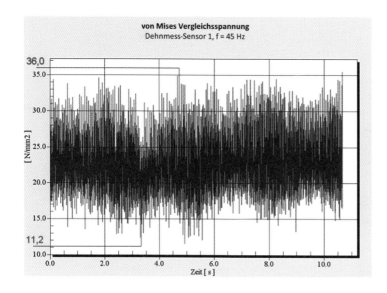

Bild 7.21: Vergleichsspannung nach von Mises am Messpunkt 1 bei 45 Hz

Diese Ergebnisse bilden, wie bereits erwähnt, die Grundlage für weitere Überlegungen zur Gestaltung der Formgebungs- und Verdichtungsausrüstung.

Dehnmessstreifen für unterschiedliche Einsatzzwecke werden in [7.1] ausführlich dargestellt.

7.2.4 Messen von Kräften

Für das Messen von Kräften kommen

– piezoelektrische Kraftaufnehmer,
– magnetoelastische Kraftmessaufnehmer,
– induktive, kapazitive und DMS-Kraftmessaufnehmer sowie
– Schwingseitenaufnehmer

in Frage [7.1].

Für die bei Formgebungs- und Verdichtungsprozessen von Gemengen vorwiegend auftretenden dynamischen Kräfte sind für deren Messung insbesondere piezoelektrische Aufnehmer geeignet.

Der piezoelektrischen Effekt besagt, dass an elektrisch polarisierten Kristallen wie Quarzkristall oder Piezokeramik bei mechanischen Beanspruchungen in definierten Richtungen elektrische Ladungen auftreten [7.1]. Die an den Elektroden des piezoelektrischen Kraftaufnehmers auftretenden Ladungen verhalten sich proportional zur einwirkenden Kraft (Bild 7.22).

209

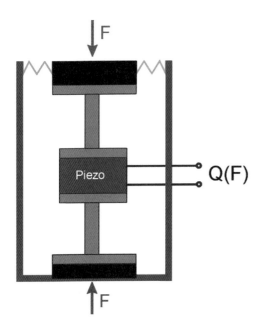

Bild 7.22: Aufbau eines piezoelektrischen
Kraftaufnehmers [7.2]

Der Kristall wird als geladener Kondensator angesehen, an dem die Spannung U gemessen werden kann (7.9) [7.1]:

$$U = \frac{Q}{C}$$ (7.9)

mit
U Spannung
Q Ladungsmenge
C Kapazität

In [7.1] werden in Form von Kraftaufnehmerfamilien Kraftaufnehmer für unterschiedlichste Einsatzbedingungen dargestellt.

Bild 7.23 zeigt einen Piezo-Kraftaufnehmer, der für die Messung dynamischer Druckkräfte bis zu 30 kN eingesetzt werden kann.

Der im Sensor genutzte Piezo-Effekt bewirkt eine Ladungsverschiebung und damit die Entstehung einer piezoelektrischen Spannung bei elastischer Verformung des Piezo-Kristalls. Das ständige Abfließen der bei Belastung entstandenen Ladungen führt dazu, dass diese Sensoren für die Messung statischer Lasten eher ungeeignet sind, dynamische Lastwechsel jedoch sehr gut erfasst werden können.

Die Umwandlung der piezoelektrischen Ladungsverschiebung in ein auswertbares Messsignal erfolgt mittels spezieller Ladungsverstärker (Bild 7.24).

Bild 7.23: Piezokeramischer Kraftsensor

Bild 7.25 zeigt einen Kraftsensor in Ausführung als Membran-Kraftaufnehmer, der mit Dehnmessstreifen (siehe auch Abschnitt 7.2.3) ausgerüstet ist. Dieser Sensor ist für die Messung statischer oder dynamischer Druckkräfte bis zu 25 kN geeignet.

Die Umwandlung der Signale der intern eingesetzten Dehnmessstreifen in ein auswertbares Messsignal erfolgt mittels spezieller DMS-Verstärker. Der im Bild 7.25 abgebildete Kraftsensor kommt an dem im Abschnitt 7.3.1 beschriebenen servohydraulischen Prüfstand (Bild 7.34) zur Regelung und Dokumentation der eingeleiteten Kräfte zum Einsatz.

7.2.5 Messung akustischer Größen

Eine wesentliche Grundlage für effektive Maßnahmen zur Lärmabwehr ist die zielgerichtete messtechnische Erfassung von Schallereignissen und deren Bewertung [7.1]. Dies trifft in besonderer Weise auf die Formgebung und Verdichtung von Gemengen zu, da hier die mit Lärmemission verbundenen eingeleiteten Schwingungen häufig das

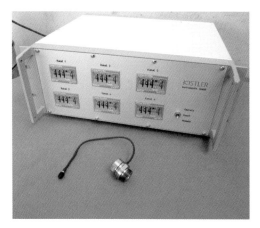

Bild 7.24: Piezokeramischer Kraftsensor und Ladungsverstärker

Bild 7.25: DMS (Dehnmessstreifen)-Kraftsensor für eine Nennkraft von 25 kN

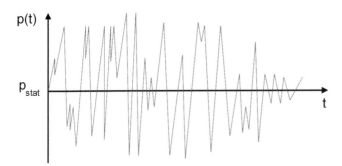

Bild 7.26: Schalldruck-Zeitfunktion
$p_=$ statischer Umgebungsdruck
($p_= \approx 10^5$ Pa = 1.000 hPa)

Arbeitsprinzip darstellen. Die zentrale Kenngröße der akustischen Messungen ist der Schalldruckpegel L_p, der häufig auch kurz als Schallpegel bezeichnet wird. Die Messung des Schalldruckpegels und daraus abgeleitete Kenngrößen bilden die Grundlage für die Beurteilung akustischer Situationen.

Grundlage für die Ermittlung des Schalldruckpegels L_p ist der Schalldruck p(t). Er stellt die sich wellenartig ausbreitenden Luftdruckschwankungen dar, die dem statischen Umgebungsdruck $p_=$ überlagert sind. Diese werden im Frequenzbereich von 16 Hz bis ca. 20 kHz vom menschlichen Gehör als Schall wahrgenommen.

Die Verläufe realer Schallereignisse stellen Zeitfunktionen des Schalldrucks p(t) dar, die nicht in einfacher Weise mit analytischen Funktionen beschrieben werden können (Bild 7.26) [7.1].

Für eine in der Praxis brauchbare Darstellung muss die in der Schalldruck-Zeit-Funktion enthaltene Information verdichtet werden. Ziel dieser Informationsverdichtung ist die Kennzeichnung des gesamten Schallereignisses durch eine einfache Zahl, die beispielsweise mit einem Grenzwert verglichen werden kann.

Dies erfolgt durch zwei Maßnahmen:

– Abbildung der Schalldruckamplituden in einem logarithmischen Pegelmaßstab
– Mittelwertbildung des Pegelverlaufs bei zeitlich ausgedehnten Schallereignissen [7.1]

Dabei werden nicht nur physikalisch-mathematische Gesichtspunkte berücksichtigt, sondern es wird in erster Linie auf Grundfunktionen des Hörvorgangs und der subjektiven Wahrnehmung von Schallereignissen Bezug genommen [7.1].

Der Schalldruckpegel ist wie folgt definiert:

$$L_p = 10 \lg \frac{\tilde{p}^2}{\tilde{p}_0^2} \; dB \tag{7.10}$$

mit
$\tilde{p}$ Effektivwert des Schalldrucks
$\tilde{p}_o$ Bezugsschalldruck ($\tilde{p}_o = 2 \cdot 10^{-5}$ Pa)

Dabei sind folgende grundlegende Eigenschaften der Hörbewertung einbezogen:

– Orientierung des Bezugsschalldrucks an der maximalen Hörempfindlichkeit
– Kurzzeiteffektivwertbildung
– logarithmischer Anstieg gemäß dem Zusammenhang zwischen Reizstärke und Sinneseindruck sowie der wahrnehmbaren Stufung

Der Schalldruckpegel ist eine dimensionslose Größe. Der Zusatz „dB" (Dezibel) macht deutlich, dass Schalldruckpegelwerte vorliegen.

Bei der Ermittlung des Schalldruckpegels können zusätzlich in Gleichung (7.10) noch nicht enthaltene Effekte der Schallwahrnehmung oder andere Gesichtspunkte Berücksichtigung finden. Dies betrifft nach [7.1] die Frequenzbewertung und die Zeitbewertung. In [7.1] werden weitere Zusammenhänge wie

– Maximalwerte des Schalldruckpegels,
– Addition von Schalldruckpegeln und
– Mittelwerte des Schalldruckpegels

erläutert.

Die messtechnische Erfassung des Schalldruckpegels basiert auf den in Bild 7.27 gezeigten prinzipiellen Signalverarbeitungsstufen [7.1].

Diese Geräte sind häufig als Handschallpegelmesser für den mobilen Einsatz gestaltet. Bild 7.28 zeigt hierzu beispielsweise den Brüel & Kjaer 2260 Investigatior™.

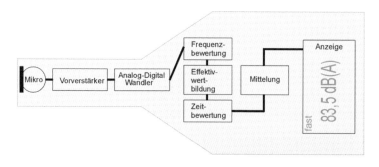

Bild 7.27: Grundfunktionen eines Schallpegelmessers

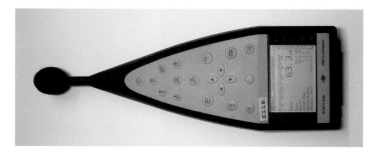

Bild 7.28: Brüel & Kjaer 2260 Investigatior™

213

Dieses Gerät, ein handgehaltener, programmierbarer Schallanalysator, ist für folgende Anwendungen geeignet:

– Messungen im Arbeits- und Umweltschutz
– detaillierte Oktav- und Terzbandanalyse in Echtzeit
– Lärmüberwachung/Langzeitmessungen
– bauakustische Messungen
– Schallleistungsbestimmungen
– Schallintensitätsmessungen
– Beurteilung von Maßnahmen zur Lärmbekämpfung
– Datenerfassung vor Ort für die späteren Analyse
– FFT-Analyse

Eine interessante Möglichkeit zur Erfassung von Schallereignissen stellt der Einsatz einer akustischen Kamera dar. Bild 7.29 zeigt die zugehörige Messtechnik mit 36 Messmikrofonen im Einsatz.

Die typische Messentfernung dieses Mikrofonarrays beträgt 3 bis 300 m, wodurch sich diese Messtechnik besonders für den Einsatz in und an Produktionsanlagen eignet. Mit dem Stern-Array können Lärmquellen im Frequenzbereich von 100 Hz bis 6 KHz geortet werden. Bild 7.30 zeigt den typischen Messaufbau und das Ergebnis einer Messung mit einer Lärmkamera an einer Großrohrform zur Fertigung von Betonrohren.

Bei solchen Messungen werden durch eine Mikrofonarray die Schallwellen der zu bewertenden Maschine aufgezeichnet und deren Phasen und Frequenzgänge zueinander ausgewertet. Das Ergebnis der Berechnungen ist eine Falschfarbdarstellung der dominierenden Schallquellen im betrachteten Bildausschnitt, dem zur besseren Visua-

Bild 7.29: Akustische Kamera im Einsatz

Bild 7.30: Typische Messanordnung (links) und Ergebnisdarstellung (rechts) einer Messung mittels Lärmkamera an einer Großrohrform

lisierung ein optisches Bild überlagert wird. Die rechte Seite von Bild 7.30 zeigt eine solche Falschfarbdarstellung der wesentlichen Schallquellen einer Großrohrform bei eingeschalteten Vibratoren, die sich als Hauptlärmquelle deutlich abzeichnen. Die ebenfalls als Lärmquelle sichtbaren Flecken auf dem Boden vor der Rohrform sind Spiegelungen der eigentlichen Lärmquellen und könnten durch geschicktes Eingrenzen des auszuwertenden Bildausschnitts ausgeblendet werden. Weitere Lärmquellen werden in ungenügend fixierten Anbauteilen (Verschraubungen) gesehen.

7.3 Experimentelle Untersuchungen

Aufgrund der in Kapitel 7 eingangs dargestellten sechs Phasen bei der systematischen Untersuchung von Formgebungs- und Entwicklungsprozessen sind experimentelle Untersuchungen an unterschiedlichen technischen Ausrüstungen erforderlich. Das betrifft:

- labortechnische Ausrüstungen (Phase 2)
- kleintechnische Ausrüstungen (Phase 4 und 5)
- großtechnische Ausrüstungen (Phase 5 und 6)

Die nachfolgenden diesbezüglich ausgewählten Darstellungen basieren auf eigenen Erfahrungen der Autoren bezüglich der Formgebung und Verdichtung von Gemengen, vorwiegend von Betongemengen, und sind als Beispiele für experimentelle Untersuchungen zu sehen.

7.3.1 Labortechnische Ausrüstungen

Im labortechnischen Maßstab erfolgen zunächst die Untersuchungen, die die Ermittlung von Kenngrößen und Kennwerten für die Beschreibung des Verarbeitungsverhal-

Bild 7.31: Labortechnischer Versuchstand
TiraVib II

tens von Gemengen beinhalten. Hierauf wurde im Kapitel 2 bereits ausführlich eingegangen.

In diesem Rahmen kommt es aber auch entsprechend der vorstehend beschriebenen Phase 1 darauf an, das bei der Modellierung und Simulation ermittelte Verhalten
von Gemengen labortechnisch zu überprüfen und zu verifizieren. Hierauf wird im Abschnitt 7.4 nochmals ausführlicher eingegangen.

Eine diesbezüglich vielseitig anwendbare Versuchseinrichtung stellt der bereits in den
Bildern Bild 2.43 und 2.44 (siehe Abschnitt 2.5.2) gezeigte *Schwingungsprüfstand
TiraVib* dar. Mit dem elektrodynamischen Vibrationserreger TiraVib II (Bild 7.31) können
folgende Einwirkungsgrößen und -kennwerte auf das Gemenge realisiert werden:

– Tischfrequenzen von 0 bis 3.000 Hz
– Tischbeschleunigungen von 0 bis 50 g
– maximaler Weg (Spitze-Spitze) 20 mm
– unterschiedliche Erregerfunktionen:
  • harmonisch
  • impulsartig mit unterschiedlichen Funktionen
  • Impulsfolgen
– Nennkraft 6.400 N
– unterschiedliche Auflastdrücke
– maximale Nutzlast 150 kg

Bewegungsgröße	Erregerfrequenz			Tabelle 7.1: Erreichbare
	30 Hz	60 Hz	120 Hz	Bewegungskennwerte bei einem Prüfkörper von
max. Wegamplitude	9,9 mm	2,5 mm	0,6 mm	10 kg Masse
max. Beschleunigungsamplitude	350 m/s²			

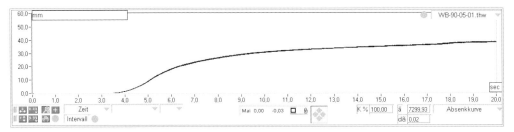

Bild 7.32: Absenkkurve eines Betongemenges bei Tischvibration mit einer Beschleunigung von 5 g und einer Erregerfrequenz von 90 Hz

Erreichbare Bewegungskennwerte bei einem Prüfkörper von 10 kg Masse zeigt Tabelle 7.1.

Mit Hilfe einer Lasermessung erfolgt während der Untersuchungen die Ermittlung des Absenkverhaltens der Gemengeoberfläche und damit der Rohdichteentwicklung in Abhängigkeit von der Zeit (siehe auch Bild 1.1).

Bild 7.32 zeigt eine derartige Absenkkurve für ein Betongemenge. Aus Bild 7.33 ist ein entsprechender Probekörper während des Verdichtungsvorgangs ersichtlich.

Für labortechnische Untersuchungen des Verhaltens von Gemengen beim statischen Pressen oder bei oszillierenden Druckeinwirkungen wurde ein *servohydraulischer Prüf-*

Bild 7.33: Probekörper während des Verdichtungsvorgangs

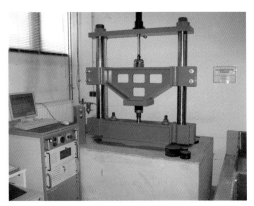

Bild 7.34: Ansicht des servohydraulischen Prüfstands

217

Bewegungsgröße	Erregerfrequenz			Tabelle 7.2: Erreichbare Bewegungskennwerte bei 10 kN Kraftbelastung
	10 Hz	30 Hz	80 Hz	
max. Wegamplitude	10 mm	2 mm	0,06 mm	
max. Beschleunigungsamplitude	40 m/s²	70 m/s²	15 m/s²	

stand entwickelt und aufgebaut, der auch für kraft- oder weggesteuerte Schwingungs-anregung geeignet ist (Bild 7.34).

Technische Daten sind:
- Erregerfrequenzbereich   0 ... 100 Hz
- maximale Kraft (Zug/Druck)
  - statisch   25 kN
  - dynamisch   20 kN

Erreichbare Bewegungskennwerte bei 10 kN Kraftbelastung sind Tabelle 7.2 zu entnehmen.

Wie im Abschnitt 8.3 noch darzustellen sein wird, ist dieser Versuchsstand auch in hervorragender Weise für die Ermittlung der Kennwerte von Gummifederisolatoren bei dynamischer Erregung geeignet.

7.3.2   Kleintechnische Ausrüstungen

Kleintechnische Versuchsstände verkörpern die in den Phasen 3 und 4 vorgenommene konstruktive Umsetzung der Ergebnisse aus den Phasen 1 und 2. Diese Ver-

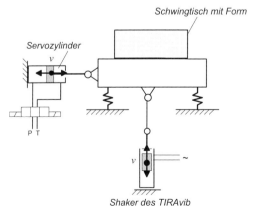

Bild 7.35: Kleintechnische Versuchseinrichtung zur zweidimensionalen Vibrationserregung: links kinematisches Schema; rechts Gesamtansicht

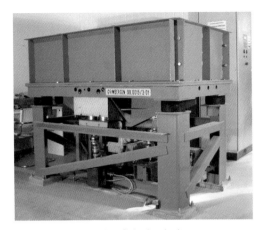

Bild 7.36: Sphärischer Schwingtisch

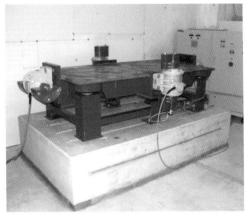

Bild 7.38: Schwingtisch mit niederfrequenter Vibration

suchsstände sind, wie bereits die Bezeichnung zum Ausdruck bringt, kleiner in ihren geometrischen Abmessungen. Sie sind nicht industriegerecht und nicht automatisiert. Andererseits sind sie flexibel, in ihren Parametern veränderbar und mit umfangreicher Messtechnik versehen.

Quasi als Übergang von einer labortechnischen zu einer kleintechnischen Versuchseinrichtung kann der in Bild 7.35 dargestellte Versuchsstand zur *zweidimensionalen Vibrationserregung* angesehen werden.

Dabei werden die vertikale Schwingungskomponente durch den im Bild 7.31 abgebildeten TiraVib II und die horizontale Schwingungskomponente durch einen Servozylinder erzeugt.

Im Bild 7.36 ist *ein Schwingtisch mit sphärischer Vibration* abgebildet. Es handelt sich dabei um einen biegesteifen Vibrationstisch mit variabel einstellbarer Vibration in drei Koordinatenrichtungen (sphärische Vibration).

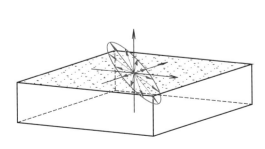

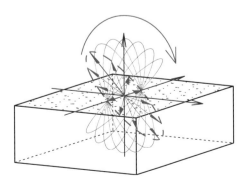

Bild 7.37: Beispiele für sphärische Schwingbewegungen

Technische Daten sind:
- Tischfläche   2.000 mm x 1.100 mm
- Erregerfrequenz   16 … 60 Hz
- Mindestbeschleunigung bei 30 Hz   ca. 5 g
- Beschleunigungsamplitude bei
  50 kg Nutzlast   200 m/s^2

Bild 7.37 zeigt Beispiele für sphärische Schwingbewegungen des Vibrationstischs.

Für die Untersuchung niederfrequenter Einwirkungen auf Gemenge wurde ein *Schwingtisch mit* variabel einstellbarer *niederfrequenter Vibration* in horizontaler und vertikaler Richtungen entwickelt und aufgebaut (Bild 7.38).

Technische Daten sind:
- Tischfläche   2.200 mm x 1.200 mm
- Erregerfrequenz
  - niederfrequent (NF)   3 … 17 Hz
  - mittelfrequent (MF)   40 … 100 Hz
- Vibrationsregime
  - NF horizontal
  - NF vertikal
  - NF horizontal / NF horizontal
  - NF horizontal / NF vertikal
  - MF vertikal

Erreichbare Bewegungskennwerte bei 200 kg Nutzlast zeigt Tabelle 7.3.

Die Versuchseinrichtung dient der Verifizierung von in Phase 3 entwickelten maschinendynamischen Lösungen (Bild 7.1) zur Realisierung niederfrequenter Einwirkungen auf Gemenge.

Bild 7.39 zeigt einen kleintechnischen Versuchsstand *Rollenkopfrohrfertiger* für Untersuchungen bei der Herstellung von Betonrohren. Er stellt eine kleintechnische Rohrmaschine unter Nutzung eines quasistatischen, radial wirkenden Verdichtungsprinzips dar für

- Nenngröße DN 300 des Rohrs
- Länge des Rohrs 1.000 mm und
- Wanddicke des Rohrs 60 mm.

bei Erregerfrequenz	8 Hz	17 Hz	50 Hz
max. Wegamplitude	6 mm	3,6 mm	0,4 mm
max. Beschleunigungsamplitude	15 m/s^2	40 m/s^2	35 m/s^2

Tabelle 7.3: Erreichbare Bewegungskennwerte bei 200 kg Nutzlast

Bild 7.39: Kleintechnischer Betonrohrfertiger

Bild 7.40: Ansicht der kleintechnischen
Steinformmaschine

Besonderheiten der Versuchseinrichtung sind:

– rotierender Verdichtungskopf mit schneckenförmiger Förderstrecke für Betonge-
mengetransport und -verdichtung
– gegenläufig drehender Glättkopf zur Ausbildung der innen liegenden Oberfläche
– zusätzliche Muffenverdichtung mittels Vibrationseinwirkung
– Herstellung einer zweiten Innenschicht (nass in nass) in einem Zug zur Erzielung besonderer Eigenschaften der Innenschicht (z. B. einer erhöhten Korrosionsbeständigkeit)
– getrennte Materialführung für Kern- und Sonderbeton bis zum Einbauort

Einen kleintechnischen Versuchsstand mit vielfältigen Untersuchungsmöglichkeiten
zur Formgebung und Verdichtung von Gemengen stellt eine *kleintechnische Steinformmaschine* dar (Bild 7.40). Sie dient zu experimentellen Untersuchungen bei der
Fertigung von kleinformatigen Produkten aus schüttgutartigen Gemengen. Dabei kann,
wie aus Bild 7.40 ersichtlich ist, auch die Schockvibration realisiert werden.

Die technischen Daten der Anlage sind:

– Masse Fertiger   5.800 kg
– Vibrationsregime
  • vier Unwuchtwellen mit schwingungstechnisch getrennt gelagerten Servomotoren
  • Drehzahl aller Unwuchtwellen und Phasenlagen zueinander einstell- und regelbar
    für Teilprozesse
  • Unwuchtmoment (gesamt)   0 … 902 kg · mm
  • Nennleistung Servomotore   4 x 13,2 kW

– Tischerregerfrequenz   30 … 80 Hz
– max. Tischerregerkraft   32 … 227 kN
– Auflastkraft   35 kN
– Formverspannkraft   52 kN
– Tischgröße   Breite 1.400 x Tiefe 1.100 mm
– lichtes Innenmaß   Breite 1.210 x Höhe 1.290 mm
– Besonderheiten
  • Teilprozesse eines Fertigungstakts programmierbar
  • universelle Füllwagen-Baugruppe
  • verschiedene Auflastregime realisierbar
  • Aufstellung auf federisoliertem Blockfundament
  • Masse Blockfundament   30.200 kg

Werte zur harmonischen Beschleunigung am leeren Tisch werden in Tabelle 7.4 aufgeführt.

Mit dieser kleintechnischen Versuchsanlage ist sowohl die Verifizierung von in den Phasen 3 und 4 entwickelten und maschinendynamisch untersuchten Baugruppen von Formgebungs- und Verdichtungssystemen als auch die experimentelle Untersuchung des Verdichtungsverhaltens von kleinformatigen Erzeugnissen aus schüttgutartigen Gemengen möglich. So wurden an diesem Versuchsstand beispielsweise auch die Grundlagenuntersuchungen für die Einführung der harmonischen Vibration bei Steinformmaschinen in die Praxis durchgeführt.

In Bild 7.41 ist die Untersuchung einer entwickelten *Füllwagen-Baugruppe* als Komponente der kleintechnischen Steinformmaschine zur Erlangung definierter Befüllungsregime bei der Herstellung von Betonwaren dargestellt.

Der Füllwagenantrieb erfolgt dabei elektromotorisch (Servomotor); die Füllwagenbewegung ist variabel und steuerbar, die Bewegungsregime programmierbar. Als Zusatzfunktionen existieren ein beweglicher (angetriebener) Füllrost und eine bewegliche (angetriebene) Füllwagenwand.

Bild 7.42 zeigt den Versuchsstand mit Schockvibration bei der *Fertigung von Probekörpern für die Herstellung feuerfester Erzeugnisse*.

Variierbare Größen zur Parametrierung am Versuchsstand waren

– die Erregerfrequenz,
– die Phasenverschiebung der rotierenden Unwuchten des Tischerregers zur Variation der Tischbeschleunigung,

bei Erregerfrequenz	40 Hz	60 Hz	80 Hz
max. Beschleunigungsamplitude	80 m/s^2	190 m/s^2	330 m/s^2

Tabelle 7.4: Beschleunigung am leeren Tisch (harmonisch)

Bild 7.41: Füllwagen-Baugruppe in der kleintechnischen Steinformmaschine

Bild 7.42: Fertigung von Probekörpern für feuerfeste Erzeugnisse auf dem Schockvibrationsstand

– der Klopfleistenabstand,
– der Auflastdruck und
– der Druck, mit dem die Form über Luftfedern auf Tisch und Brett verspannt wird.

7.3.3 Großtechnische Untersuchungen

Messtechnische Untersuchungen im großtechnischen Maßstab dienen, wie bereits vorstehend dargestellt, der Überführung und Überprüfung der in den Phasen 1 bis 5 gewonnenen Erkenntnisse quasi an Pilotanlagen.

Dabei kommt es darauf an, dass alle Komponenten des Formgebungs- und Entwicklungsprozesses vor Ort messtechnisch erfasst werden. Das betrifft sowohl die Gemengeeigenschaften als auch die Kenngrößen des technologischen Prozesses und dabei insbesondere die Einwirkungsgrößen auf das zu verdichtende Gemenge. Wichtig ist dabei, dass die während der Untersuchungen erhaltenen Ergebnisse fachkompetent verfolgt werden, um bei bestimmten Situationen sofort vor Ort reagieren und das Messprogramm korrigieren zu können.

Hierzu sollen zwei Beispiele genannt werden:

– niederfrequente Vibration bei der Herstellung von Betonfertigteilen
– harmonische Vibration bei der Fertigung von Betonwaren

a) Niederfrequente Vibration [7.3]
In Bild 7.1 (Phase 3) war ein kinematisches Schema entwickelt worden, mit dessen Anwendung eine gleichzeitige horizontale und vertikale niederfrequente Vibration realisiert werden kann.

Mit Hilfe des hierzu entwickelten und gebauten kleintechnischen Versuchsstands nach Bild 7.38 wurden günstige Einwirkungskennwerte für die Formgebung und Verdich-

Bild 7.43: Gesamtansicht
des Funktionsmusters

tung ermittelt. Auf dieser Basis wurde das in Bild 7.43 dargestellte Funktionsmuster konstruiert, gebaut und in einem Vorfertigungsbetrieb erprobt.

Ein Vibratorpaar zur Erzeugung der Schwingungen ist aus Bild 7.44 zu ersehen.

Die Sensorik an einem Exzenterlager zeigt Bild 7.45.

Bei den durchgeführten Untersuchungen konnte nachgewiesen werden, dass mit der angewendeten niederfrequenten Erregung die erwarteten, niedrigen Werte für die Lärmemission erreicht wurden, andererseits aber gleichzeitig durch die Kombination von horizontaler und vertikaler niederfrequenter Einwirkung bessere Verdichtungsergebnisse erzielt und geometrisch unterschiedliche Fertigteile gefertigt werden können.

Bild 7.44: Ansicht eines Vibratorpaars

Bild 7.45: Sensorik an einem Exzenterlager
A vertikaler Weg
B horizontaler Weg
C vertikale Beschleunigung

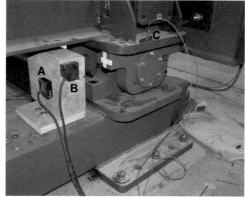

Bild 7.46: Harmonische Vibration
a) Computeranimation
b) Technische Realisierung

b) Harmonische Vibration

Bei der industriellen Fertigung von kleinformatigen Betonbauteilen hat sich allgemein die Schockvibration als Verdichtungsverfahren etabliert. Eine entsprechende Steinformmaschine wurde bereits im Bild 4.23 schematisch dargestellt. Bei diesem sehr wirksamen und hochproduktiven Verfahren gibt es jedoch Probleme hinsichtlich der optimalen Maschineneinstellung, der Reproduzierbarkeit der Produktqualität, dem Verschleiß und nicht zuletzt hinsichtlich der hohen Lärmemission. Diese Situation führte zur Entwicklung des harmonischen Vibrationsverdichtungsverfahrens für Steinformmaschinen [7.4]. Bild 7.46 zeigt hierzu die Realisierung der Tischvibration.

Mit diesem neuen Verdichtungssystem erfolgten, wie in [7.4] dargestellt, umfangreiche messtechnische Untersuchungen an einem Prototyp. Bild 7.47 zeigt hierzu beispielsweise den Schwingtisch mit Beschleunigungssensoren.

Bild 7.47: Schwingtisch mit installierter Sensorik

225

7.4 Überprüfung von Modellen

Modelle sind immer nur eine vereinfachte Abbildung der Realität. Die Gültigkeit und Aussagefähigkeit von Modellen ist stets durch experimentelle und messtechnische Untersuchungen zu überprüfen. Da dem Modell gewisse Aufgaben und Fragestellungen zu Grunde liegen, können auch nur diese Aspekte überprüft werden.

Bei vielen Modellen werden einschränkende Annahmen und Randbedingungen getroffen. Diese Annahmen können offen formuliert sein, wie z. B. die Annahme eines starren Körpers für einen elastisch gelagerten Vibrationstisch. Häufig werden aber auch stillschweigend Annahmen gemacht, z. B.

– eine konstante Winkelgeschwindigkeit einer Unwucht, die von einem Asynchronmotor angetrieben wird,
– die unendliche Steifigkeit eines raumfesten Auflagers oder
– die Verformungslosigkeit eines Maschinenrahmens oder einer Stahlform.

Zunächst ist also zu prüfen, ob das Modell in seinen Gültigkeitsgrenzen benutzt wird. Ein Modell für die harmonische Vibration eines Betonsteinfertigers gilt eben nur so lange, wie Tisch und Form fest miteinander verspannt sind.

Im zweiten Schritt sind die eigentlichen Zielgrößen (Rohdichte, Befüllung) oder geeignete Zwischengrößen (Beschleunigungen, Pressdrücke) zwischen Modellrechnung und Experiment zu vergleichen.

Eine größere Sicherheit kann im dritten Schritt mit der Überprüfung von Trendaussagen erreicht werden. Mit einem an einem Arbeitspunkt bereits gut mit der Realität übereinstimmenden Modell werden Trendaussagen bei Veränderung der Parameter berechnet. Diese Trends werden danach mit experimentellen Ergebnissen abgeglichen.

7.4.1 Formgebungs-/Fließmodelle

Die Geschwindigkeit von Fließprozessen und die Ausfüllung von Volumina können meist schon mit einfachen optischen Mitteln überprüft werden. Beim Befüllprozess an Betonsteinfertigern können z. B. die Massen in jeder Formkammer zwischen Modell und Experiment verglichen werden (Bild 7.48).

7.4.2 Verdichtungsmodelle

Zielgrößen von Verdichtungsmodellen sind die Rohdichten des Gemenges während und nach einem Verdichtungsprozess. Zur experimentellen Überprüfung können Endrohdichten oder damit zusammenhängende Größen, wie z. B. die Druckfestigkeit bei Festbeton benutzt werden. Ein zeitlicher Verlauf der Rohdichteentwicklung kann bei geometrisch bestimmten Verdichtungsvorgängen (Gemengevolumen mit Auflast) über die Messung der Absenkkurve gewonnen werden.

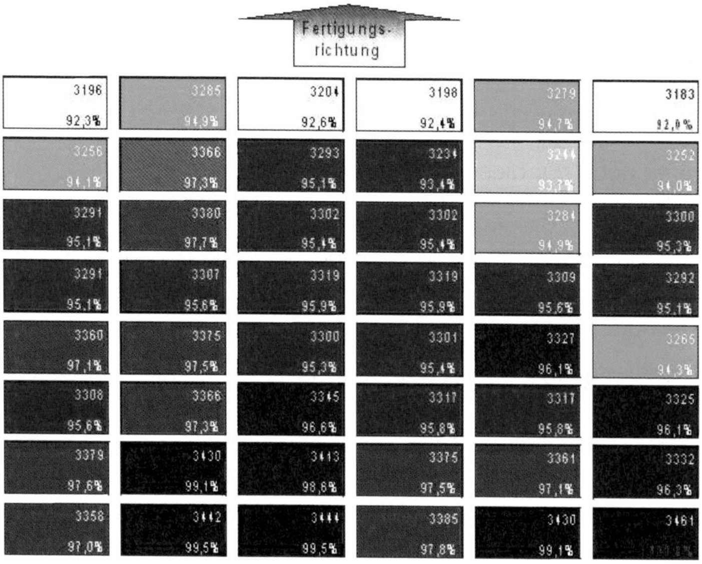

Fertigungs-
richtung

3196 92,3%	3285 91,9%	3204 92,6%	3198 92,4%	3279 94,7%	3183 92,0%
3256 94,1%	3366 97,3%	3293 95,1%	3234 93,4%	3244 93,7%	3252 94,0%
3291 95,1%	3380 97,7%	3302 95,1%	3302 95,1%	3284 94,9%	3300 95,2%
3291 95,1%	3307 95,6%	3319 95,9%	3319 95,8%	3309 95,6%	3292 95,1%
3360 97,1%	3375 97,5%	3300 95,3%	3301 95,4%	3327 96,1%	3265 94,3%
3308 95,6%	3366 97,3%	3345 96,6%	3317 95,8%	3317 95,8%	3325 96,1%
3379 97,6%	3430 99,1%	3443 98,6%	3375 97,5%	3361 97,1%	3332 96,3%
3358 97,0%	3442 99,5%	3444 99,5%	3385 97,8%	3430 99,1%	3461 100,0%

Ermittelte Größe:	[g]		[%]
Mittelwert:	3 321,55	Mittelwert:	96,0 %
Maximum:	3 461	Maximum:	100,0 %
Minimum:	3 183,00	Minimum:	92,0 %
Standardabw:	50,786	Standardabw:	1,51 %
Variationsbreite:	278,00	Variationsbreite:	8,0 %

Bild 7.48: Experimentell ermittelte Massen [7.10]

7.4.3 Schwingungsmodelle

Beinhaltet das Modell ein schwingungsfähiges System, so können mit Schwingungs-messungen entsprechende Vergleiche zwischen Modell und Experiment erfolgen.

Schon ein Vergleich von Eigenfrequenzen und Eigenformen kann wichtige Hinweise zur Abbildungsgenauigkeit von Schwingungsmodellen liefern. Die experimentelle Form der Eigenfrequenzbestimmung ist unter dem Namen experimentelle Modalanalyse bekannt, bei der z. B. mit einem Impulshammer das System zu Eigenschwingungen angeregt wird, die von Schwingungssensoren aufgenommen und entsprechend analysiert werden.

Die Berechnungsergebnisse von erzwungenen Schwingungen können mit messtech-nisch ermittelten Bewegungsgrößen verglichen werden. Im Fall harmonischer Schwin-gungen werden Bewegungsamplituden benutzt. Bei allgemeineren Zeitverläufen wer-den auch Maximalwerte verwendet.

In Abhängigkeit vom verwendeten Sensor werden Schwingwege, Schwinggeschwin-digkeiten oder Schwingbeschleunigungen gemessen. Die häufig für Schwingungs-messungen eingesetzten piezoelektrischen Sensoren liefern beschleunigungspropor-tionale Signale. Insbesondere Beschleunigungssignale können hochfrequente Anteile

227

enthalten, die im Zeitbereich eine Ermittlung der Amplitude für die zu vergleichende Frequenz erschwert. Wegsignale sind gegenüber hochfrequentem Körperschall weniger empfindlich, können jedoch bei Ermittlung aus Beschleunigungssignalen durch Integration im Zeitbereich größeren Fehlern unterliegen.

Für einen Amplitudenvergleich im Zeitbereich kann die Verwendung von geglätteten oder gefilterten Signalen notwendig sein.

Statt einer Ermittlung der Amplituden im Zeitbereich, liegt eine Amplitudenbestimmung im Frequenzbereich nah. Jedoch ist hier zu beachten, dass die Modellberechnung meist von einer einzelnen Frequenz ausgeht. Die Spektren, die durch eine FFT von Messsignalen erhalten werden, zeichnen die Amplitude in der interessierenden Frequenz nicht immer nur in einer einzelnen scharfen Linie ab.

Beim Vergleich der Amplituden von Berechnungsergebnissen mit Messergebnissen ist daher schon der Aufbereitung der Messergebnisse besondere Beachtung zu schenken. Ein Vergleich wird informativer und aussagefähiger, wenn nicht nur ein Messpunkt bei einer Erregerfrequenz verglichen wird. Insbesondere im Hinblick auf eine Modellverbesserung sollten Abbildungsunschärfen durch Variation von Ort und Frequenz einbezogen werden. So kann z. B. der mit dem Modell ermittelte Ort eines Knotenpunkts am realen Objekt durchaus etwas abweichen, ohne dass das Modell prinzipiell zu verwerfen ist. Wenn die Möglichkeit besteht, ist ein Vergleich von Amplitudenfrequenzgängen vorteilhaft. Bild 7.49 soll beispielhaft den Vergleich eines messtechnisch bestimmten Amplitudenfrequenzgangs mit Berechnungsergebnissen verdeutlichen.

Werden nur die Amplituden bei einer einzelnen Erregerfrequenz (z. B. f = 30 Hz) verglichen, können sich größere Abweichungen ergeben; das Modell ist aber besser, als dieser einzelne Amplitudenvergleich zeigt. Auf der anderen Seite bedeutet auch ein einzelner Amplitudenvergleich mit hoher Übereinstimmung (z. B. f = 50 Hz) nicht, dass das Modell insgesamt schon eine hohe Abbildungsgenauigkeit hat.

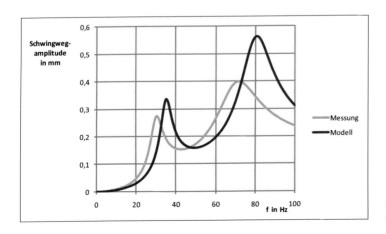

Bild 7.49: Vergleich von Amplitudenfrequenzgängen

Bei dem Gesamtvergleich im Bild 7.49 ist zu erkennen, dass die Resonanzstellen am realen Objekt etwas tiefer liegen und etwas stärker gedämpft sind, als es die Parameter des Modells im Moment ergeben.

7.4.4 Messungen in Gemengen

Eine besondere Herausforderung ist die Messung und der Vergleich von physikalischen Größen im Gemenge. Dabei ist zu unterscheiden, ob die Bewegung eines einzelnen Partikels oder eine gemittelte Größe über einen Gemengeabschnitt von Interesse ist. Für die Messung der Schwingbewegung eines einzelnen Partikels wird z.B. ein Sensor benötigt, der die gleiche Größe und das gleiche Gewicht eines Partikels hat.

Häufig interessieren jedoch gemittelte Größen, z.B. des dynamischen Drucks oder der Beschleunigung einer Höhenschicht. Für Druckmessungen sind dann Messflächen notwendig, die deutlich größer als die größten Partikel sind. Bei Schwingungsmessungen müssen mittlere Schwingungsgrößen ausgekoppelt werden, ohne dass der Messaufbau selber Schwingungsüberhöhungen oder zu große Verfälschung produziert. Die Bilder 7.50 bis 7.53 zeigen eine experimentelle Überprüfung von Berechnungsmodellen für stehende Wellen in Gemengesäulen.

7.5 Messtechnische Untersuchungen in der Praxis

Messungen an Anlagen in der Praxis werden durchgeführt:

– zur Aufnahme des Ist-Zustands
– als Basis für Weiterentwicklungen
– zur Analyse von prozess- und/oder maschinentechnischen Problemen
– zur Überprüfung von Modellen (Die reale Anlage bildet das höchste Wahrheitskriterium.)

 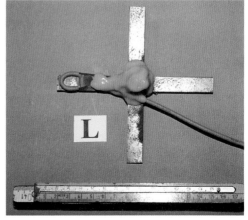

Bild 7.50: Beschleunigungssensoren mit Aufnahmeflächen zur Verwendung innerhalb des Betongemenges [7.5]

Bild 7.51: Gemengesäule mit Sensoren in verschiedenen Höhenschichten [7.5]

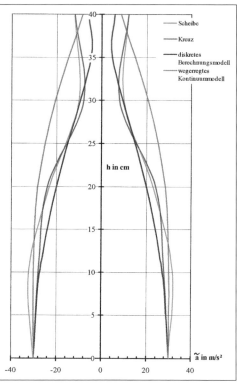

Bild 7.52: Vergleich der Ergebnisse von Modellrechnungen und von experimentellen Ergebnissen [7.5]

Bild 7.53: Bewusst provozierte Verdichtungsmängel (rechte Säule) als eine Form der Modellbestätigung [7.5]

Messtechnische Untersuchungen in der Praxis sind häufig davon gekennzeichnet, dass die Zugänglichkeit schwierig, Parameterveränderungen aufwendig und der Zeitdruck bei Produktionsanlagen groß ist. Umso besser sollten die Messungen vorbereitet und die Ziele durchdacht sein. In der Auswertung werden an realen Anlagen häufig die interessierenden Größen von weiteren Effekten überlagert und das Verhalten ist komplexer als anfängliche Hypothesen.

Aus der Vielzahl möglicher Messungen in der Praxis wird im Folgenden das Vorgehen anhand von zwei Beispielen dargestellt.

7.5.1 Schwingungstechnische Analyse von Schockvibrationssystemen

Die Verdichtungseinrichtungen von Steinformmaschinen (Bild 4.23) stellen anspruchsvolle nichtlineare Schwingungssysteme dar. Die Verarbeitung von unterschiedlichen Betongemengen, die Produktvielfalt und auch unterschiedliche Unterlagsplatten tragen zur Variantenvielfalt der Schwingungs- und damit Verdichtungseigenschaften bei. Die Betreiber von Steinformmaschinen stehen somit immer wieder vor der Aufgabe einer günstigen Abstimmung dieser Systeme.

Erst eine Analyse der Schwingungssysteme erlaubt im zweiten Schritt eine zielgerichtete Einflussnahme auf die Schwingungseinwirkungen, die von der Maschine in das Betongemenge eingetragen werden. Schwingungsmessungen sind ein hervorragendes Werkzeug, Informationen über das Vibrationssystem zu sammeln. Eine Kombination mit Modellvorstellungen und Simulationswerkzeugen kann diese Informationsbasis systematisieren und erweitern.

Die wichtigsten schwingungstechnischen Größen an Betonverdichtungseinrichtungen sind Schwingbeschleunigungen und -frequenzen. Zu deren Messung werden piezoelektrische Beschleunigungsaufnehmer genutzt, die über Messverstärker an – heute meist PC-gestützte – Datenerfassungsgeräte angeschlossen werden (Bild 7.54).

Grundlegende Unterscheidungsmerkmale bei der Messtechnik sind:

- ein- oder mehrkanalig
- kabelgebunden oder Funkübertragung
- Datenauswerteumfang (Effektivwert, Zeit- und Frequenzbereich, auf Steinformmaschinen zugeschnittene Auswertungen)

Bild 7.54: Schwingungs-
messtechnik

231

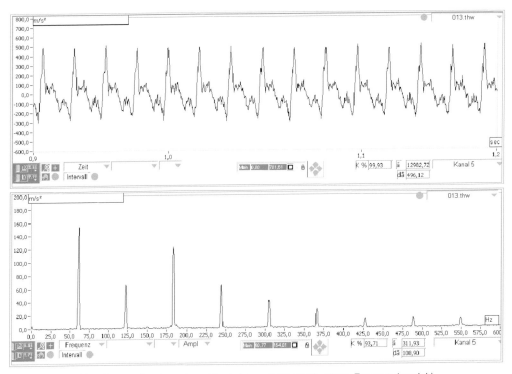

Bild 7.55: Beschleunigungssignal an einem Tisch (oben Zeitbereich, unten Frequenzbereich)

Die Beschleunigungssignale liegen zunächst als Funktion der Zeit vor. Durch eine Fourier-Transformation können die Frequenzinhalte bestimmt werden (Bild 7.55).

Die Analyse im Zeitbereich wird an Steinformmaschinen insbesondere benutzt, um

– Bewegungsformen zu identifizieren,
– Phasenlagen von Messpunkten zueinander zu untersuchen,
– Stoßereignisse an verschiedenen Arbeitsmassen einander zuzuordnen und
– die Größe von Beschleunigungsspitzen zu bestimmen.

Die Analyse im Frequenzbereich zeigt insbesondere charakteristische Frequenzinhalte an den Arbeitsmassen und gibt Auskunft über die Größe der Beschleunigungsamplitude in der Erregerfrequenz.

Bei der Messpunktanordnung ist das Ziel der Messung ausschlaggebend. Beispiele werden in Tabelle 7.5 angegeben.

Bei der schwingungstechnischen Analyse und Verbesserung von Steinformmaschinen können verschiedene Teilsysteme betrachtet werden, die im Folgenden kurz angesprochen werden.

Tabelle 7.5: Messpunktanordnung und Ziel der Messung

Messpunktanordnung	Beispiele der Aufgabenstellung
Einzelner Messpunkt	• Bestimmung der Beschleunigungsgröße an einem Tisch • Analyse des Frequenzinhalts an einer Form
Einzelne vertikale Messpunkte an den Arbeitsmassen	• Analyse der Hauptbewegungen am Schockvibrations-system
Vertikale und horizontale Messpunkte an den Arbeitsmassen (bis zu sechs Stück an einem Körper)	• Analyse der räumlichen Bewegung von Starrkörpern • Bestimmung von Kippbewegungen, Verteilungsunterschie-den und horizontalen Restschwingungen an Vibrations-tischen • Messung der Schwingungen eines Fundamentblocks
Mehrere Messpunkte in Linien oder Flächenrastern	• Analyse von Verformungsschwingungen von Tisch oder Form • Analyse von Rahmen- und Fundamentschwingungen

Der *Vibrationstisch* mit seinem Erregersystem ist die Quelle der Schwingungen. Für einen gleichmäßigen Vibrationseintrag vom Tisch sind die Starrkörpereigenfrequenzen und Verformungseigenfrequenzen wichtig. Eine messtechnische Überprüfung der Tisch-eigenschaften kann durch Messungen am leeren Tisch erfolgen (Bild 7.56).

Die *Federelemente* haben einen deutlichen Einfluss auf das Schwingungsverhalten von Steinformmaschinen. Leider können die dynamischen Eigenschaften von Gummi-federelementen erheblich schwanken. Schon am Schwingtisch können unterschied-liche Federeigenschaften zu Verteilungsunterschieden der Schwingungen führen. Die dynamischen Federeigenschaften von Gummifedern werden in speziellen Prüfvorrich-tungen bestimmt.

Die Eigenschaften der *Unterlagsbretter* gehen bei den Stößen von Tisch, Form und *Klopfleisten* ein. Für die *„Schwingungsübertragung" von Unterlagsplatten* sind Kenngrö-ßen definiert und Messvorrichtungen zu ihrer Bestimmung entwickelt worden (Bild 7.57).

Bild 7.56: Messungen am leeren Vibrationstisch

Bild 7.57: Messvorrichtung zur Bestimmung der dynamischen Eigenschaften von Unterlagsplatten

Selbstverständlich haben auch *Formen* ihre eigenen schwingungstechnischen Eigenschaften, die z.T. separat untersucht werden können.

Die *Auflast* hat direkten Kontakt zur Betonsteinoberfläche. Die Schwingungen der Auflast sind das Resultat der Schwingungen, die über den Beton übertragen wurden, und damit von hohem Informationsgehalt für die Verdichtung. Bild 7.58 zeigt beispielhaft den versuchstechnisch ermittelten Zusammenhang von erreichter Rohdichte und der Phasenlage von Tisch- und Auflastschwingung.

Schwingungen an den *Klopfleisten* geben Auskunft über Zeitpunkt und Größe von Stößen und können auch Hinweise zur Veränderung des Klopfleistenabstands geben.

Steinformmaschinen geben erhebliche dynamische Kräfte an ihren Aufstellungsort ab. Eine geeignete *Fundamentierung* ist für die Lärm- und Schwingungsabwehr, aber ebenso auch für die korrekte Arbeitsweise der Steinformmaschine wichtig.

Neben den Schwingungsmessungen ist die Aufnahme der herrschenden Randbedingungen (z.B. Konsistenz des Gemenges) und die Aufnahme der erreichten Verdichtungsergebnisse (Rohdichte der Steine, Druckfestigkeit der Endprodukte) wichtig. Erst die Verknüpfung dieser Daten vermittelt ein Gesamtbild des Prozesses.

7.5.2 Untersuchungen an biegeweichen Vibrationsformen

Häufig machen Probleme bei der Formgebung und Verdichtung von Betonfertigteilen und damit verbundene Qualitätsmängel messtechnische Untersuchungen an Vibrationsformensystemen zur Erfassung deren Bewegungsverhaltens erforderlich [7.6] [7.7] [7.8].

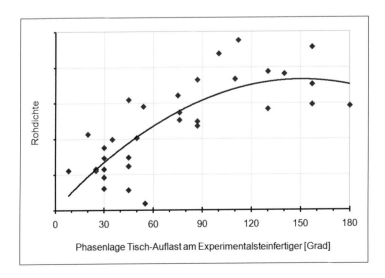

Bild 7.58: Einfluss der Phasenverschiebung zwischen Schwingtisch und Auflast auf die Betonrohdichte [7.11]

Je nach Messaufgabe werden dabei unterschiedliche Beschleunigungssensoren verwendet, die meist mittels Haftmagneten an das Messobjekt angekoppelt werden können.

Bild 7.59 zeigt beispielsweise die Anbringung von Beschleunigungsaufnehmern auf der Fertigungspalette einer Umlaufanlage.

In gleicher Weise können natürlich auch Schwingungsmessungen an beliebigen anderen Vibrationsausrüstungen durchgeführt werden. Bild 7.60 zeigt diesbezüglich beispielsweise die Beschleunigungssensorenanordnung an einer Großrohrform.

Die Schwingungsmessungen zeigen so, welche Vibrationseinwirkungen von der Schalung in das Betongemenge realisiert werden und wie die örtliche und zeitliche Verteilung ist (Bild 7.61).

Durch Versuche in einem breiten Frequenzbereich kann das Resonanzverhalten der Schalung analysiert werden (Bild 7.62).

Die Ergebnisse derartiger Schwingungsmessungen können in vielfältiger Weise ausgewertet werden. Bild 7.63 zeigt zum Beispiel die gemessene Beschleunigungsverteilung auf einem Kipptisch.

Bild 7.59: Anordnung von Beschleunigungsaufnehmern auf der Fertigungspalette einer Umlaufanlage

Bild 7.60: Schwingungsmessungen an einer Großrohrform [7.9]

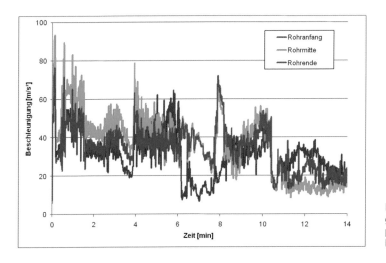

Bild 7.61: Beschleunigungssignale an drei Messpunkten über die gesamte Fertigungszeit [7.9]

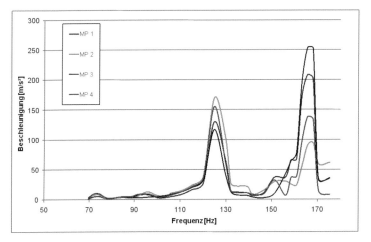

Bild 7.62: Gemessene Beschleunigungsamplitude in Abhängigkeit von der Erregerfrequenz [7.9]

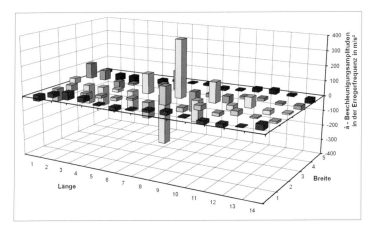

Bild 7.63: Beschleunigungsverteilung auf einem Kipptisch [7.7]

8 Technische Realisierung der Formgebung und Verdichtung

8.1 Prinzipieller Aufbau von Formgebungs- und Verdichtungssystemen

Das umzusetzende Verfahren für die Formgebung und Verdichtung von Gemengen bestimmt den prinzipiellen Aufbau von Formgebungs- und Verdichtungsausrüstungen. Dieser Prozess erfolgt in den in Bild 8.1 dargestellten Phasen.

Die Umsetzung dieser Phasen in *eine* technische Grundstruktur ist auf Grund der Vielfalt der Verfahren und Ausrüstungen für die Formgebung und Verdichtung von Gemengen nicht sinnvoll und auch nicht möglich.

Die Grundstruktur von Verdichtungsausrüstungen hängt von folgenden Gesichtspunkten ab:

– Wichtig ist die Art und die Erzeugung der Verdichtungskraft, nämlich ob entsprechend Abschnitt 4.1.2 eine statische oder dynamische Einwirkung auf das Gemenge vorliegt. Diese Frage hat ganz entscheidenden Einfluss auf die konstruktive Gestaltung der Ausrüstungen.
– Es kann zwischen stationären und mobilen Formgebungs- und Verdichtungsausrüstungen unterschieden werden, woraus sich ganz unterschiedliche Konstruktionsprinzipien ergeben.
– Bei der Verdichtung von Betongemengen ist bezüglich der Anwendung von Innen- und Außenvibratoren zwischen Ortbetonverdichtung und Verdichtung im Fertigteilwerk zu unterscheiden.
– Als Schwingungsübertrager zählen bei dynamischen Einwirkungen auf das Gemenge alle Zwischenglieder zwischen Erreger und Gemenge (siehe Abschnitte 4.9 und 4.7.3).

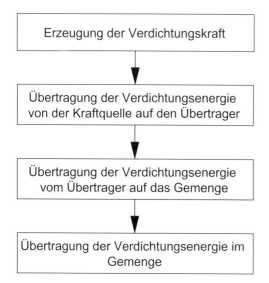

Bild 8.1: Phasen bei der Formgebung und Verdichtung von Gemengen

– Bei stationären Ausrüstungen ist besonderer Wert auf die schwingungsarme Aufstellung der Maschinen und den Lärmschutz zu legen.

Im Weiteren wird in erster Linie auf stationäre Formgebungs- und Verdichtungseinrichtungen näher eingegangen.

Die Übertragung der Verdichtungsenergie *im* Gemenge wird im Kapitel 6 ausführlich dargestellt.

8.2 Systeme zur Eintragung der Verdichtungsenergie

In die Systeme zur Eintragung der Verdichtungsenergie in das Gemenge werden die Ausrüstungen zur Erzeugung der Verdichtungsenergie sowie die Ausrüstungen für die Übertragung der Verdichtungsenergie in das Gemenge eingeordnet.

8.2.1 Erzeugung der Verdichtungsenergie

Bei den wirkenden Verdichtungskräften kann nach Abschnitt 4.1.3 zwischen statischen und dynamischen Erregerfunktionen unterschieden werden. Diese Tatsache hat ganz wesentlichen Einfluss auf die Gestaltung der Formgebungs- und Verdichtungsausrüstungen.

8.2.1.1 Quasistatische Verdichtungskräfte

Rein statische Verdichtungskräfte sind natürlich bei der Oberflächenverdichtung durch Gewichtskräfte möglich, wie dies beispielsweise bei statischen Walzen (Bild 4.34) der Fall ist. Quasistatische Verdichtungskräfte ergeben sich nach 4.1.3 auch beim Schleudern, Extrudieren und Vakuumieren.

Andererseits können quasistatische Verdichtungskräfte auch durch mechanische Antriebe erzeugt werden. Dies ist beispielsweise beim Trockenpressen in der Keramikindustrie der Fall (siehe Abschnitt 4.2). Hierbei wird nach [8.1] zwischen mechanischen (weggebundenen) und hydraulischen (kraftgebundenen) Pressen unterschieden:

Derartige Pressen sind nach [8.1] und [8.2]:

– Kurven- oder Exzenterpressen mit relativ hohen Taktzahlen (bis zu 60 Hub/min) bei niedrigen Pressdrücken
– Kniehebelpressen für kleine und mittlere Pressdrücke bis ca. 30 Hub/min
– Drehtisch- und Rundläuferpressen, bei denen die Pressformen auf einem Drehtisch angeordnet sind. Sie sind für niedrige und mittlere Pressdrücke bei hohen Produktionsleistungen und einfacher Teilegeometrie geeignet
– Spindelpressen, bei denen Spindeln durch ein Schwungrad angetrieben werden, wobei der Druck nahezu schlagartig erzeugt wird (Bild 8.2); der Oberstempel wird hier mit Hilfe einer rotierenden Spindel herabgefahren. Dabei übertragen zwei auf einer in der Horizontalen verschiebbaren Antriebswelle sitzende Scheiben ihre Bewegung auf eine waagerecht angeordnete Friktionsscheibe.

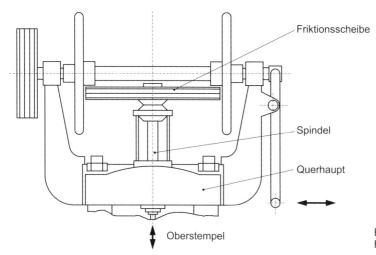

Bild 8.2: Antrieb einer Friktionsspindelpresse [8.2]

Die mechanischen Antriebe für die Erzeugung der Verdichtungskräfte sind für den Bereich niedriger Pressdrücke von 40 bis 400 kN gut geeignet. Sie sind robust, haben einen geringen Energiebedarf und sind für hohe Hubzahlen einsetzbar, zudem kostengünstig in der Anschaffung und wirtschaftlich in der Produktion. Technische Lösungen für derartige mechanische Antriebe sind [8.1] und [8.2] zu entnehmen.

Dagegen kann bei hydraulischen Antrieben im Gegensatz zu mechanischen Antrieben mit ihrem unveränderlichen Pressenhub der Bewegungsablauf hydraulischer Pressen über ein Steuerprogramm verändert werden. Es sind heute Presskräfte bis zu 8.000 kN und Verdichtungsgeschwindigkeiten bis ca. 30 Hub/min erreichbar. Hydraulische Maschinen ermöglichen die Herstellung formschwieriger Bauteile bei sehr engen Höhentoleranzen der Presslinge. Dem gegenüber stehen der relativ hohe Energiebedarf und hohe Investitionskosten.

Bild 8.3 zeigt eine derartige automatische hydraulische Presse als CAD-Modell.

Neue Maschinenkonzepte kombinieren die Vorteile der mechanischen und hydraulischen Systeme [8.1]. So werden mechanische Oberstempelbewegungen mit hohen Hubzahlen (bis 35 Hub/min) und geringem Energiebedarf mit den programmierbaren Matrizenbewegungen sowie hydraulischen Zusatzachsen verbunden.

8.2.1.2 Dynamische Erregerkräfte

Bei der Formgebung und Verdichtung von Gemengen dominieren in vielen Bereichen die dynamischen Verfahren, also das Einleiten mechanischer Schwingungen in das Gemenge (siehe Abschnitt 4.1.3). Die Systematisierung der dafür möglichen Vibrationserreger ist im Bild 4.70, Abschnitt 4.9, dargestellt. Einige wesentliche physikalische Wirkprinzipien werden nachfolgend dargestellt.

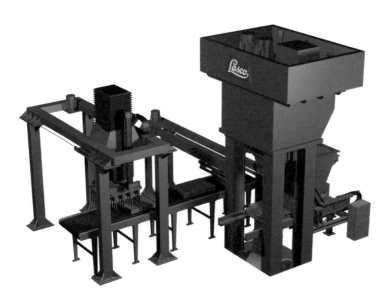

Bild 8.3: Automatische
hydraulische Presse mit
Stapelvorrichtung [8.21]

a) Fliehkrafterreger
Bei den Vibrationserregern dominiert die Fliehkrafterregung bei Weitem. Das Grundprinzip wurde bereits im Abschnitt 4.1.2, Bild 4.20, dargestellt. Diese Fliehkrafterreger
finden als Außenvibratoren (Bild 4.71) und Innenvibratoren (Bild 4.72) in vielfältiger
Weise Anwendung. Des Weiteren werden sie in Form spezieller Vibrationserregersys-
teme, wie in Bild 4.21 dargestellt, in Fertigungsmaschinen angewendet.

b) Lineare oder translatorische Erregung
Das Prinzip der Erzeugung von linearen Erregerkräften ist in Bild 8.4 dargestellt. Die
technische Umsetzung dieses physikalischen Prinzips in einem Druckluft-Kolbenvibra-
tor ist aus Bild 8.5 zu ersehen.

c) Stoßhafte Vorgänge
Die periodische Erregung durch stoßhafte Vorgänge zeigt Bild 8.6. Dieses physikalische Prinzip kommt beispielsweise bei Steinformmaschinen zur Anwendung, wobei
dort auch stochastische Vorgänge auftreten können.

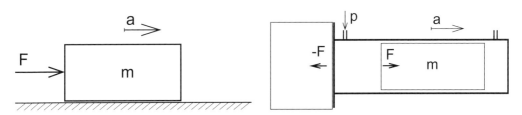

Bild 8.4: Erregerkrafterzeugung durch Massenträgheitskräfte

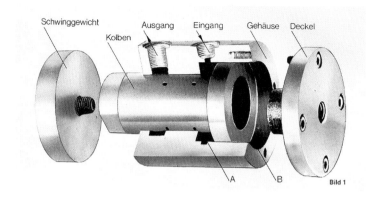

Bild 8.5: Aufbau eines Druckluft-Kolbenvibrators

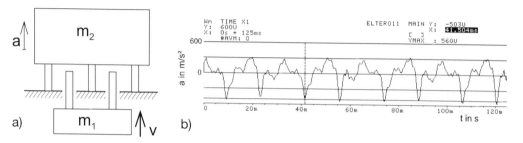

Bild 8.6: a) Erregerkrafterzeugung durch Stoßvorgang; b) Beschleunigungsverlauf im Zeitbereich

d) Zwangsgeführte Systeme

Im Gegensatz zu elastisch gelagerten Systemen, die durch Vibrationserreger zu erzwungenen Schwingungen angeregt werden, stellen zwangsgeführte Vibrationserreger „gefesselte" Systeme dar (Bild 8.7). Eine interessante Anwendung dieses Prinzips ist das im Bild 8.8 dargestellte Konzept einer servohydraulischen Vibrationserregung.

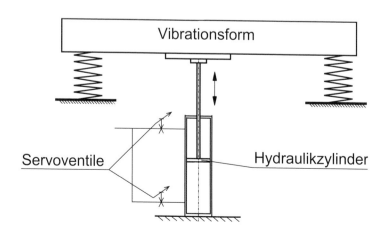

Bild 8.7: Erregerkrafterzeugung durch ein zwangsgeführtes System (Servohydraulik)

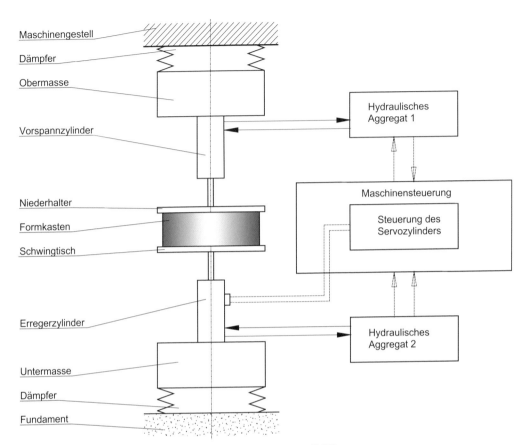

Bild 8.8: Konzept einer servohydraulischen Vibrationserregung [8.22]

8.2.2 Übertragung der Verdichtungsenergie in das Gemenge

Bei statischen Verdichtungsverfahren wie beim Pressen, Walzen und Extrudieren erfolgt die Übertragung der Verdichtungskraft auf das Gemenge unmittelbar durch entsprechende Arbeitsorgane wie Pressstempel, Schnecken und Walzen; beim Schleudern erfolgt sie durch das Wirken der Fliehkraft.

Bei dynamischen Verdichtungsverfahren sind die in Bild 4.73 dargestellten vier Varianten des Vibrierens

- Innenvibration,
- Oberflächenvibration,
- Außenvibration und
- Tischvibration

zu betrachten.

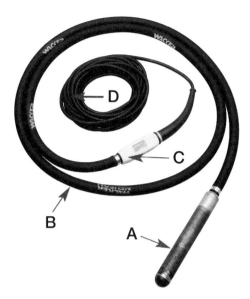

Bild 8.9: Hochfrequenz-Innenvibrator Wacker IREN57 mit Rüttelflasche (A), Schutzschlauch (B), Schalter (C) und elektrischer Zuleitung (D) [8.3]

8.2.2.1 Innenvibration

Die Innenvibration findet sowohl bei der Herstellung von Ortbeton als auch in der Betonvorfertigung Anwendung.

Innenvibratoren (Bild 4.72) bestehen aus einem zylindrischen Flaschenkörper, in dem eine Unwuchtmasse rotiert [8.3]. Hierdurch führt der Flaschenkörper eine kreisende Bewegung (Vibration) aus. Da sich die Unwuchtmasse an der Flaschenspitze befindet, ist die Vibration dort am stärksten.

Der Flaschenkörper ist an einer elastischen Schlauchleitung oder Biegewelle befestigt, an der er während der Eintauchphase gehalten und geführt wird (Bild 8.9).

Weitere technische Details sind in [8.3] ausführlich beschrieben. In [8.4] wird die optimale Führung der Vibrationsflasche in Betongemengen dargestellt (Bild 8.10).

Beim Einsatz von Innenvibratoren erfolgt also die Übertragung der Verdichtungsenergie direkt von der Vibrationsflasche auf das Gemenge.

Nach [8.4] entspricht der Wirkungsdurchmesser eines Innenvibrators etwa dem 10-Fachen des Flaschendurchmessers. Bei vertikalem Eintauchen der Innenvibratoren sind diese so einzusetzen, dass sich die Wirkungsdurchmesser an den einzelnen Tauchstellen gut überdecken (Bild 8.11).

In analoger Weise ist dann auch bei der Betonierung einer Wand in Abhängigkeit von der Wanddicke und vom Wirkdurchmesser vorzugehen [8.3].

In [8.4] werden hierfür die benötigten Flaschendurchmesser angegeben (Tabelle 8.1).

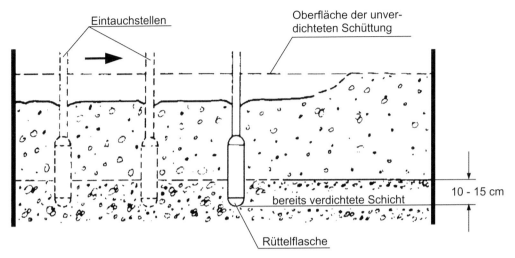

Bild 8.10: Optimale Führung der Vibrationsflasche im Betongemenge [8.4]

Weitere Details zum Einsatz von Innenvibratoren werden in [8.3] ausführlich beschrieben.

Eine andere Form der Innenvibration wird in [8.5] vorgestellt. Es geht dabei um die Verdichtung bei der Herstellung von Eisenbahnschwellen aus Spannbeton. Der in die Schwellenformen (Bild 8.12) eingebrachte Beton muss gut verdichtet werden, um einerseits die notwendige Festigkeit zu erreichen und andererseits die Bewehrung, also die vorgespannten Stahldrähte, vollständig zu umschließen.

Die bisherige Verdichtung erfolgt durch die Vibration der Form über eine mit Außenvibratoren besetzte Vorrichtung [8.5]. Diese technische Lösung führt zu hohem Verschleiß der Ausrüstung und starker Lärmentwicklung bis zu 103,5 dB(A).

Bei der neuen Methode werden die Schwingungen direkt über ein in das Betongemenge eingetauchtes „Arbeitsteil" an das Gemenge übertragen, grundsätzlich also nach dem Prinzip des Betoninnenvibrators, aber eben mit leistungsstarken Außenvibratoren. Die Entwicklung einer derartigen Vibratorbaugruppe mit kurzem Schwert zeigt Bild 8.13.

Tabelle 8.1: Benötigte Flaschendurchmesser

außergewöhnlich enge Schalungen, dicht bewehrte Konstruktionen	< 30 mm
schmale und dicht bewehrte Konstruktionen, z.B. Wände	30 bis 50 mm
normale Wand- und Deckenausführungen in Wohn-, Industriegebäuden, Brücken	50 bis 70 mm
Massenbeton für Staumauern (oft von zwei Mann bedient)	> 70 mm

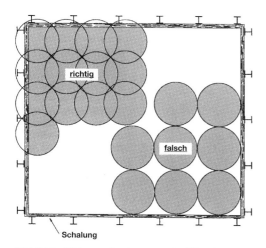

Bild 8.11: Wirkungsdurchmesser der Vibrationsflasche [8.23]

Bild 8.12: Leere Schwellenformen mit eingespann-
ter Bewehrung und eingesetzten Dübeln

Für einen konkreten Anwendungsfall wurden sechs dieser unabhängig voneinander operierenden Schwingungserreger zu einer Baueinheit zusammengefasst (Bild 8.14) [8.5]. Mit dieser technischen Lösung wurde eine Reduzierung des Lärmpegels von 103 auf ca. 87 dB(A) erreicht.

8.2.2.2 Ausrüstungen zur Übertragung der Vibration

Bei den Ausrüstungen zur Formgebung von Gemengen kann grob zwischen Ausrüstungen zur Herstellung kleinformatiger Erzeugnisse, beispielsweise Betonwaren, und Ausrüstungen zur Fertigung größerformatiger Elemente oder Strukturen unterschieden werden.

Bild 8.13: Vibratorbaugruppe mit kurzem Schwert

Bild 8.14: Verdichtungsbaugruppe [8.5]

a) Ausrüstungen zur Herstellung kleinformatiger Elemente
Typisch für diese Fertigungsausrüstungen ist, dass meist gleich mehrere Varianten des Vibrierens entsprechend Bild 4.73 zur Anwendung kommen. Ein typisches Beispiel ist hierfür die Betonsteinformmaschine, die bereits in den Bildern 4.23 und 4.82 darge-stellt wurde, und die in Bild 8.15 nun mit einer schematischen Darstellung nochmals zur Betrachtung herangezogen wird.

Man erkennt zunächst einen Grundrahmen, der einerseits als Fixpunkt für die Ein-tragung einer statischen Verdichtungskraft durch Hydraulikzylinder und andererseits als Festpunkt für die Federisolatoren der Tischvibration dient. Dieser Rahmen beinhal-tet auch die Führungselemente für die Auflast- und die Tisch/Form-Bewegung. Die statische Auflast wird mit Auflastvibratoren gekoppelt. Es wird also das so genannte „Vibrationspressen" realisiert. Die Übertragung der statischen Verdichtungskraft er-folgt über einen Auflastrahmen, wobei die dynamisch erregte Auflast mit Stempeln an diesem über Federisolatoren schwingungsfähig angekoppelt ist.

Die Vibration des durch eine pneumatische Formspannung mit Kipphebel verbunde-nen Systems Tisch/Palette/Form erfolgt durch eine Tischvibration. Dabei werden häu-fig, wie in Bild 4.21 dargestellt, Mehrwellengegenlauferreger angewendet (Bild 8.16).

Die Abstützung des Vibrationstischs durch Federelemente erfolgt auf dem Grundrah-men oder gesonderten Stützkonstruktionen (siehe Abschnitt 8.5).

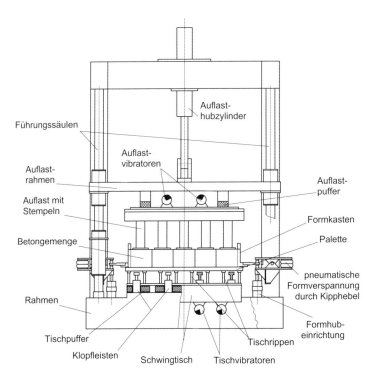

Bild 8.15: Schematische Darstellung einer Steinform-maschine

Bild 8.16: Unwuchtstränge am
Vibrationstisch

Bei der Abwärtsbewegung des Systems Tisch/Palette/Form schlägt dieses auf so genannte Klopfleisten auf. Es entsteht die so genannte Schockvibration (siehe Abschnitt 4.1.2).

Auf die spezielle Problematik der Übertragung der Verdichtungsenergie bei Auflastvibration wird im Abschnitt 4.10.2 näher eingegangen.

b) Fertigung größerformatiger Erzeugnisse
Aus der Sicht der Übertragungsenergie gibt es hierfür praktisch zwei Möglichkeiten:

– Aufsetzen entsprechender Formen auf so genannte Vibrationsböcke
– Anbringung von Außenvibratoren an Formen von außen

Das Aufsetzen von Formen oder Paletten auf Vibrationserreger wird insbesondere bei Palettenumlaufanlagen in der Betonvorfertigung angewendet. Das Grundprinzip wird aus Bild 8.17 deutlich.

Für die Übertragung der Vibrationsenergie ist natürlich insbesondere die Verbindung zwischen den Vibrationsböcken und der Form von größter Wichtigkeit.

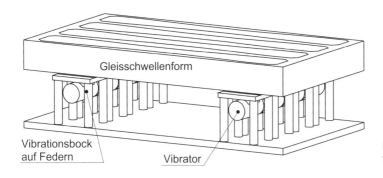

Gleisschwellenform

Vibrationsbock
auf Federn

Vibrator

Bild 8.17: Gleisschwellenform auf Vibrationsböcken

247

Bild 8.18 zeigt einen derartigen Vibrationsbock bei Schwingungsmessungen in Betrieb.

Außenvibratoren (Bild 4.71) finden bei den unterschiedlichsten Systemen zur Eintragung dynamischer Kräfte in Gemenge Anwendung. In besonderer Weise erfolgt dies bei Formensystemen für die Herstellung von Betonerzeugnissen. Es wird dann von Vibrationsformen gesprochen.

Bild 8.19 zeigt als Beispiel eine Großform zur Herstellung von Dachbindern mit Außenvibratoren.

Für die Übertragung der Vibrationsenergie in das Gemenge ist einerseits die Befestigung der Außenvibratoren an der Form und andererseits die maschinendynamische Bewegung der Form bei Vibration entscheidend. Für die Befestigung von Außenvibratoren an Formen werden in [8.3] Hinweise gegeben. Bild 8.20 zeigt eine Schnellspannvorrichtung für den flexiblen Einsatz an verschiedenen Schalungen.

Für das Anbringen von Außenvibratoren an Schalungen für die Herstellung von Betonkonstruktionen im Ortbeton auf der Baustelle (Bild 8.21) werden in [8.3] ausführliche Hinweise gegeben. Das betrifft die Auswahl der Außenvibratoren sowie deren Positionierung. Dabei werden die in Bild 8.22 dargestellten Empfehlungen gegeben.

Sollten Vibratoren in einer Eigenfrequenz der Schalung laufen (starker Lärm), ist bei elektrischen Außenvibratoren mit Frequenzumformern die Drehzahl leicht zu verstellen, um aus dem Resonanzgebiet herauszukommen.

Bild 8.18: Vibrationsbock bei Schwingungsuntersuchungen

Bild 8.19: Großform mit Außenvibratoren

Bild 8.20: Außenvibrator Wacker AR 51 mit
Schnellspannvorrichtung [8.3]

Bild 8.21: Außenvibratoren bei Ortbeton [8.3]

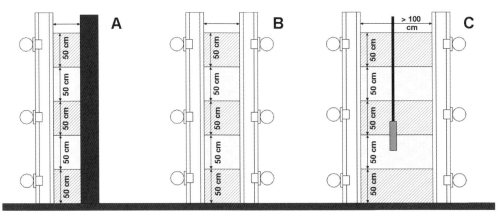

Bild 8.22: Bestückung mit Außenvibratoren in Abhängigkeit von der jeweiligen Wanddicke: bei Wanddicken
bis 50 cm (A) einseitig, darüber (B,C) zweiseitig; bei Wanddicken über 100 cm (C) zusätzlich Verdichtung
mit Innenvibratoren [8.3]

8.3 Gestaltungsgrundsätze für Formgebungs- und Verdichtungs- ausrüstungen

Die Realisierung der Formgebung und Verdichtung von Gemengen mit Hilfe dynamischer Erregerkräfte erfordert die Auslegung der entsprechenden technischen Ausrüstungen auf der Grundlage der Maschinendynamik. Die hierzu notwendigen Grundlagen der Modellierung und Simulation sind in Kapitel 6 und insbesondere in [8.6] dargestellt. Nachfolgend soll nochmals auf drei Besonderheiten hingewiesen werden:

– Gestaltung von Ausrüstungen zur Herstellung kleinformatiger Erzeugnisse
– Auswahl von Federisolatoren
– Gestaltung von Vibrationsformen

8.3.1 Gestaltung von Ausrüstungen zur Herstellung kleinformatiger Erzeugnisse

Bei den folgenden Überlegungen wird von Bild 8.15 ausgegangen. Steinformmaschinen stellen komplizierte Schwingungssysteme dar. Erster Grundsatz ist die Gestaltung einer biege- und torsionssteifen Rahmenkonstruktion. Dies erfolgt sinnvollerweise mit Hilfe der Finite-Elemente-Methode. Die Berechnung einer Verformungseigenform der Rahmenkonstruktion einer Steinformmaschine mit der FEM ist beispielsweise in Bild 8.23 darstellt. Bild 8.24 zeigt die entsprechende Konstruktion einer modernen Steinformmaschine.

In gleicher Weise ist als zweiter Grundsatz die torsions- und biegesteife Gestaltung des Vibrationstischs erforderlich. Auch dies erfolgt mit Hilfe der FEM. Bild 8.25 zeigt beispielsweise die erste Torsionseigenfrequenz bei 338 Hz eines Vibrationstischs.

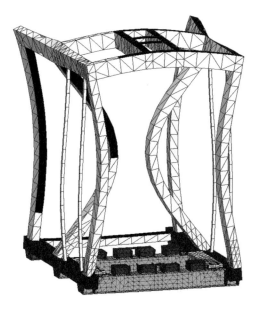

Bild 8.23: Berechnete Verformungseigenform der Rahmenkonstruktion einer Steinformmaschine

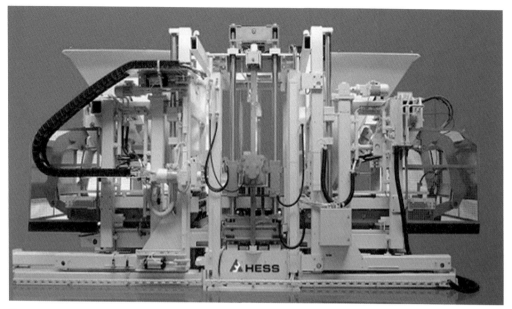

Bild 8.24: Moderne Steinformmaschine [8.24]

Auf der Basis der auf diese Weise berechneten sechs Starrkörpereigenfrequenzen ergibt sich die Auswahl der Tischfedern durch schwingungstechnische Abstimmung. Die Abstimmung der berechneten Biege- und Torsionseigenfrequenzen auf die vorgesehenen Erregerfrequenzen bestimmen die Konstruktion des Vibrationstischs [8.6].

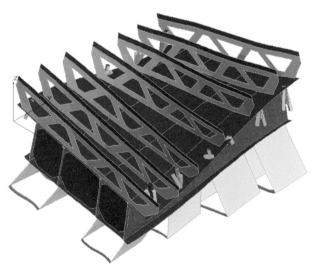

Bild 8.25: Erste Torsionseigenfrequenz eines Vibrationstischs bei 338 Hz

Mit Realisierung der Grundsätze „torsions- und biegesteife Rahmenkonstruktion" und „torsions- und biegesteifige Tischkonstruktion" kann unter Voraussetzung der Steifigkeit der weiteren schwingenden Komponenten wie Auflastrahmen, Auflast mit Stempeln und Form die schwingungstechnische Berechnung des Gesamtsystems auf der Basis der Mehrkörperdynamik erfolgen [8.6]. Aus dieser Berechnung ergibt sich dann auch die Auswahl der Federisolatoren auf der Grundlage der im Abschnitt 4.1 beschriebenen Abstimmungsverhältnisse.

Eine ganz wichtige Voraussetzung für die Funktion dieses komplizierten Vibrationssystems, aber auch für die Lärm- und Schwingungsabwehr im Betrieb stellt die sachgemäße Abstützung des Grundrahmens der Maschine mit einer entsprechenden Fundamentierung dar. Hierauf wird im Abschnitt 8.5 näher eingegangen.

8.3.2 Auswahl von Federelementen (Schwingungsisolatoren) für Formgebungs- und Verdichtungsausrüstungen

Federelemente sind ganz wesentliche Bauelemente in Formgebungs- und Verdichtungsausrüstungen für Gemenge. Außer bei biegeweichen Formen und Schalungen wird die Schwingfähigkeit der für die Übertragung der Verdichtungsenergie vorgesehenen Übertragungselemente über die elastische Lagerung mit Federelementen hergestellt. Bild 8.26 zeigt Beispiele von Federelementen an Vibrationsverdichtungsausrüstungen [8.8], aus denen deutlich wird, dass hierfür häufig Gummifederelemente eingesetzt werden. Es kommen aber auch Luftfedern und teilweise Stahlschraubenfedern zur Anwendung.

Neben der Gewährleistung der Schwingungsfähigkeit von Elementen zur Übertragung der Verdichtungsenergie in Gemenge müssen gleichzeitig Maßnahmen zur Schwingungsisolierung und Körperschallreduzierung realisiert werden. Bild 8.27 zeigt diesbezüglich beispielhaft die Federn unter dem Stahlbetonfundament einer Steinformmaschine.

Bild 8.26: Federelemente an Formgebungs- und Verdichtungsausrüstungen; links: Tischfeder an einer Steinformmaschine; Mitte: Feder an einem Rohrfertiger mit steigendem Kern; rechts: Luftfeder an einem Vibrationstisch

Bild 8.27: Schraubenfederpaket für eine Fundamentlagerung

Die wesentlichen Eigenschaften von Federelementen sind die Elastizität und die Dämpfung.

Bei Stahlfedern ist die Angabe linearer Kennwerte in Form von Federkonstanten und Dämpfungskonstanten hinlänglich bekannt [8.9].

Die Eigenschaften von Gummifedern sind dagegen komplizierter. So unterscheiden sich die statischen und dynamischen Eigenschaften deutlich. Die Eigenschaften sind zum Beispiel abhängig von:

– Vorbehandlung
– Gummiqualität
– Frequenz
– Wegamplitude
– Lastwechselzahl
– Geometrie
– Verspannung
– Temperatur
– Zeit (Alterung des Gummis) [8.8], [8.9]

Aus diesen Gründen ist bei Gummifederelementen die experimentelle Bestimmung der Federeigenschaften zu empfehlen. Eine hierfür geeignete Versuchseinrichtung wurde bereits im Abschnitt 7.3.1, Bild 7.34 beschrieben. Durch die servohydraulische Erregung können die Federeigenschaften bei variablen Erregerfrequenzen, Wegamplituden und Verspannungen untersucht werden. Durch die Messung von Kraft und Verformungsweg werden Hysteresekurven aufgenommen (Bild 8.28). Für Modellbildungen und Berechnungen sind daraus wiederum am Arbeitspunkt linearisierte Federkennwerte bestimmbar. Neben harmonischen sind bei dem oben beschriebenen servohydraulischen Versuchsstand (Bild 7.34) auch rechteckige und trapezförmige Erregerfunktionen sowie die Vorgabe von Erregerkurven möglich.

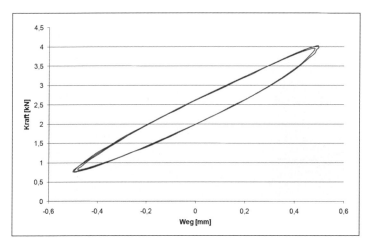

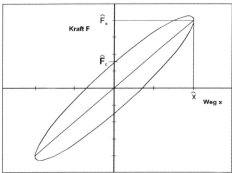

Bild 8.28: Hysteresekurve für ein Gummifederelement
oben: Versuchsdaten
links: Schema der Linearisierung am Arbeitspunkt

Besondere Bedeutung haben die Eigenschaften derartiger Gummifedern bei der Lagerung von starren Vibrationstischen auf derartigen Federelementen. Diese haben, wie bereits erwähnt, im Allgemeinen sechs Freiheitsgrade der Bewegung (Bild 4.2) und demnach sechs Starrkörpereigenfrequenzen. Meist erfolgt eine symmetrische Anordnung der gleichen Federelemente, um entkoppelte Eigenschwingformen zu erhalten.

Die Starrkörpereigenfrequenzen sollten deutlich unter den tiefsten Erregerfrequenzen liegen, um eine gute Schwingungsisolierung und gleichmäßige Beschleunigungsverteilung zu erhalten.

Vibrationstische von Steinformmaschinen sind häufig härter gelagert. Dies resultiert zum Teil aus technologischen Anforderungen, wie z. B. der Positionstreue beim Brettwechsel. Aber auch schwingungstechnisch ergibt sich aus der Besonderheit der Schockvibration ein Vorteil bei etwas höheren vertikalen Starrkörpereigenfrequenzen. Die Kippfrequenzen liegen dann aber auch höher und führen zum Teil zu erheblichen Beschleunigungsunterschieden an den Tischen (Bild 8.29).

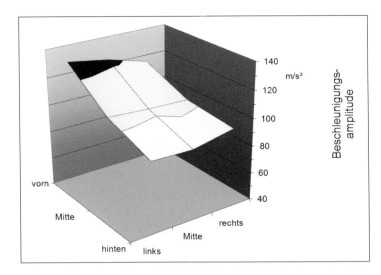

Bild 8.29: Beschleunigungs-
unterschiede aufgrund von
Kippschwingungen am
Vibrationstisch einer Steinformmaschine

Unterschiede in den Federeigenschaften begünstigen diese Fehlerbilder und beein-flussen die gesamte Ausprägung der Schockvibration. Bekannt ist, dass an einem Tisch immer alle Federelemente durch neue Federelemente gleicher Chargen ausge-wechselt werden sollen. Gummi ist jedoch ein Naturprodukt und unterliegt von Charge zu Charge und auch innerhalb einer Charge Toleranzen. Bild 8.30 zeigt zum Beispiel die Streuung der dynamischen Federsteifigkeit von acht Tischfedern eines Steinform-maschinentischs.

Wie in [8.7] gezeigt wird, führen diese Unterschiede in den Federsteifigkeiten der acht Tischfedern zu erheblichen Unterschieden in der Beschleunigungsverteilung über die Tischfläche. Damit wird unterschiedlich viel Verdichtungsenergie in das Betongemen-ge eingeleitet, was zu Unterschieden der Frisch- und Festbetoneigenschaften der Pro-dukte führt. Ähnliche Probleme ergeben sich bei Fertigungsmaschinen mit Auflastsys-temen, wenn dort Gummifederisolatoren mit unterschiedlichen Federsteifigkeiten zum Einsatz kommen.

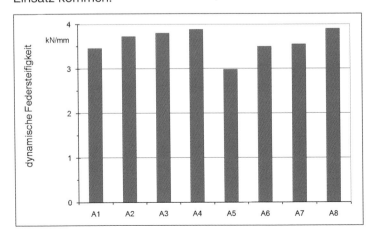

Bild 8.30: Federsteifigkeiten
von acht Tischfedern, die
von einem Schwingtisch
entnommen wurden

255

Aus den vorstehenden Ausführungen ergeben sich für den Betreiber und den Hersteller entsprechender Fertigungseinrichtungen folgende Schlussfolgerungen [8.10]:

– Gummifedern müssen rechtzeitig gewechselt werden. Hierbei muss immer ein kompletter Satz ausgewechselt werden und niemals nur Einzelfedern.
– Die Gummifedern sollten aus einem bekannten, mit dem Lieferanten gemeinsam überwachten Mischungsrezept bestehen und aus ein und derselben Charge stammen.
– Bei der regelmäßigen Eingangskontrolle beim Maschinenlieferanten müssen die Federkennwerte überwacht und gegebenenfalls auch die dynamischen Federsteifigkeiten mit Hilfe externer Prüfstände ermittelt werden.
– Beim Betrieb von Fertigungsmaschinen ist zu beachten, dass die Federsteife von Gummifedern temperaturabhängig ist. Es ergibt sich demzufolge ein Unterschied im Schwingungsverhalten von kalten und warmen Maschinen.

8.3.3 Gestaltung von Vibrationsformen

Der grundsätzliche Aufbau einer Form, die durch dynamische Einwirkungen zu Schwingungen angeregt wird, ist in Bild 8.31 dargestellt.

Diese Form, die vorwiegend für die Fertigung von Betonelementen zur Anwendung kommt, ist durch folgende Eigenschaften gekennzeichnet:

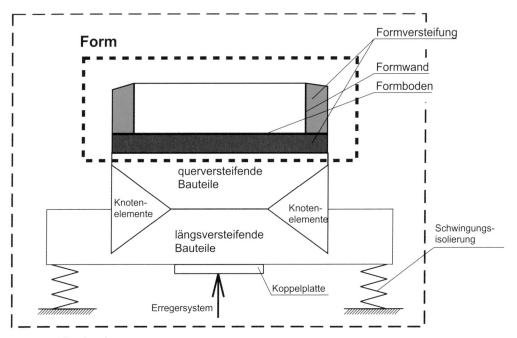

Bild 8.31: Vibrationsformensystem

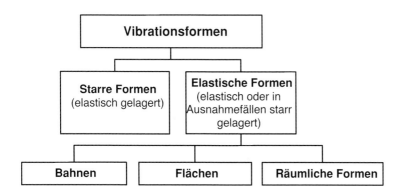

Bild 8.32: Systematisierung von Vibrationsformen

- Gestalt, Innenkontur
- schwingungstechnische Eigenschaften
- mechanische Stabilität, Schwingungsbeständigkeit
- Form- und Maßhaltigkeit
- Verschleißbeständigkeit
- Korrosionsbeständigkeit
- Entformbarkeit
- Automatisierungsfreundlichkeit
- Schnittstellenausführung

Vibrationsformensysteme sind meist großflächige Stahlkonstruktionen, die über Erregersysteme zu Schwingungen angeregt werden und diese Schwingungsenergie an entsprechenden Kontaktflächen in das zu verdichtende Betongemenge eintragen. Realisierte Beispiele solcher Fertigungsanlagen sind:

- Kipptische zur Fertigung ebenflächiger Betonelemente wie Wände und Decken
- Batterieformen
- Tübbingformen
- Großrohrformen
- Garagenschalungen

Im Hinblick auf die vorzunehmende Modellfindung und Berechnung von Vibrationsformen wird von einer konstruktiven Untergliederung entsprechend Bild 8.32 ausgegangen.

Es kann also entsprechend Bild 8.33 grob zwischen biegesteifen und biegeweichen Vibrationsformen unterschieden werden. Bild 8.34 zeigt den konstruktiven Entwurf

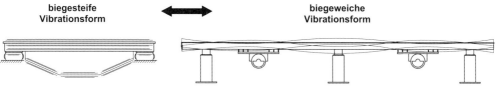

Bild 8.33: Vibrationsformen

257

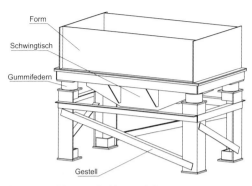
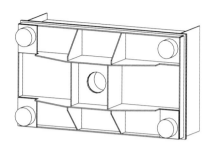

Bild 8.34: Biegesteife Konstruktion

eines Schwingtischs, der die Realisierung einer biegesteifen Form gewährleistet. Diese Konstruktion wurde übrigens in der kleintechnischen Ausführung als sphärischer Schwingtisch in Bild 7.36 umgesetzt. Auf der Grundlage der vorgesehenen Erregerfrequenzen kann dann eine Abstimmung auf die sechs Eigenfrequenzen des Starrkörpers (Bild 4.2) des schwingenden Systems Tisch/Form vorgenommen werden und auf dieser Basis die Auswahl der Federisolatoren erfolgen.

Die Realisierung einer biegesteifen Form lässt sich jedoch ab einem bestimmten Verhältnis von $l \gg h, b$ (Bild 4.2) aus technischen und wirtschaftlichen Gründen nicht mehr realisieren.

Bei biege- bzw. torsionsweichen Vibrationsformen sind nun nicht mehr nur die sechs Eigenfrequenzen der Starrkörperbewegung zu beachten, sondern es treten bei derartigen Konstruktionen außerdem mehrere Eigenformen der Biegung und der Torsion auf (Bild 8.35).

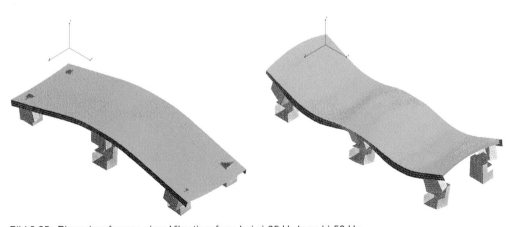

Bild 8.35: Biegeeigenformen einer Vibrationsform bei a) 25 Hz bzw. b) 50 Hz

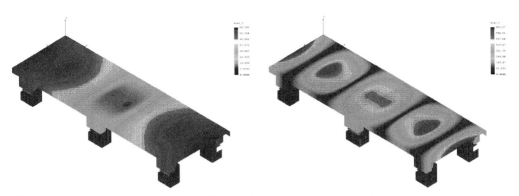

Bild 8.36: Erzwungene Schwingung einer Vibrationsform: Beschleunigungsverteilung bei
a) einer Erregerfrequenz von 25 Hz bzw. b) einer Erregerfrequenz von 60 Hz

Bei entsprechenden Erregerfrequenzen der Form werden diese zu Eigenschwingungen (Resonanz) angeregt, so dass die Beschleunigungsverteilung über der Tischfläche stark von der Erregerfrequenz abhängt (Bild 8.36).

Hierbei lässt sich natürlich die im Kapitel 1 formulierte Forderung, wonach die notwendige Verdichtungsenergie an den Einleitungsstellen und -flächen gleichmäßig in das Gemenge einzutragen ist, nur schwerlich realisieren. Der Weg hierzu besteht nach [8.6] in einer Modellierung und Simulation derartiger Konstruktionen. Damit kann eine entsprechende Kenngröße für eine derartige ausreichende Gleichmäßigkeit nach [8.11] erreicht werden. Nach [8.6] erfolgt dies mit Hilfe der Finite-Elemente-Methode (Bild 8.37).

Damit werden die konstruktive Gestaltung der Form- und Tischkonstruktion, Ort und technische Daten der Federaufstandspunkte und technische Daten, Anbringungsort

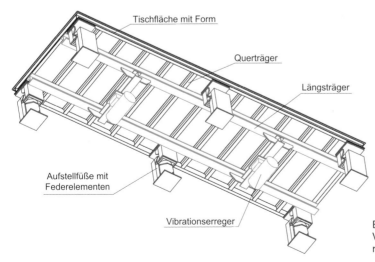

Tischfläche mit Form

Querträger

Längsträger

Aufstellfüße mit
Federelementen

Vibrationserreger

Bild 8.37: Grundaufbau einer Vibrationsverdichtungsausrüstung

Bild 8.38: Schwingkipptisch [8.25]

und Anzahl der Vibrationserreger bestimmt. Ein typisches Beispiel stellt der Kipptisch für die Fertigung flächiger Betonfertigteile dar (Bild 8.38).

Bei diesen Berechnungen können auch Fragen der Selbstsynchronisation von Außenvibratoren berücksichtigt werden [8.6]. Ganz entscheidend ist in jedem Fall, dass Vibrationsformen durch geeignete Maßnahmen schwingungsfähig sind, um die Verdichtungsenergie in das Gemenge übertragen zu können.

8.4 Hinweise zur Auswahl und Planung von Formgebungs- und Verdichtungsausrüstungen

Am Anfang einer jeden Planung steht die klare Definition, was die Ausrüstung realisieren soll, das heißt zunächst die Produktbeschreibung mit

– Abmessungen,
– Ausgangsstoffen,
– Quantität (Produktionsmenge) und
– Qualitätsanforderungen.

Bei einer wirtschaftlichen Implementierung einer Produktionsanlage kommen jedoch genauso ökonomische Anforderungen wie Investitionshöhe, Kosten für Bediener, Wartung, Energieverbrauch, Entsorgung von Abfallstoffen hinzu. Und da die Anlage in einer Umwelt arbeiten wird, sind auch Aspekte der Umweltverträglichkeit z.B. mit Lärm, Schwingungen und Staub aber auch Flächenbedarf zu beachten.

Obwohl der Blick in die Zukunft gewisse Unsicherheiten aufweist, ist auch abzuschätzen, wie lange die Anlage arbeiten, ob sie gleiche oder deutlich abweichende Produkte fertigen soll, ob die Produktion durch neue Einrichtungen erweitert oder gegebenenfalls auch einmal reduziert werden muss.

Sind die Ziele der Planung bekannt, können die grundsätzlichen Entscheidungen zum Formgebungs- und Verdichtungsverfahren getroffen werden. In dieser Phase sollte klar werden, welche Kennwerte von der Maschine realisiert werden müssen.

Wenn es an die Ausgestaltung der Ausrüstung geht, sind bei dem Betreiber der Anlage sehr unterschiedliche Vorgehensweisen möglich, die im Folgenden in drei Fällen unterschieden werden:

1. Selbstplaner
Mitunter liegen in dem Unternehmen jahrzehntelange Erfahrungen mit den Stoffen, Produkten und Maschinen vor. Zum Teil sind die Produkte und Verfahren so speziell, dass das Unternehmen dieses Know-how in diesem Umfang nur alleine hat oder auch alleine haben möchte. Dann kann es durchaus sinnvoll sein, den größten Teil der Auswahl und Planung in der Hand zu behalten. Jedoch darf auch in diesem Fall nicht vergessen werden, dass Spezialisten dafür notwendig sind und dass es für das Unternehmen wichtig ist, dieses Wissen auch zu formulieren und weiterzugeben. Die Selbstplanung schließt natürlich trotzdem ein, dass viele Komponenten wie Mischer, Außenvibratoren, Transporteinrichtungen oder auch eine Basismaschine zugekauft werden.

2. Kooperation
Die wohl häufigste und im Normalfall erfolgreichste Variante ist eine enge Kooperation zwischen Betreiber und Maschinenhersteller. Jeder kann sich daher auf seine Kernkompetenz konzentrieren. Aber die Grundlage einer erfolgreichen Zusammenarbeit ist eine klare Formulierung und Abgrenzung der Aufgaben und der gemeinsamen Ziele.

3. Anlagenkauf
Insbesondere Produktionsanlagen, wie sie schon vielfach installiert und erfolgreich betrieben werden, können auch mit geringem eigenen Aufwand „schlüsselfertig" erworben werden. Hier ist insbesondere die technische Vereinbarung wichtig, was die Anlage später können soll.

Häufig steht die Frage an, ob eher Spezial- oder Universalmaschinen eingesetzt werden sollen. Zunächst bietet die Universalmaschine – also eine Maschine, die sehr unterschiedliche Produkte mit einer breiten Palette von Einstellungsmöglichkeiten fertigen kann – den Vorteil der Flexibilität. Dafür ist die Maschine aber auch teurer und muss Kompromisse in Ihrem Anwendungsfeld treffen.

Die Spezialmaschine ist nur für einen kleinen Bereich von Produkten ausgelegt, ist aber für diese Produkte optimiert. Die Spezialmaschine kann so geringste Produktionskosten bei höchsten Qualitätsanforderungen bieten.

Auch bei der Auswahl und Planung von Formgebungs- und Verdichtungsausrüstungen ist der Faktor Mensch nicht zu vergessen. „Auch die beste Maschine kann nicht erfolgreich arbeiten, wenn es die Bediener nicht wollen." Die frühzeitige Einbindung der Menschen, die mit der Maschine später arbeiten werden, ihre Motivation und Schulung im Umgang mit der Maschine ist eine lohnende Investition.

Zu den technischen Details der sehr verschiedenen Formgebungs- und Verdichtungsausrüstungen wird auf die vorangegangenen Kapitel sowie die weiterführende Literatur [8.3], [8.6] und [8.20] verwiesen.

8.5 Lärm- und Schwingungsabwehr

Bei den im Abschnitt 4.1.3 aufgeführten Verdichtungsverfahren dominieren die dynamischen Verfahren bei Weitem. Das bedeutet, dass die Formgebung und Verdichtung
von Gemengen vorwiegend durch dynamische Einwirkungen realisiert wird. Es wäre
ideal, wenn die dabei entstehenden Schwingungen nur auf den eigentlichen Formge-
bungs- und Verdichtungsprozess begrenzt werden könnten. Dies ist jedoch nicht der
Fall, denn entstehende spürbare und hochfrequente Schwingungen haben zusätzlich
auch Körperschall zur Folge.

Bei Vibrationsmaschinen ist die Einleitung von *Schwingungen* das Arbeitsprinzip und
unterscheidet sich somit von Anwendungen anderer Industriezweige, bei denen
Schwingungen üblicherweise ein unerwünschter Nebeneffekt sind.

Deshalb gehen von ihnen in der Regel erhebliche dynamische Belastungen aus. Die
Aufstellung erfolgt auf gesonderten Fundamenten, Hallenböden, Geschossdecken
oder gesonderten Tragwerken. Dadurch werden häufig Lärm- und Erschütterungsbe-
anspruchungen sowohl in der Nähe des Aufstellorts als auch in benachbarten Büro-,
Labor- oder Wohngebäuden erzeugt (Bild 8.39).

Über die von Vibrationsmaschinen ausgehenden Emissionen hinaus beeinflussen Bau-
werks- bzw. Bauteilschwingungen auch die Arbeitsweise von Maschinen. Dabei muss

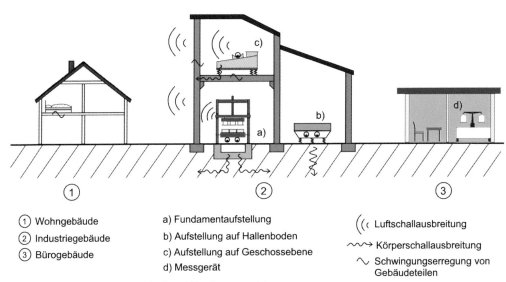

① Wohngebäude	a) Fundamentaufstellung	(((Luftschallausbreitung
② Industriegebäude	b) Aufstellung auf Hallenboden	⌇⌇⌇ Körperschallausbreitung
③ Bürogebäude	c) Aufstellung auf Geschossebene	∿ Schwingungserregung von Gebäudeteilen
	d) Messgerät	

Bild 8.39: Aufstellung von stationären Vibrationsmaschinen

Tabelle 8.2: Ausgewählte Richtlinien und Normen zur Schwingungsisolierung und Fundamentierung

DIN 4024–1	Maschinenfundamente – Elastische Stützkonstruktionen für Maschinen mit rotierenden Massen, 1988–04
DIN 4024–2	Maschinenfundamente – Steife (starre) Stützkonstruktionen für Maschinen mit periodischer Erregung, 1991–04
VDI 2062 Blatt 1	Schwingungsisolierung – Begriffe und Methoden, Entwurf 2009–10
VDI 2062 Blatt 2	Schwingungsisolierung – Schwingungsisolierelemente, 2007–11
Richtlinie 2002/44/EG	Mindestvorschriften zum Schutz von Sicherheit und Gesundheit der Arbeitnehmer vor der Gefährdung durch physikalische Einwirkungen (Vibrationen)

nicht einmal das empfindliche Messgerät in den Vordergrund gestellt werden. Moderne Produktionsanlagen verfügen über eine Vielzahl von Sensoren, Wägetechnik und Positionieraufgaben, für die entsprechende Grenzwerte bestimmt und realisiert werden müssen. Unplanmäßige Maschinenbewegungen führen häufig auch zur Reduzierung der Leistungsfähigkeit der Maschine, das heißt, der Wirkungsgrad steht oft in einem Zusammenhang mit der Maschinenaufstellung. Ebenfalls entstehen beispielsweise Beanspruchungen, die Rahmenrisse hervorrufen können.

In Tabelle 8.2 sind ausgewählte Richtlinien und Normen zur Schwingungsisolierung und Fundamentierung zusammengestellt.

Schall ist ganz allgemein immer dann gegeben, wenn sich Druck- und Dichteschwankungen in einem Medium fortpflanzen. Je nach Ausbreitung der Schallwelle in festen, flüssigen oder gasförmigen Medien wird in Körper-, Fluid- oder Luftschall unterschieden. Der in jeder Maschine entstehende Körperschall wird an den Oberflächen der Maschinenbauteile abgestrahlt und damit in Luftschall umgewandelt. Dieser körperschallerregte Luftschall ist eine der bedeutendsten Lärmquellen. An den Hörbereich des Menschen von 20 Hz bis 20 kHz schließen sich zu den tieferen Frequenzen der Infraschall und zu den höheren Frequenzen der Ultraschall an.

Im Bild 8.39 sind die wesentlichen Körper- und Luftschallwege im Zusammenhang mit der Aufstellung von Vibrationsmaschinen dargestellt. Damit sind gleichzeitig auch die Ansatzpunkte zum Lärmschutz aufgezeigt, wobei gilt: Zuerst sollte die Entstehung des Lärms an der Quelle reduziert werden, dann folgen Maßnahmen zur Luftschalldämmung (z. B. Lärmschutzkapselungen) und Körperschallisolierung (Isolatoren).

In Tabelle 8.3 sind ausgewählte Regelwerke zu Lärm und Lärmschutz zusammengestellt.

Die Ausrüstungen für die Formgebung und Verdichtung von Gemengen stellen eine Hauptquelle für die Entstehung von Schwingungen bei der Fertigung von Produkten dar. Also kommt es darauf an, dort unerwünschte Schwingungen und Lärmemission zu verhindern oder so weit wie möglich zu verringern.

Tabelle 8.3: Regelwerke zu Lärm und Lärmschutz

DIN 45635 Teil 1	Geräuschmessung an Maschinen – Luftschallemission, Hüllflächen-Verfahren, 1984–04
DIN 45645–1	Ermittlung von Beurteilungspegeln aus Messungen – Geräuschimmissionen in der Nachbarschaft, 1996–07
DIN 45645–2	Ermittlung von Beurteilungspegeln aus Messungen – Geräuschimmissionen am Arbeitsplatz, 1997–07
TA-Lärm	Sechste Allgemeine Verwaltungsvorschrift zum Bundes-Immissionsschutz-gesetz (Techn. Anleitung zum Schutz gegen Lärm), 1998–08
Richtlinie 2003/10/EG	Mindestvorschriften zum Schutz von Sicherheit und Gesundheit der Arbeit-nehmer vor der Gefährdung durch physikalische Einwirkungen (Lärm), 2003–02
LärmVibrations-ArbSchV	Verordnung zum Schutz der Beschäftigten vor Gefährdungen durch Lärm und Vibrationen (Lärm- und Vibrations-Arbeitsschutzverordnung), 2007–03

Technische Maßnahmen haben dabei Vorrang vor organisatorischen Maßnahmen [8.12] und [8.19]. Mögliche technische Maßnahmen für den Schallschutz sind schematisch in Bild 8.40 dargestellt.

Die Möglichkeiten des aktiven Schallschutzes werden in [8.13] ausgiebig diskutiert. Die Anwendung für die Formgebung und Verdichtung von Gemengen ist bisher nicht bekannt.

8.5.1 Primäre Schallschutzmaßnahmen

Primäre Schallschutzmaßnahmen sind die verfahrenstechnische Gestaltung von Formgebungs- und Verdichtungsprozessen sowie die konstruktive Gestaltung lärm- und schwingungsarmer Ausrüstungen.

8.5.1.1 Verfahrenstechnische Maßnahmen

Mit den in den Kapiteln 6 und 7 beschriebenen Möglichkeiten der Modellierung und Simulation von Formgebungs- und Verdichtungsprozessen sowie entsprechenden

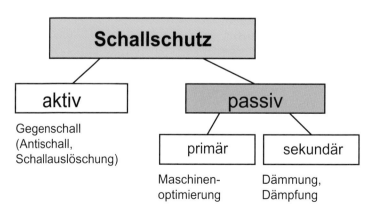

Bild 8.40: Schematische Einteilung des Schallschutzes

Bild 8.41: Niederfrequente Vibration, Erprobung

experimentellen Untersuchungen zur Verifizierung der erhaltenen Ergebnisse ist es möglich, diejenigen Einwirkungsgrößen und -kennwerte auf Gemenge zu ermitteln, die die gewünschte Qualität der Erzeugnisse garantieren. Dabei kommt es darauf an, dieses Ziel mit möglichst wenig Energie und damit geringem Lärm sowie wenig Schwingungen zu erreichen.

Hieraus ergeben sich verfahrenstechnische Lösungen, die diesem Anliegen Rechnung tragen. Diese sind beispielsweise

- die Wahl optimaler Einwirkungskennwerte auf Gemenge bei harmonischer Vibration auf der Basis der im Kapitel 7 beschriebenen Phasen 1 und 2,
- die Einwirkung von Verdichtungsenergie in verschiedenen Richtungen und Frequenzen bei Vibrationsverdichtung (Kapitel 7) sowie
- die Anwendung niederfrequenter Vibrationsregime (Kapitel 7).

8.5.1.2 Konstruktive Maßnahmen

Konstruktive Maßnahmen ergeben sich aus der Umsetzung der in Kapitel 7 und Abschnitt 8.3 dargestellten Grundsätze. Das betrifft beispielsweise aus verfahrenstechnischer Sicht die Verwirklichung der niederfrequenten Vibration für die Herstellung von Betonfertigteilen (Bild 8.41).

Bild 8.41 zeigt die durch das Verdichtungsverfahren mögliche Fertigung von Betonteilen mit unterschiedlicher Höhe. Bei Schallmessungen am Funktionsmuster und an einer hinsichtlich der herzustellenden Produkte vergleichbaren Fertigungsausrüstung mit mittelfrequenter Vibration wurden die Schallemissionen ermittelt. Für das Funktionsmuster mit niederfrequenter Vibration wurde ein äquivalenter Schalldruckpegel von 75,5 dB bestimmt.

Die Messung der Schallemission an einer herkömmlichen Fertigungsanlage mit mittelfrequentem Vibrationssystem ergab einen Schalldruckpegel von ca. 95 dB(A). Mit diesen Messergebnissen werden die umwelt- und arbeitssicherheitstechnischen Vorteile des entwickelten niederfrequenten Vibrationsverfahrens bestätigt [8.14].

Im Rahmen der harmonischen Vibration bei der Fertigung von Betonwaren [8.6] wird die Anwendung der rein harmonischen Vibration bei Steinformmaschinen in [8.15] ausführlich beschrieben. Neben der wesentlichen Verbesserung der Produktqualität konnte eine bemerkenswerte Senkung des Schalldruckpegels während der Fertigung erreicht werden. Bild 8.42 zeigt den gemessenen Schalldruckpegel einer Steinformmaschine vor und nach dem Umbau auf harmonische Vibration.

8.5.2 Sekundäre Maßnahmen zum Lärm- und Schwingungsschutz

Sekundäre Maßnahmen zum Lärm- und Schwingungsschutz sind:

- Maßnahmen zur Entkopplung durch Schwingungsisolatoren
- Fundamentierung
- Unterdrückung der Schall- und Schwingungsweiterleitung (Kapselung, Entkopplung)

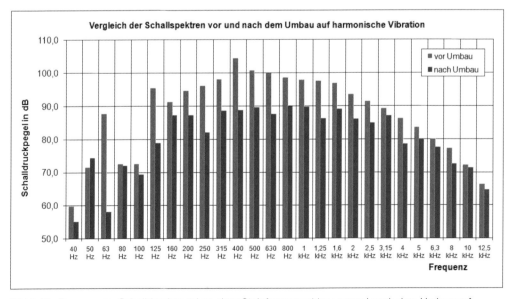

Bild 8.42: Gemessener Schalldruckpegel an einer Steinformmaschine vor und nach dem Umbau auf harmonische Vibration

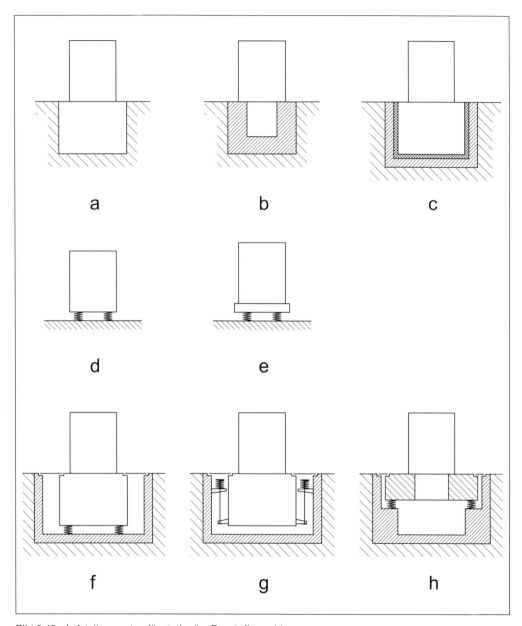

Bild 8.43: Aufstellungsarten für stationäre Baustoffmaschinen
a   massives Blockfundament auf Baugrund
b   Kastenfundament auf Baugrund
c   durch elastische Zwischenschicht isoliertes Blockfundament
d   direkte Aufstellung auf Schwingungsisolatoren
e   Aufstellung auf Schwingungsisolatoren mit Fundamentplatte
f   isoliertes Blockfundament, aufgelagert
g   isoliertes Blockfundament, abgehängt
h   isolierte Aufstellung mit modifiziertem Fundamentkörper

- Unterstützung der Absorbtion (Absorber, Trennwände)
- Minderung von Reflexionen (Oberflächengestaltung)
- Lärm-Optimierung der Fertigungsabläufe
- Lärmoptimierte räumliche Anordnung der Maschinen

Auf die Schwingungsentkopplung der Formgebungs- und Verdichtungsausrüstung wurde bereits im Abschnitt 8.3 eingegangen. Es kommt darauf an, dass die aufgebrachte Verdichtungsenergie tatsächlich hauptsächlich in das Gemenge gelangt. Bei dynamischen Verdichtungsverfahren ist deshalb das eigentliche Verdichtungssystem einerseits gegenüber der Umgebung zu isolieren und andererseits muss bei Vibrationsverdichtungssystemen das Schwingungssystem entsprechend abgestimmt werden (Abschnitt 8.3).

Auf die Fundamentierung von schwingenden Baustoffmaschinen wird in [8.15], [8.16] und [8.17] ausführlich eingegangen.

Bild 8.43 zeigt hierzu beispielsweise Aufstellungsarten für stationäre Baustoffmaschinen. Dabei werden als grundsätzliche Varianten die Aufstellung auf Baugrund und die Aufstellung auf Federisolatoren deutlich.

Weitere sekundäre Maßnahmen zur Lärm- und Schwingungsabwehr werden u.a. in [8.12], [8.13], [8.17] und [8.18] angegeben.

9   Qualitätssicherung

Wie eingangs bereits dargestellt, stellt bei der Herstellung von technischen Gebilden aus Gemengen die Formgebung und Verdichtung einen Teilprozess dar, der für die Qualität des Erzeugnisses von ausschlaggebender Bedeutung ist. Die Grundprinzipien der Qualitätssicherung für Betonerzeugnisse werden in [9.1] ausführlich dargestellt.

Für die Qualitätsüberwachung gibt es zwei grundlegende Prinzipien:

1. Produktionsbegleitende Überwachung der Ausgangsstoffe, Zwischenprodukte und qualitätsrelevanten Fertigungsschritte
2. Überwachung der fertigen, möglicherweise schon ausgehärteten Endprodukte

Für die Formgebung und Verdichtung von Gemengen ist die Überwachung des technologischen Prozesses bei der Fertigung von Erzeugnissen relevant. Dazu gibt es eine ganze Reihe von Einflussgrößen, die in den Kapiteln 2 und 5 beschrieben werden.

Für die Überwachung des eigentlichen Formgebungs- und Entwicklungsprozesses wäre die messtechnische Erfassung der internen Verdichtungskenngrößen (siehe auch Bild 4.7) erforderlich. Dies ist gegenwärtig leider noch nicht möglich. So gelingt es beispielsweise auch nicht, die Rohdichteentwicklung des Verarbeitungsguts während des Verdichtungsprozesses messtechnisch zu ermitteln und gegebenenfalls als Abbruchkriterium zu nutzen. Auch entwickelte Systemlösungen zur begleitenden Qualitätskontrolle auf Basis der Ultraschallanalytik haben bisher nicht zu einem durchschlagenden Erfolg geführt [9.4]. Messtechnisch ermittelbar sind jedoch die Einwirkungsgrößen an den Rändern des Verarbeitungsguts entsprechend den Abschnitten 4.1.2 und 7.1.

Nach dem gegenwärtigen Entwicklungsstand kommt es deshalb darauf an, während des Formgebungs- und Verdichtungsprozesses relevante Einwirkungskennwerte zu erfassen und mit den im Kapitel 7 in den einzelnen Phasen ermittelten optimalen Einwirkungskennwerten für bestimmte Gemenge zu vergleichen. Hierfür sind bisher meist nur Insellösungen vorhanden. Zwei Beispiele hierfür sollen im Folgenden kurz beschrieben werden.

9.1   IMQ-System für Betonsteinformmaschinen

Dieses intelligente Monitoring zur Qualitätssicherung für Betonsteinformmaschinen (IMQ-System) wurde bereits in [9.1] und [9.2] ausführlich beschrieben. Dabei wurden die drei autarken Systeme

– Ermittlung der Steinhöhe,
– Ermittlung der Rohdichte und
– Überwachung des Verdichtungsvorgangs

zu einem IMQ-System zusammengeführt (Bild 9.1).

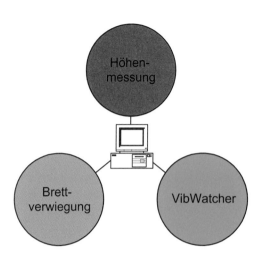

Bild 9.1: IMQ-System

Die *Steinhöhenmessung* erfolgt über Lasersensoren (Bild 7.6). Die Grundlagen hierzu sind im Abschnitt 7.2.1 dargestellt. Die Produkthöhe allein ist jedoch für die Beurteilung nicht aussagefähig. Es korrelieren aber die Festbetoneigenschaften stark mit der Rohdichte des Betonprodukts.

Die *Rohdichteermittlung* erfolgt über die Bestimmung der Masse der leeren Paletten vor der Steinformmaschine und der Massen der vollen Paletten nach der Steinformmaschine (Bild 9.2). Aus der Differenz der jeweiligen Voll- und Leerpalettenmasse erfolgt die Berechnung der Produktmasse. Mit der ermittelten Steinhöhe kann dann die Rohdichte ermittelt werden.

Bild 9.2: System zur Rohdichteermittlung

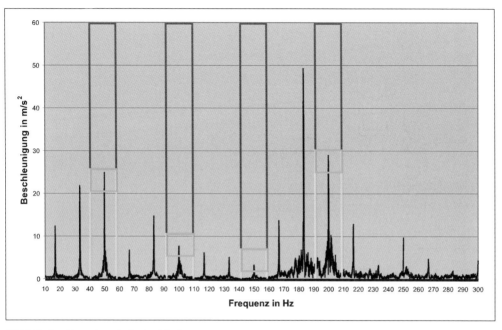

Bild 9.3: Spektrum innerhalb des Limits

Bei der *Maschinendiagnose mit dem Vibwatcher* werden an typischen Baugruppen des Verdichtungssystems (Bild 4.23) wie Vibrationstisch, Form und Auflast die Frequenzspektren der Beschleunigung während der Hauptvibration gemessen. Diese werden mit vorgegebenen Werten in den einzelnen Frequenzbereichen verglichen (Bild 9.3).

In Bild 9.3 sind solche ausgewählten Spektrallinien dargestellt. Die grün gerahmten Bereiche stellen die optimalen Höhen dieser Bereiche dar. Die roten und blauen Bereiche kennzeichnen eine Über- bzw. Unterschreitung dieser Linien.

Auf diese Weise werden nicht nur schnelle Veränderungen durch auftretende Defekte, sondern auch schleichende Veränderungen durch Verschleiß, Alterung (Gummifedern) und Wartungsbedarf (Klopfleistenabstand) angezeigt.

Das *IMQ-System* ermöglicht durch die Zusammenführung der o. g. drei Komponenten über neuronale Netze

– das frühzeitige Aufzeigen von Qualitätsschwankungen und
– ein schnelles Beseitigen der Fehlerursachen durch die Vorgabe zweckdienlicher Stellhinweise. Außerdem gibt es
– Hinweise auf notwendige Wartungsarbeiten.

Die Visualisierung dieses IMQ-Systems ist in Bild 9.4 zu ersehen.

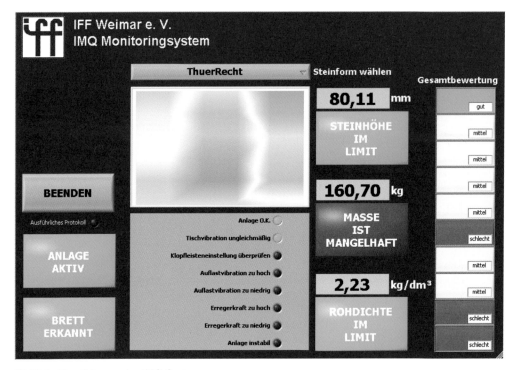

Bild 9.4: Visualisierung des IMQ-Systems

9.2 Flächendeckende Verdichtungskontrolle bei Walzen

Für die Verdichtung großer Flächen, beispielsweise von verschiedenen Bodenarten oder Materialien wie Kies, Schotter und Sand, aber auch von Beton und Asphalt, werden vorwiegend Walzen und dabei speziell Vibrationswalzen verschiedener Bauarten (siehe Abschnitt 4.3) eingesetzt.

Mit dem Ziel der Qualitätssicherung bei der Verdichtung der verschiedenen Verarbeitungsgüter werden von den Walzenherstellern Einrichtungen zur kontrollierten Verdichtungsmessung angeboten. Das Grundprinzip eines derartigen Verdichtungsmesssystems an einem Walzenzug ist in Bild 9.5 dargestellt.

Das Verdichtungsmesssystem basiert auf dem in Abschnitt 4.10.3 in Bild 4.87 dargestellten Schwingungsersatzsystem für eine Vibrationswalze (s.a. [9.7] [9.8]). Bei der Verdichtungskontrolle wird über einen Beschleunigungssensor 1 (Bild 9.5) die vertikale Bewegung der Bandage gemessen. Anhand eines einfachen Modells (Bild 9.6) kann das Kräftegleichgewicht in vertikaler Richtung aufgestellt werden.

Die Bewegungsgleichung lautet:

$$m\ddot{z} + b\dot{z} + cz + F_B = m_u r_u \Omega^2 \cdot \sin\Omega t \tag{9.1}$$

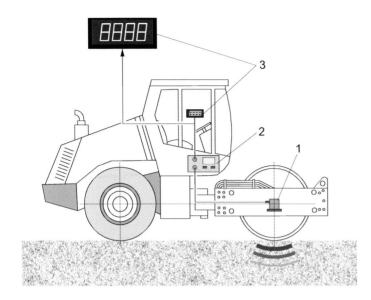

Bild 9.5: Grundprinzip des
Schwingungsmesssystems an
einem Walzenzug [9.3]
1 Beschleunigungsaufnehmer
2 Elektronikeinheit
3 Anzeigegerät

Von Interesse ist die Bodenreaktionskraft, die sich bei Vernachlässigung der Kräfte aus der Feder ergibt zu:

$$F_B(t) = m_u r_u \cdot \Omega^2 \sin\Omega t - m\ddot{z} \tag{9.2}$$

Die Darstellung der Bodenreaktionskraft über dem Weg der Bandage ergibt eine Hysteresekurve [9.9] (Bild 9.6), aus der Informationen zur Bodensteifigkeit und damit auch zur Verdichtung gewonnen werden können.

Es ergibt sich also eine Wechselwirkung zwischen der Beschleunigung des schwingenden Walzkörpers und der dynamischen Steifigkeit des Verarbeitungsguts. Wäh-

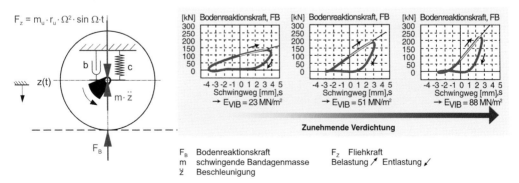

Bild 9.6: Kräftegleichgewicht an der Bandage einer Vibrationswalze und Hysteresekurve [9.9]

rend ein Teil der eingetragenen Energie durch die Dämpfung des Verarbeitungsguts absorbiert wird, geht der andere Teil als Reaktionskraft an den Walzkörper zurück. Für den erreichten Grad der Verdichtung ist demzufolge die Größe der Reaktionskraft ein Maß. Das bedeutet, dass mit zunehmender Anzahl der Übergänge die Reaktionskraft und damit der Verdichtungsgrad anwachsen. Die über die Beschleunigung des Walzenkörpers gemessenen Verdichtungswerte korrelieren mit der dynamischen Steifigkeit des Verdichtungsguts, die je nach Verarbeitungsgut auf Kennwerten bekannter Prüfverfahren beruht.

Entsprechend den im Abschnitt 7.2.2 dargestellten Grundlagen zur Schwingungsmessung können die gemessenen Kennwerte dann weiter aufbereitet und beispielsweise durch Messprotokolle oder Farbdisplays sichtbar gemacht werden. Ein derartiges Verdichtungsmess- und Dokumentationssystem ist in Bild 9.7 dargestellt. Auf

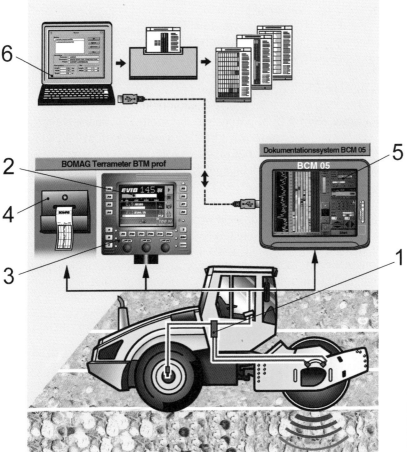

1 Elektronikeinheit
2 Anzeigegerät
3 Bedieneinheit
4 Drucker
5 Displayanzeige
6 Computer

Bild 9.7: Verdichtungsmess- und Dokumentationssystem an einem Walzenzug [9.9]

diese Weise können unzureichend verdichtete Stellen sofort sichtbar gemacht werden [9.3].

Für großflächige Anwendungsbereiche wie im Eisenbahnbau, Flughafenbau, Deponiebau und Autobahnbau ist das beschriebene Verdichtungsmess- und Dokumentationssystem durch eine *satellitengestützte Positionierung der Walze* erweiterbar [9.3].

Auf der Grundlage der vorstehend und in den Abschnitten 4.1.3 (Bild 4.21) und 4.10.3 beschriebenen Zusammenhänge lässt sich *ein selbstregelndes Verdichtungssystem für Verdichtungswalzen* realisieren. Es geht dabei um die automatische Anpassung der Verdichtungsenergie an den erforderlichen Verdichtungsbedarf [9.3].

In diesem Fall sind in den Walzenkörpern Gegenlauferreger angeordnet, die gerichtete Schwingungen erzeugen. Deren Wirkungsrichtung kann dabei durch Verdrehung der Unwuchten zueinander oder durch Drehen des gesamten Gegenlauferregers von vertikal bis horizontal verändert werden (Bild 9.8). Damit wird gleichzeitig die Größe der Wirkungskraft in vertikaler Richtung verändert. Dies erfolgt automatisch in Abhängigkeit von der Steifigkeit des zu verdichtenden Verarbeitungsguts, das heißt, bei niedriger Steifigkeit, beispielsweise bei Walzbeginn, sind hohe vertikale Wirkungskräfte erforderlich. Die gemessenen Werte für die vertikalen Wirkungskräfte hängen direkt mit dem Verformungsmodul des Verdichtungsguts und damit den Reaktionskräften an der Bandage zusammen [9.3]. Diese Reaktionskräfte werden durch einen Beschleunigungsaufnehmer (Bild 9.8) ermittelt und in einem Prozessor weiter verarbeitet. Auf diese Weise kann die erforderliche Verdichtungsenergie in kürzester Zeit an die jeweiligen Verdichtungszustände angepasst werden. Die gewünschte Verdichtung kann beispielsweise nach [9.3] in MN/m² vorgegeben und entsprechend eingestellt werden.

Dieses selbstregelnde Verdichtungssystem findet auch im Asphaltbau bei Tandemwalzen Anwendung [9.3]. Hier kommt es vor allem darauf an, dass in den Asphaltbelag nicht mehr Vibrationsenergie eingeleitet wird, als zur notwendigen Verdichtung erforderlich ist. Zusätzlich zu dem dargestellten selbstregelnden Verdichtungssystem kommt bei der Asphaltverdichtung noch eine Asphalt-Temperaturüberwachung hinzu (Bild 9.8). Diese und die Daten der Verdichtungszunahme werden in einem Prozessor aufbereitet und als Referenzwert in MN/m² zur Bewertung herangezogen. Dabei besteht ein direkter Zusammenhang zur Marshalldichte [9.3]. Entsprechende Verdichtungssollwerte können vorgegeben werden.

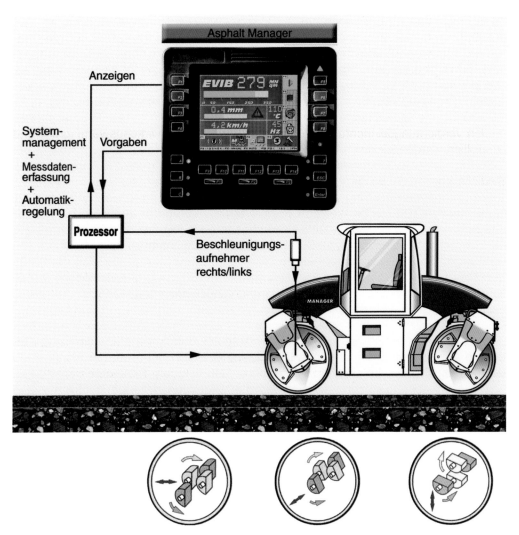

Bild 9.8: Selbstregelndes Verdichtungssystem an einer Tandemwalze [9.9]

9.3 Automatisierungstechnisches Konzept für stationäre Anlagen

Eine durchgängige automatisierungstechnische Lösung zur Qualitätssicherung bei Formgebungs- und Verdichtungsprozessen ist derzeit noch Forschungs- und Entwicklungsgegenstand – jedoch als Zielstellung in der Zukunft für viele Prozesse relevant. Bild 9.9 zeigt ein Konzept für automatisierungstechnische Lösungen bei stationären Anlagen, das auf einer Ausarbeitung für Betonrohrfertiger aus dem Jahre 2002 basiert [9.10]. Dieses komplexe System besteht wiederum aus Teilbereichen, für die Lösungen z. T. erst in den letzten Jahren erarbeitet wurden oder noch werden.

Ausgangspunkt bei der Formgebung und Verdichtung ist die Realisierung der zur Verdichtung benötigten Einwirkungen auf das Gemenge, welche maßgeblich für die Qualität der gefertigten Produkte verantwortlich sind. Bisher wird jedoch häufig die Bedeutung der Einflussgrößen der Einwirkung bei der Sicherung der Qualität nicht ausreichend berücksichtigt. Oftmals sind den Maschinenbetreibern die Einwirkungswerte bei ihrer Produktion nicht bekannt. Eine Überwachung der Werte ist die Ausnahme. Es ist also eine entsprechende Sensorik (Beschleunigungsaufnehmer, Drucksensoren) an den Verdichtungseinrichtungen notwendig, damit die Einwirkungswerte fortlaufend kontrolliert werden können.

Sind die Einwirkungsgrößen bekannt, ist im nächsten Schritt eine Rückkopplung auf die Verdichtungseinrichtung zweckmäßig. Eine Regelung überprüft Ist- und Sollwerte der Einwirkung und stellt diese nach. Dabei kann auch den sich verändernden Verhältnissen über den Verdichtungsprozess Rechnung getragen werden. Zu dieser Regelung sind Informationen über die Systemzusammenhänge notwendig.

Eine Regelung der Verdichtungseinrichtung setzt weiterhin die Möglichkeit der Beeinflussung der Einwirkungsgrößen an der Verdichtungseinrichtung (z.B. durch Veränderung der Erregerkraft) voraus.

Ziel der Verdichtung ist die Erreichung gewünschter Rohdichten. Eine direkte Ermittlung der Rohdichte von Gemengen im Prozess ist bisher nicht möglich. Häufig kann jedoch über Füllmengen und Produkthöhen auf eine aktuelle Rohdichte geschlossen

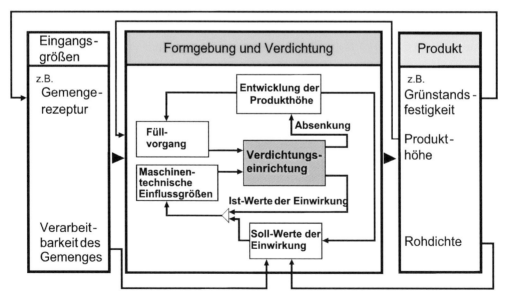

Bild 9.9: Schematische Darstellung möglicher automatisierungstechnischer Ansätze bei Formgebungs- und Verdichtungsprozessen

werden. Mit der Hochrechnung der Rohdichteentwicklung können die Einwirkungs-werte und die Gemengezufuhr geregelt werden.

Wird der gesamte Formgebungs- und Verdichtungsprozess betrachtet, so gibt es Eingangsgrößen wie das Gemenge und Ergebnisgrößen wie die Eigenschaften der gefertigten Produkte. Eine Prozessdatenerfassung, -überwachung und -regelung um-fasst den Herstellungsprozess noch komplexer. Hier sind Teillösungen wie die Über-prüfung der Verarbeitbarkeit des Gemenges vor der Verdichtung (siehe Abschnitt 9.4) oder die Bestimmung der Rohdichte am frischen Produkt (siehe z. B. Abschnitt 9.1) notwendig.

9.4 Überwachung der Verarbeitbarkeit von Gemengen

Eine wesentliche Eingangsgröße für Formgebungs- und Verdichtungsprozesse ist die Verarbeitbarkeit des Gemenges. Bei einer umfassenden Qualitätssicherung im Pro-duktionsprozess liegt also eine Online-Überwachung dieser Eigenschaften des Ge-menges nahe. Dabei ist die Verarbeitbarkeit des Gemenges keine einzelne physika-lische Größe sondern eine Kombination mehrerer relevanter Größen, welche vom Produkt, Gemenge und Verarbeitungsprozess selbst wieder abhängig sind. Für Vibra-tionsverdichtungsprozesse sind z. B. insbesondere Reaktionen des Gemenges auf Vibrationseinwirkungen interessant. Die Information aus der Online-Überwachung der Gemengeeigenschaften können zu Dokumentationszwecken, aber besser noch zur Anpassung nachfolgender Prozesse (z. B. Anhebung der Verdichtungseinwirkung bei schwerer zu verdichtenden Gemenge) und Korrektur vorgelagerter Prozesse (Verände-rung der Mischungszusammensetzung und des Mischprozesses) genutzt werden.

9.4.1 Online-Qualitätsbestimmung bei Formsand

Bekannt ist ein Online-Messgerät der Fa. Eirich [9.11], das in Gießereien für die Aufbe-reitung von Umlauf-Formsand genutzt wird (Bild 9.10). Dieses Gerät analysiert die mischgutcharakterisierenden Größen – wie Verdichtbarkeit, Druckfestigkeit und Scher-festigkeit – anhand eines oder mehrerer Probekörper. Für die Analyse von Formsand-mischungen werden von einem dem Mischer nachgeschalteten Förderband Proben entnommen, volumenkonstant in eine Hülse gefüllt und mit Stempeln auf Verdichtbar-keit, Druck- und Scherfestigkeit geprüft.

Die von Kraft- und Wegsensoren erfassten Messwerte werden für drei Proben einer Charge statistisch ausgewertet. Gemeinsam mit weiteren Kenngrößen aus dem Misch-prozess, wie Mischguttemperatur und -feuchte, beeinflusst die zentrale Steuersoft-ware nachfolgende Chargen. Durch die variierende Zugabe von Additiv- und Was-sermenge wird über eine Vielzahl von Aufbereitungschargen ein gleich bleibender Formsand mit konstanter Soll-Verdichtbarkeit erreicht. Die teilweise starken Istwert-Schwankungen, verursacht durch den vorgeschalteten Gussprozess mit häufig wech-selnden Gussteilgeometrien, werden durch die vollautomatische Korrektur der Aufbe-reitungsanlage reduziert, womit eine Produktion in sehr engen Toleranzen gesichert wird.

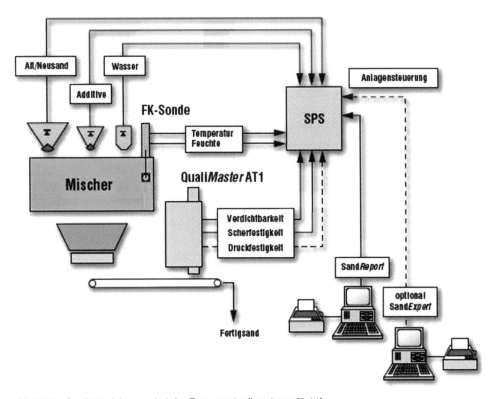

Bild 9.10: Qualitätssicherung bei der Formsandaufbereitung [9.11]

9.4.2 Online-Qualitätsbestimmung bei Betongemengen

Für steife Betongemenge, die durch Vibration verdichtet werden sollen, ist eine erweiterte Prüfung des Gemenges unter Vibration entwickelt worden (Bild 9.11). Es wird eine Vielzahl von Kenngrößen nach dem Mischprozess erfasst. Neben der Schütt-bzw. Rohdichte werden die Verdichtbarkeit mit und ohne Schwingungsanregung, Schwingungs- bzw. Frequenzantworten in axialer und radialer Richtung sowie die Gasdurchlässigkeit aufgenommen. Die gewonnenen bzw. abgeleiteten Kenngrößen bilden die Basis für den qualitativen Vergleich zwischen verschiedenen aufeinander folgenden Mischungen. Um die Messergebnisse statistisch abzusichern, werden je nach verfügbarer Aufbereitungszeit der nachfolgenden Mischung zwei bis drei Proben analysiert. Damit werden Langzeitvariationen der Gemengeeigenschaften durch die frühzeitige Änderung der stofflichen Zusammensetzung oder der physikalischen Einstellparameter des Mischprozesses beeinflusst.

Für einen Großteil der industriellen Massenprodukte stellen Schwankungen in den Ausgangsmaterialien ein viel größeres Problem als Schwankungen im Mischprozess dar. Gerade bei der Herstellung von Betonwaren liegen wesentliche Abweichungen der Mischungsqualität in variierenden Rohstoffparametern begründet. Beispielhaft hier-

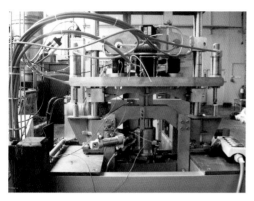 

Bild 9.11: Zentrale Schwingungseinheit (links) und Messzelle (rechts) zur Qualitätsbestimmung bei Betongemengen [9.12]

für sind variierende Sieblinien des Sands, Schwankungen in der Zementzusammensetzung bzw. bei der Zementtemperatur und Schwankungen in den natürlichen Rohstoffen, wie z. B. Feuchte oder Begleitstoffanteile [9.12].

Es wurden zahlreiche Versuche im Labormaßstab durchgeführt, um geeignete Korrelationen zwischen den Messgrößen und den benötigten Qualitätsindikatoren zu gewinnen. Die Ergebnisse zeigen, dass eine Beurteilung der Betonqualität hinsichtlich unterschiedlicher w/z-Werte, Änderungen in der Rohstoffzusammensetzung sowie in der Qualität der Gesteinskörnung detektiert werden können.

10   Ausblick

Für die Herstellung von technischen Erzeugnissen und Gebrauchsgegenständen durch die Verarbeitung von Gemengen stellt die Formgebung und Verdichtung einen für die anderen Teilprozesse qualitativ und quantitativ bestimmenden Vorgang dar. Hierfür haben sich im Laufe der Jahre typische Grundverfahren etabliert. Völlig neue Formgebungs- und Verdichtungsverfahren sind kaum zu erwarten. Es kommt heute vielmehr darauf an, diese Abläufe prozesstechnisch zu durchdringen, um damit neue Chancen für die Auslegung und gegebenenfalls die Kombination von Verfahren zu finden.

Für die Optimierung bzw. die Weiterentwicklung von Verfahren und technischen Ausrüstungen ist die Kenntnis charakteristischer physikalischer Kenngrößen, die das Verarbeitungsverhalten der zu betrachtenden Gemenge beschreiben, von entscheidender Bedeutung. Diese Kenngrößen müssen mit Hilfe geeigneter Versuchseinrichtungen ermittelt werden. Obwohl die theoretische Durchdringung meist ausgeprägt ist, ist die technische Umsetzung häufig schwierig. Es fehlen oft noch geeignete Verfahren für die realistische Bestimmung der absoluten Stoffkennwerte, die aber für eine mathematische Modellierung unumgänglich sind.

Andererseits lassen die Weiterentwicklungen der Rechentechnik und der numerischen Simulationsverfahren immer größere Potenziale bei der Modellierung erwarten. Sehr interessante Ansätze existieren auch bei der Kopplung von Simulationsverfahren – beispielsweise von Strömungssimulationen über DEM-Modelle bis hin zu MKS-Kopplungen zur Maschinentechnik.

Die Vorstellung einer Echtzeit-Simulation dieser Vorgänge ist heute sicherlich noch utopisch, würde aber ein weites Feld für Optimierungen in Prozessführung und Qualitätssicherung eröffnen.

Die Qualitätssicherung bei der Fertigung von Erzeugnissen ist nur in wenigen Teilbereichen konsequent verwirklicht. Häufig scheitert diese an der Umsetzung aussagefähiger Kennwerte. Auf diesem Gebiet wird ein deutliches Entwicklungspotenzial gesehen.

Für die Zusammensetzung und die Verarbeitungseigenschaften von Gemengen wird es sicher Weiterentwicklungen geben. Bei Betongemengen betrifft das beispielsweise die Betonzusatzstoffe und Betonzusatzmittel. Das gilt auch für die Verarbeitung rezyklierter Materialien sowie Gemengen mit metallischen, textilen und aus nachwachsenden Rohstoffen stammenden Fasern. Für die Umsetzung der entsprechenden Formgebungs- und Verdichtungsprozesse sind entsprechende flexible technische Ausrüstungen erforderlich. Hierin wird jedoch kein Problem gesehen. Entscheidend ist bei diesen Prozessen die Ermittlung derjenigen Einwirkungsgrößen, die eine qualitätsgerechte Fertigung von Produkten bei hoher Produktivität, geringem Energieaufwand und hohem Lärm- und Schwingungsschutz ermöglichen.

11   Literaturverzeichnis

Vorwort

[1]   Who is who in concrete; Betonwerk + Fertigteiltechnik 08/2007, S. 86–87

Kapitel 0: Einführung

[0.1]   Stark, J.; Wicht, B.: Geschichte der Baustoffe. Bauverlag GmbH, Wiesbaden und Berlin 1998

[0.2]   Kuch, H.; Schüler, G.: Ausrüstungen zur Formgebung von Bauelementen aus Erdbaustoffen. Bauindustrie 5/1990

[0.3]   Kuch, H.; Schwabe, J.-H.; Palzer, U.: Herstellung von Betonwaren und Betonfertigteilen – Verfahren und Ausrüstungen; Verlag Bau+Technik, 2009

Kapitel 1: Ziel der Formgebung und Verdichtung

[1.1]   Heidenreich, E.; Goldhahn, H.; Henning, J.; Hofmann, D.; Kaysser, D.; Kornmann, P.; Reher, E. O.: Verarbeitungstechnik. VEB Deutscher Verlag für Grundstoffindustrie, Leipzig, 1978

[1.2]   Kuch, H.; Schwabe, J.-H.; Volkland, U.: Formgebung und Verdichtung von Betonbauteilen. Betonwerk + Fertigteiltechnik (65) 1999, H. 7, S. 74–81

[1.3]   Kuch, H.; Schwabe, H.-J.; Palzer, U.: Herstellung von Betonwaren und Betonfertigteilen – Verfahren und Ausrüstungen. Verlag Bau+Technik, 2009

Kapitel 2: Charakterisierung von Gemengen

[2.1]   Kuch, H. u. a.: Grundlagenuntersuchungen zur Kennwertermittlung von Baustoffen bei Formgebungsprozessen. Grundlagenforschung, Abschlussbericht. IFF Weimar e. V., 2005. Reg.-Nr. 2002-WF-0221.

[2.2]   Reiner, M.: Rheologie in elementarer Darstellung. VEB Fachbuchverlag Leipzig, 1967

[2.3]   Wächter, H.: Zur Auslegung des Verdichtungssystems von Betonsteinfertigern. Dissertation, HAB Weimar, 1986

[2.4]   Schellenberger, K.: Rheologie von Frischbeton. Diplomarbeit, HAB Weimar, 1983

[2.5]   www.wikipedia.org/wiki/Newtonsches Fluid. [Online] [Zitat vom: 10.08.2010]

[2.6]   Stark, J.; Krug, H.: Physikalische Untersuchungen. Baustoffpraktikum, Bd. 1. Weimar: Schriftenreihe des F. A. Finger-Instituts für Baustoffkunde der Bauhaus-Universität Weimar, 1999

[2.7]   Metzger, Th.: Das Rheologie-Handbuch: Für Anwender von Rotations- und Oszillations-Rheometern. Hannover: Vincentz Verlag Hannover, 2000, ISBN 3-87870-567-0.

[2.8]   DIN 53019, Viskosimetrie – Messung von Viskositäten und Fließkurven – Teil 1: Grundlagen und Messgeometrie, Ausgabe 09–2008

[2.9]   Vogel, R.: www.vogel-labor.de; Wissenschaftliche Arbeiten: Fließen von Selbstverdichtendem Beton- Das Fließgesetz. [Online] Mitteilung 04/7

[2.10]   DIN EN 12350 Teil 5: Prüfung von Frischbeton – Ausbreitmaß

[2.11]   DIN EN 12350 Teil 8: Prüfung von Frischbeton – Setzfließversuch

[2.12] DIN EN 12350 Teil 9: Prüfung von Frischbeton – Auslauftrichterversuch

[2.13] DIN EN 12350 Teil 10: Prüfung von Frischbeton – L-Kasten-Versuch

[2.14] DIN EN ISO 2431: Lacke und Anstrichstoffe – Bestimmung der Auslaufzeit mit Auslaufbechern

[2.15] Stark, J.; Krug, H.: Baustoffpraktikum. Band 1: Physikalische Untersuchungen. Schriftenreihe des F. A. Finger-Instituts für Baustoffkunde der Bauhaus-Universität Weimar, 1999

[2.16] Vogel, R.: Neues Gerät für rheologische Messungen – Eine Messzelle für Spezialmörtel. In: BFT.01 (2008), S. 124–126 (l.)

[2.17] Palzer, S.; Krenzer, K.: Application of the particle simulation on the evaluation oft he rheological properties of fresh concrete. Regensburg: Vortrag, 20. Kolloquium und Workshop „Rheologische Messungen an mineralischen Baustoffen" am 01./02.03.2011

[2.18] Sowoidnich, Th.: Das Fließverhalten von Mörteln unter Verwendung der Korbzelle. Kolloquium „Rheologische Messungen an mineralischen Baustoffen" am 12.03.2008. Vortrag

[2.19] Ostheeren, K.: Rheologische Untersuchungen an Basismörteln Selbstverdichtender Betone mit Sanden unterschiedlicher Kornformen. Bauhaus-Universität Weimar, Professur ABW, 2008. Diplomarbeit BD/2008/01

[2.20] Buchenau, G.; Hillemeier, B.: Kugelfallrheometer zur Prüfung von Selbstverdichtendem Beton. In: Beton- und Stahlbetonbau. Heft 2, S. 139–147 (2005), Jahrgang 100

[2.21] Buchenau, G.; Kaiser, H.; Hillemeier, B.: Prüfung Selbstverdichtender Betone mit dem Kugelfallrheometer. In: Beton- und Stahlbetonbau. Heft 9, S. 775-S.783 (2005), Jahrgang 100

[2.22] http://rheologie.homepage.t-online.de/.[Online]

[2.23] Palzer, S.: Konzeption für einen Rohrleitungsversuchsstand zur Ermittlung der rheologischen Parameter von suspensionsartigen Betongemengen. HAB Weimar, 1983. Diplomarbeit

[2.24] Palzer, U. u. a.: Adaption numerischer Simulationsmodelle für die Optimierung von Verarbeitungsprozessen mineralischer Stoffsysteme. IFF Weimar e. V., Laufzeit: 01.09.2008 bis 31.10.2011. Vorlaufforschung VF 080006. Projektträger: EuroNorm GmbH

[2.25] Ribitzsch und V.L Rheologie, L.V.: 646.508,WS,1-stündig. Universität Graz

[2.26] Blask, O.: Zur Rheologie von polymermodifizierten Bindemittelleimen und Mörtelsystemen. Dissertation Universität-Gesamthochschule Siegen, 2002

[2.27] Schulze, D.: Pulver und Schüttgüter, Fließeigenschaften und Handhabung. Springer Verlag Berlin ISBN 978-3-540-34082-9

[2.28] Thomas, J.: Zur Mechanik trockener kohäsiver Schüttgüter. Magdeburg: Otto-von-Guericke-Universität Magdeburg, Mechanische Verfahrenstechnik, 2002

[2.29] Harder, J.: Ermittlung der Fleißeigenschaften kohäsiver Schüttgüter mit einer Zweiaxialbox. TU Braunschweig: Dissertation. 1986

[2.30] Katterfeld, A.; Gröger, T.: Einsatz der Diskrete Elemente Methode in der Schüttguttechnik: Gütübergabestellen. In: Schüttgut. Vol. 13 (2007), Nr. 3, S. 202–213

[2.31] Franz, M.: Umschlagsanlage optimal angepasst. In: Schüttgut. Vol. 13 Nr. 3, S. 214–219 (2007)

[2.32] Katterfeld, A.; Gröger, T.: Einsatz der Diskrete Elemente Methode in der Schüttguttechnik: Becher- und Kratzerförderer. In: Schüttgut. Vol. 13 (2007), Nr. 4, S. 276–283

[2.33] Palzer, S.; Kuch, H.: Numerische Modellierung des Verarbeitungsverhaltens. Tagungsband des 4. Internationalen Symposiums „Werkstoffe aus Nachwachsenden Rohstoffen, 11./12. Sept. 2003 in Erfurt, S. 3–8

[2.34] Palzer, S.: Simulation des Verarbeitungsverhaltens von Gemengen. Vortrag zur 10. Internationalen Fachtagung des IFF Weimar e. V. am 26./27. November 2003 in Weimar

[2.35] Schmandra, A.: Mischen von mineralischen Gemengen mit Doppelwellen-Charagenmischern-Theorie und Praxis. 12. IFF-Tagung in Weimar 2005: Vortrag

[2.36] Müller, W.: Auslegung von Planetenmischern mit Partikelsimulation. 12. IFF-Tagung in Weimar 2005: Vortrag

[2.37] Klein, J.: Der Einfluss einer Gasdurchströmung auf die Fließeigenschaften leicht verdichtbarer Schüttgüter. Bergakademie Freiberg: Dissertation 2003

[2.38] Schulze, D.: Vergleich des Fließverhaltens leicht fließender Schüttgüter. Schüttgut. In: Schütt. 347–356 (1996)

[2.39] www.dietmar-schulze.de/grdld1.html. Grundlagen der Schüttgutmechanik. [Online]

[2.40] Keller, H.; Grasenack, A.: Erste Erfahrungen bei der Durchführung von Scherversuchen an einem Großschergerät. In: Wissenschaftliche Zeitschrift der HAB Weimar. Heft 4, S. 169–173 (1991), Bd. Jg. 37

[2.41] Schulze, D.: Entwicklung und Anwendung eines neuartigen Ringschergeräts. In: Aufbereitungstechnik. Jg. 35 (1994), Bd.-Nr. 10. S. 524–535

[2.42] Müller, A.: Kann man die Fließfähigkeit von Pulvern messen? In: Schüttgut. Vol. 16 Nr. 1, S. 30–31, (2010)

[2.43] Wilms, H.; Schwedes, J.: Vergleichende Scherversuche mit Ringschergerät und Jenike Schergerät. In: Aufbereitungstechnik. Jg. 29 (1988). Nr. 2; S. 53–60

[2.44] Raschka, K.; Buggisch, H.: Bestimmung der Fließeigenschaften feuchter Schüttgüter und Pasten mit einem Ringschergerät. 1992. Nr. 3. S. 132–139, Jg. 33

[2.45] Zetzener, H.; Schwedes, J.: Relaxationsverhalten von Schüttgütern in der Zweiaxialbox, Chemie Ingenieur Technik (72). Weinheim: WILEY-CH Verlag GmbH, 1+2 2000, S. 66–70

[2.46] Keller, H.; Stark, U.: Bestimmung von Stoffwerten für schüttgutartige Betongemenge mittels Schertest. In: 6. Technologische Tagung der HAB Weimar, 1987, S. 50–58.

[2.47] Kuch, H. u. a.: Kontrollverfahren zur Verarbeitbarkeit schüttgutartiger Betongemenge. In: FuE-Bericht, IFF Weimar e. V., 2001

[2.48] Friedrich, P.; Traut, P.: Ermittlung von Kenngrößen zur Beschreibung der elastischen und dämpfenden Eigenschaften von Betongemengen bzw. Frischbeton. Dissertation, Hochschule für Architektur und Bauwesen Weimar, 1989

[2.49] Schwabe, J.-H.: Schwingungstechnische Auslegung von Betonrohrfertigern. Dissertation, Technische Universität Chemnitz, 2001

[2.50] Kuch, H.; Schwabe, J.-H.; Palzer, U.: Herstellung von Betonwaren und Betonfertigteilen – Verfahren und Ausrüstungen. Verlag Bau und Technik GmbH, 2009. ISBN 978-3-7640-0507-8

[2.51] Leichtes Fallgewichtsgerät ZFG 02. Firmenschrift, Fa. Gerhard Zorn, Mechanische Werkstätten, Stendal, 1996

[2.52] Hiese, W.; Knoblauch, H.: Baustoffprüfungen. 1. Auflage. Werner Verlag Düsseldorf, 1988

[2.53] Rychner, G. A.: Die Betonsonde, ein neues Gerät zur Bestimmung der Verarbeitbarkeit von Beton. In: Schweizerische Bauzeitung. 67 (1949) Nr. 33, S. 445–449

[2.54] Haase, Th.: Keramik. Leipzig: Verlag für Grundstoffindustrie, 1970.

[2.55] Krause u. a.: Technologie der Keramik. Bd. 2. Mechanische Prozesse. VEB Verlag für Bauwesen Berlin, 1982

[2.56] Niceporenko, S. P. u. a.: O formovanie keramiceskich mass. Kiew: Verlag Naukova Duma, 1971

[2.57] Plaul, Th.: Technologie der Grobkeramik, Band 1. Berlin: VEB Verlag für Bauwesen, 1973

[2.58] Haase, Th.: Der Pfefferkorn-Apparat als absolutes Messgerät. In: Berichte der DKG 43 (1966) 10, S. 593–594.

[2.59] Pels Leusden, C. O.: Die Bestimmung von Stoffkenngrößen der Plastizität grobkeramischer Massen. In: Bericht der DKG. 39 (1962) 3, S. 181–187

[2.60] Ebert, R.: Verfahren und Vorrichtung zur Messung der Bildsamkeit von Materialien wie keramischen Rohstoffen und Massen. DE 10325958A1 2003

[2.61] Koehler, E. P.; Fowler, D. W.; Ferraris, Ch. F.: Summary of Concrete Workability Test Methods, Rep. No. ICAR 105–1; 2003, International Center of Aggregates Research, University of Texas at Austin

[2.62] DIN EN 12350, Prüfung von Frischbeton – Teil 2: Setzmaß, Ausgabe 08–2009

[2.63] DIN EN 12350, Prüfung von Frischbeton – Teil 3: Vebe-Prüfung, Ausgabe 08–2009

[2.64] DIN EN 12350, Prüfung von Frischbeton – Teil 4: Verdichtungsmaß, Ausgabe 08–2009

[2.65] DIN 4094, Baugrund – Felduntersuchungen – Teil 1: Drucksondierungen, Ausgabe 06–2002

[2.66] DIN 18127 Baugrund-Untersuchung von Bodenproben-Proctorversuch, Ausgabe 11/1997

Kapitel 3: Der Formgebungs- und Verdichtungsprozess

[3.1] Heidenreich, E.; Goldhahn, H.; Henning, J.; Hofmann, D.; Kaysser, D.; Kornmann, P.; Reher, E. O.: Verarbeitungstechnik. VEB Deutscher Verlag für Grundstoffindustrie, Leipzig, 1978

[3.2] Kuch, H.: Modellierung bei der Vibrationsverdichtung von Beton Betonwerk + Fertigteil-Technik 58 (1992), H. 2, S. 101–107

[3.3] Kuch, H.: Verfahrenstechnische Probleme bei der Formgebung und Verdichtung kleinformatiger Betonerzeugnisse. Betonwerk + Fertigteil-Technik 58 (1992), H. 4, S. 88–87

[3.4]   Afanasjew, A. A.: Technologie der Impulsverdichtung von Betongemengen. Moskau, Bauverlag, 1986

[3.5]   Savinow, E. W.; Lavrinovitsch, E. V.: Vibrationstechnik für die Verdichtung und Formgebung von Betongemengen. Leningrad, Bauverlag, 1986

[3.6]   Altmann, W. L.: Schwingungsverhalten des Betons bei seiner Verdichtung. Betontechnik, 1988, Heft 1

[3.7]   Gusev, B. V.; Deminov, A. D.; Krjukov, B. I.: Technologie der Stoßvibration zur Verdichtung von Betongemengen. Moskau, 1982

[3.8]   Friedrich, P.; Traut, P.: Ermittlung von Kenngrößen zur Beschreibung der elastischen und dämpfenden Eigenschaften von Betongemengen bzw. Frischbeton. Dissertation, HAB Weimar, 1988

[3.9]   Kuch, H.; Schwabe, J.-H.; Palzer, U.: Herstellung von Betonwaren und Betonfertigteilen – Verfahren und Ausrüstungen. Verlag Bau+Technik, 2009

[3.10] Kunnos, G. J.; Mironov, W. E.: Verfahren zur Untersuchung von Gasbetonmischungen bei nichtlinearem Charakter des Fließverhaltens und unter Einfluss des temperaturbedingten Aufschäumens. Technologische Mechanik des Betons. Riga, 1978

[3.11] Kuch, H. u. a.: Lärm- und Schwingungsminderung bei Steinformmaschinen. Literaturstudie im Auftrag des VDMA Frankfurt/M.; Hochschule für Architektur für Bauwesen, 1992

[3.12] Gusev, B. V.: Moderne Methoden der Formgebung bei der Herstellung von Stahlbetonelementen. Lehrbuch, Moskau, 1983

Kapitel 4: Formgebungs- und Verdichtungsverfahren

[4.1]   Dresig, H.; Holzweißig, F.: Maschinendynamik. 9. Auflage, Springverlag Berlin, Heidelberg 2009

[4.2]   DIN 1311: Schwingungen und schwingungsfähige Systeme. Februar 2000

[4.3]   Altmann, W.: Schwingungsverhalten des Betons bei seiner Verdichtung. In: Betontechnik Heft 1, 1988, S. 10–15

[4.4]   Göldner, H.; Holzweißig, F.: Leitfaden der Technischen Mechanik. 9. Auflage. Fachbuchverlag Leipzig 1986

[4.5]   Kreißig, R.: Einführung in die Plaztizitätstheorie. Fachbuchverlag Leipzig 1992

[4.6]   Reiner, M.: Rheologie in elementarer Darstellung. Hanser Verlag München 1969

[4.7]   Hibbeler, R.C.: Technische Mechanik 3, Dynamik. Pearson-Verlag München 2006

[4.8]   Kuch, H.: Verfahrenstechnische Probleme bei der Formgebung und Verdichtung kleinformatiger Betonerzeugnisse. Betonwerk + Fertigteil-Technik 58 (1992), H. 4, S. 80–87

[4.9]   Kuch, H.; Schwabe, J.-H.; Palzer, U.: Herstellung von Betonwaren und Betonfertigteilen – Verfahren und Ausrüstungen. Verlag Bau+Technik, 2009

[4.10] Kuch, H. u. a.: Lärm- und Schwingungsminderung bei Steinformmaschinen. Literaturstudie im Auftrag der Forschungsvereinigung Bau- und Baustoffmaschinen im VDMA Frankfurt/M.; Hochschule für Architektur für Bauwesen Weimar, 1992

[4.11]   Mothes, St.: Die Füllung der Form mit Betongemenge bei der Formgebung und Verdichtung von Betonsteinen in Steinformmaschinen. Dissertation, Bauhaus-Universität Weimar, 2010

[4.12]   Kuch, H. u. a.: Neuartige auf fertigungstechnische Erfordernisse abgestimmte Schwingungserreger. Forschungs- und Entwicklungsauftrag im Auftrag des Bundesministeriums für Wirtschaft und Technologie. Auftragnehmer: Institut für Fertigteiltechnik und Fertigbau Weimar e. V., 2000

[4.13]   Heidenreich, E.; Goldhahn, H.; Hennig, J.; Hofmann, D.; Kaysser, D.; Kornmann, P.; Reher, E.O.: Verarbeitungstechnik. VEB Deutscher Verlag für Grundstoffindustrie, Leipzig, 1978

[4.14]   Hülsenberg, D.; Krüger, H.-G.; Steiner, W.: Keramikformgebung. VEB Deutscher Verlag für Grundstoffindustrie, Leipzig, 1978

[4.15]   Kaysser, D.: Technologie der industriellen Betonproduktion. Leitprozesse. Band 2. VEB Verlag für Bauwesen, Berlin. 1968

[4.16]   Kollenberg, W.: Technische Keramik. Grundlagen; Werkstoffe; Verfahrenstechnik. Vulkan-Verlag GmbH, 2009

[4.17]   Autorenkollektiv: Forschungsthema „Flexpress": Maschinentechnische Berechnungen und Modellbildung für ein flexibles Pressverfahren für großformatige Kalksandsteine. Förderprojekt der AIF, Projektträger des BMW, Bearbeiter Institut für Fertigteiltechnik und Fertigbau, Weimar, 2011

[4.18]   Eden, W.: Handbuch zur Herstellung von Kalksandsteinen. 2002

[4.19]   Salmang, H.; Scholze, H.: Keramik. Springer-Verlag Berlin, Heidelberg 2007

[4.20]   Baumgärtner, G.: Das Rotationspressverfahren zur Herstellung von Betonrohren. Diplomarbeit Technische Universität München, 1997

[4.21]   König, H.: Maschinen im Baubetrieb. Grundlagen und Anwendung. Vieweg + Teubner Verlag/Springer Fachmedien Wiesbaden GmbH, 2011

[4.22]   Uhlmann, A.: Bau- und Baustoffmaschinen. Fachwissen des Ingenieurs, Band 7, VEB Fachbuchverlag Leipzig, 1974

[4.23]   Walochnik, W.: Fertigteilstützen aus Schleuderbeton. Bautechnik 72, Heft 8, Verlag Ernst & Sohn

[4.24]   Förster, H.-J.; Kaden, R.: Probleme des Antriebes von Schleuderbetonanlagen. Wissenschaftliche Zeitschrift der Technischen Hochschule Otto von Guericke Magdeburg, 20 (1976), Heft 6/7

[4.25]   Händle, Frank: Extrusion in Ceramics. Berlin, Heidelberg, New York: Springer Verlag, 2007.

[4.26]   Bartusch, R.: Stand und Trends der Extrusionstechnik in der Technischen Keramik. In: Keramische Zeitschrift. 05/2010, S. 340–344

[4.27]   Pels-Leusden, C., O.: Über die Betriebsweise der Arbeitszone einer Schneckenpresse bei der Förderung einiger grobkeramischer Rohstoffe. Dissertation TH München, 1965

[4.28]   Heinrich, J. G.: Einführung in die Grundlagen der keramischen Formgebung. Vorlesungsmanuskript TU Clausthal

[4.29]   Plaul, Th.: Technologie der Grobkeramik. Band 1. Berlin: VEB Verlag für Bauwesen, 1973

[4.30]   Grübl, P.; Weigler, H.; Steghart, K.: Beton, Arten, Herstellung und Eigenschaften. Ernst & Sohn Verlag für Architektur und technische Wissenschaften GmbH, Berlin, 2001

[4.31] Braun, M.: Betonbau in seiner ursprünglichen Form. Bauingenieur 24 Informationsdienst, 06.07.2010

[4.32] Karele, G.: Schockvibrationssysteme. Diplomarbeit, Hochschule für Architektur und Bauwesen Weimar, 1990

[4.33] Kuch, H. u. a.: Lärm- und Schwingungsminderung bei Steinformmaschinen. Literaturstudie im Auftrag des VDMA Frankfurt/M., 1992

[4.34] von Weber, H.: Entwicklung einer maschinentechnischen Lösung für stoßhafte Verdichtung bei Betonsteinfertigern Diplomarbeit, Hochschule für Architektur und Bauwesen, 1987

[4.35] Rebut, P.: Guide pratique de la vibration des bétons. Edition de la Revue des materiaux de construction. "ciments et bétons" Paris 1962

[4.36] Kuch, H. u. a.: Verdichtungskenngrößen bei niederfrequenter Einwirkung. Schriftenreihe der Forschungsvereinigung Bau- und Baustoffmaschinen, Heft Nr. 24, Februar 2004. Forschungsstelle: Institut für Fertigteiltechnik und Fertigbau Weimar e. V.

[4.37] Bast, J.; Ruffert, M.; Martin, J.: Entwurf eines dreiaxialen Vibrationstischs mit servohydraulischem Antrieb für eine Lost Foam Gießanlage. Gießerei-Praxis, 2/2005

[4.38] Lorenz, M.; Ruffert, M.: Modellierung und Simulation des dreidimensionalen Vibrationstischs. Freiberg, TU BAF Freiberg, Institut Mechanik und Fluiddynamik, Institut Maschinenbau, 2007

[4.39] Bilgeri, P.; Feldmann, H.; Gerhards, R.; Gerne, L.; Kaymer, K.; Moritz, H.; Pickel, U.; Pörschmann, M.; Tegelaar, R. A.; Widmann, H.: Handbuch: Betonfertigteile, Betonwerkstein, Terrazzo, Verlag Bau+Technik, Düsseldorf, 1999

[4.40] Kuch, H. u. a.: Effektivierung der Auflastwirkung in Betonsteinfertigern. Schriftenreihe der Forschungsvereinigung Bau- und Baustoffmaschinen, Heft Nr. 32, Dezember 2005. Forschungsstelle: Institut für Fertigteiltechnik und Fertigbau Weimar e. V..

[4.41] Kuch, H. u. a.: Untersuchungen zur Formgebung und Verdichtung von Kalksandsteinen mittels Vibration. Untersuchungen im Auftrag der XELLA Technologie- und Forschungsgesellschaft mbH, Institut für Fertigteiltechnik und Fertigbau Weimar e. V., 2005

[4.42] Martin, M.; Schulze, R.: Grundlagen der Betonverdichtung. Wacker Construction Equipment AG, München, 2008

[4.43] Ulrich, A.: Verdichtung durch den Fertiger „Prozesssicherer automatisierter Straßenbau" Fachhochschule Köln, Fakultät für Maschinen und Energien, 2010

[4.44] Anderegg, R.; von Felten, D.: Dynamik der Verdichtungsgeräte: Chaos und Nichtlinearität. Straßen- und Tiefbau, Heft 12/2004

[4.45] Lehrmaterial FH Koblenz, FB Ingenieurwesen, Maschinenbau, Prof. Dr. Köhler, Labor Maschinendynamik

[4.46] Kuch, H. u. a.: Betonsteinfertiger, Schockvibrationsregime. Schriftenreihe der Forschungsvereinigung Bau- und Baustoffmaschinen im VDMA Frankfurt/M, Heft Nr. 14, Juni 1999

[4.47] Wilde, M.: Grundlagen der Schockvibration zur Verdichtung von Betongemengen. Diplomarbeit, Hochschule für Architektur und Bauwesen Weimar, 1985

[4.48] Neubert, R.: Auslegung des Schockvibrationssystems für einen Betonsteinfertiger. Diplomarbeit, Hochschule für Architektur und Bauwesen Weimar, 1989

[4.49] SU-PS. Nr.: 961 954. JKP: B28 B 1/08. Braude, F. G.; Osmakov, S. A.; Glubenkov, V. A.: Vibrationstisch, 1982

[4.50] SU-PS. Nr.: 1 036 541. JPK: B28 B 1/08. Braude, F. G.; Osmakov, S. A.; Glubenkov, V. A.; Ivanov, A. V.; Vibrationsschlagtisch für die Formgebung von Erzeugnissen aus Betongemengen. 1983

[4.51] SU-PS. Nr.: 608 649. JPK: B28 B 1/08. Belin, J.I.; Brodskij, V. A. u. a.: Schockvibrationstisch für die Formgebung von Betongemengen. 1978

Kapitel 5: Formgebungs- und Verdichtungskenngrößen

[5.1] Kuch, H.; Schwabe, J.-H.; Palzer, U.: Herstellung von Betonwaren und Betonfertigteilen – Verfahren und Ausrüstungen. Verlag Bau+Technik, 2009

[5.2] DIN 4235-3: 1978–12 Verdichten von Beton durch Rütteln; Teil 3: Verdichten bei der Herstellung von Fertigteilen mit Außenrüttlern

[5.3] L'Hermite, R.: Französiche Forschungen über das Rütteln des Betons. Die Bautechnik 36 (1959), H. 2, S. 56–59

[5.4] L'Hermite, R.: Idées Actuelles sur la Technologie du Béton. Réunion des Laboratoires d'Essis de Recherches sur les Matériaux et les Constructions. RILEM Bulletin 16, 1953

[5.5] Kaysser, D.: Technologie der industriellen Betonproduktion. Leitprozesse. Band 2. VEB Verlag für Bauwesen, Berlin, 1968

[5.6] König, H.: Maschinen im Baubetrieb. Vieweg + Teubner Verlag / Springer Fachmedien Wiesbaden, 2011

Kapitel 6: Modellierung und Simulation von Formgebungs- und Verdichtungsprozessen

[6.1] Schwabe, J.-H.; Schwingungstechnische Auslegung von Betonrohrfertigern. Dissertation TU Chemnitz 2002

[6.2] Kuch, H.; Schwabe, J.-H.; Palzer, U.: Herstellung von Betonwaren und Betonfertigteilen – Verfahren und Ausrüstungen. Verlag Bau+Technik Düsseldorf, 2009

[6.3] Kuch, H.; Martin, J.; Schwabe, J.-H.: Flexible und lärmarme Vibrationsverdichtung von Betonfertigteilen. In: Betonwerk + Fertigteil-Technik 04/2007, S. 24–41. Bauverlag VV GmbH, Gütersloh

[6.4] Simulation of fresh concrete flow. RILEM State-of-the-Art-Report 2011 (noch nicht erschienen)

[6.5] www.optimized-plastics.de

[6.6] Kuch, H.; Palzer, S.; Schwabe, J.-H.: Anwendung der Simulation bei der Verarbeitung von Gemengen. In: Tagungsbericht der 16. Internationalen Baustofftagung, Weimar 2006, Band 1, S. 1321–1327

[6.7] Schwabe, J.-H.; Kuch, H.: Development and control of concrete mix processing procedures. In: Proceedings 18th BIBM International Congress Amsterdam 2005, S. 108–109

[6.8]   Schwabe, J,-H.: Verbesserte Qualität von Betonwaren – Weiterentwickelter Betonsteinfertiger mit Harmonischer Vibration. In: Betonwerk + Fertigteil-Technik 02/2009, S. 40–41. Bauverlag BV GmbH, Gütersloh

[6.9]   Thrane, L. N.: From Filling with Self-Compacting Concrete. Ph.D. Thesis, Technical University of Denmark, 2007

[6.10] Altmann, W.: Schwingungsverhalten des Betons bei seiner Verdichtung. In: Betontechnik Heft 1, 1988, S. 10–15

[6.11] Hohaus, W.: Effektives Verdichten – Voraussetzung zur weiteren Automatisierung, höheren Produktionsleistung und Qualität bei der Betonsteinfertigung. In: Betonwerk + Fertigteil-Technik (1992), Heft 4, S. 67–79

[6.12] Hoppe, C.: Formgebung kleinformatiger Betonerzeugnisse mit Variation stofflicher und vibrationstechnischer Kennwerte. Weimar, Hochschule für Architektur und Bauwesen, Diplomarbeit, 1995

[6.13] Kuch, H.; Schwabe, J.-H.: Schwingungstechnische Modellierung und Berechnung der Verdichtungseinrichtungen zur Rohrherstellung. In: Betonwerk + Fertigteil-Technik (1996), Heft 9, S. 84–87

[6.14] Schwabe, J.-H.: Schwingungsberechnungen für das Vibrationsverdichtungssystem von Betonsteinfertigern. Chemnitz, Technische Universität, HAB Weimar, GB, 1992

[6.15] Wölfel, M.; Kuch, H.; Kluge, G.: Verarbeitungsverhalten von steifen Betongemengen bei gleichzeitiger Tisch- und Auflastvibration. In: Betonwerk + Fertigteil-Technik (1991), Heft 8, S. 92–95

[6.16] L'Hermite, R.: Französische Forschungen über das Rütteln des Betons. In: die Bautechnik 36. Jahrgang (1959), Heft 2, S. 56–59

[6.17] DEM Solutions Edinburgh, EDEM

[6.18] Hehne, F.; Unsinn, M.: Kalibrierversuch für die Vibrationsverdichtung von Kies. Belegarbeit, FH Jena, 2011

[6.19] Krenzer, K.; Schwabe, J.-H.: Calibration of parameters for particle simulation of building materials, using stochastic optimization procedures. RHEO Rilem-Symposium on Rheology of Cement Suspensions, Reykjavik 2009

[6.20] Krenzer, K.; Schlegel, R.; Schwabe, J.-H.: Kalibrierung von Modellparametern für die Partikelsimulation von Baustoffen durch die Anwendung stochastischer Optimierungsverfahren. In: Tagungsbericht IBAUSIL 2009, Band 1, S. 1–1165 bis 1–1171

Kapitel 7: Analyse von Formgebungs- und Verdichtungsprozessen

[7.1]   Hoffmann, J.: Handbuch der Messtechnik. Care Hauser Verlag München, 2007

[7.2]   Hesse, St.; Schnell, G.: Sensoren für die Prozess- und Fabrikautomation. Vieweg + Teubner/GWV Fachverlage GmbH, Wiesbaden 2009

[7.3]   Kuch; H. u. a.: Flexible, lärmarme Vibrationsausrüstungen zur universellen Fertigung von Betonelementen. Forschungsbericht, Institut für Fertigteiltechnik und Fertigbau Weimar e. V., 2007

[7.4]   Kuch, H. u. a.: Betonsteinfertiger mit hocheffektiver harmonischer Vibration. Forschungsbericht, Institut für Fertigteiltechnik und Fertigbau Weimar e.V., 2004

[7.5] Hoppe, C.: Formgebung kleinformatiger Betonerzeugnisse mit Variation stofflicher und vibrationstechnischer Kennwerte. Diplomarbeit, Hochschule für Architektur und Bauwesen Weimar, 1995

[7.6] Kuch, H.: Messtechnische Untersuchungen zur Formgebung und Verdichtung an Baustoffmaschinen. In: Betonwerk + Fertigteil-Technik (1996), Heft 1, S. 154–161

[7.7] Kuch, H.; Schwabe, J.-H.: Verdichtungstechnologie für Betonfertigteile Maschinendynamik und Messtechnik. In: Betonwerk + Fertigteil-Technik (1997), Heft 8, S. 78–84

[7.8] Kuch, H.; Martin, J.; Schwabe, J.-H.: Beschleunigungsverteilung an Vibrationsformen. In: Betonwerk + Fertigteil-Technik (1999), Heft 8, S. 52–59

[7.9] Schwabe, J.-H.; Schulze, R.: Analyse und Optimierung des Schwingungsverhaltens runder Schalungen mit Außenvibratoren. In: Betonwerk + Fertigteil-Technik 11/2008, S. 18–25. Bauverlag BV GmbH, Gütersloh

[7.10] Mothes, St.: Die Füllung der Form mit Betongemenge bei der Formgebung und Verdichtung von Betonsteinen in Steinformmaschinen. Dissertation, Bauhaus-Universität Weimar, 2009

[7.11] Kuch, H.; Schwabe, J.-H.; Palzer, U.: Herstellung von Betonwaren und Betonfertigteilen, Verfahren und Ausrüstungen. Verlag Bau und Technik Düsseldorf, 2009

Kapitel 8: Gestaltungsgrundsätze für Formgebungs- und Verdichtungsausrüstungen

[8.1] Kollenberg, W.: Technische Keramik. Grundlagen; Werkstoffe; Verfahrenstechnik. Vulkan-Verlag GmbH, 2009

[8.2] Hülsenberg, H.; Krüger, H.-G.; Steiner, W.: Keramikformgebung. VEB Deutscher Verlag für Grundstoffindustrie, Leipzig 1987

[8.3] Martin, M.; Schulze, R.: Grundlagen der Betonverdichtung. Wacker Construction Equipment AG, München, 2008

[8.4] Düsterhaupt, St.: Betonverdichtung – der Einsatz von Innenvibratoren. Bau- & Industrietechnik Seitz, Görlitz, 2006

[8.5] Diermeier, N.: Herstellung von Eisenbahnschwellen aus Spannbeton mittels optimierter Verdichtungstechnik. BWI – BetonWerk-International, Nr. 5, Oktober 2006

[8.6] Kuch, H.; Schwabe, J.-H.; Palzer, U.: Herstellung von Betonwaren und Betonfertigteilen. Verfahren und Ausrüstungen. Verlag Bau+Technik, Düsseldorf, 2009

[8.7] Kuch, H.; Schwabe, J.-H.: Einfluss dynamischer Eigenschaften von Gummifederelementen auf das Schwingungsverhalten von Betonsteinfertigern. BWI – BetonWerk International, 2/2007

[8.8] Kuch, H.; Schwabe, J.-H.: Einfluss der Eigenschaften von Federelementen auf das Schwingungsverhalten von Baustoffmaschinen. Fachtagung Baumaschinentechnik, Dresden 2006, Tagungsband

[8.9] Dresig, H.; Holzweißig, F.: Maschinendynamik. Springer-Verlag Berlin Heidelberg, 2009

[8.10] Becker, G.: 3. Fachtagung Baumaschinentechnik. BFT Betonwerk + Fertigteil-Technik, 12/2006

[8.11] Kuch, H,; Martin, J.; Schwabe, J.-H.: Beschleunigungsverteilungen an Vibrationsformen. BFT Betonwerk + Fertigteil-Technik, Heft 8/1999

[8.12] Palzer, U.; Schwabe, J.-H.; Kuch, H.: Lärmquelle und Möglichkeiten der Lärmminderung im Betonwerk. BWI-Betonwerk International, 3/2009

[8.13] Kuch, H. u. a.: Lärm- und Schwingungsminderung bei Steinformmaschinen. Literaturstudie im Auftrag des VDMA Frankfurt/M., Hochschule für Architektur und Bauwesen, 1992

[8.14] Kuch, H. u. a.: Flexible, lärmarme Vibrationsausrüstungen zur universellen Fertigung von Betonelementen. Forschungsbericht, Institut für Fertigteiltechnik und Fertigbau Weimar e. V., 2007

[8.15] Kuch, H. u. a.: Betonsteinfertiger mit hocheffektiver harmonischer Vibration. Forschungsbericht, Institut für Fertigteiltechnik und Fertigbau Weimar e. V., 2004

[8.16] Kuch, H. u. a.: Betonsteinfertiger – Fundamentuntersuchungen Schriftenreihe der Forschungsvereinigung Bau- und Baustoffmaschinen, Heft 8, Frankfurt/M., 1996

[8.17] Aufstellung von Vibrationsmaschinen. Schriftenreihe der Forschungsvereinigung Bau- und Baustoffmaschinen, Heft 40, Frankfurt am Main, 2010

[8.18] Hecker, R.: Physikalische Arbeitswissenschaft. Verlag Dr. Köster, Berlin, 1998

[8.19] Kuch, H.; Schwabe, J.-H.: Fundamente von Betonsteinfertigern – Geräusch- und Schwingungsuntersuchungen. Betonwerk + Fertigteil-Technik, 1997, Heft 5

[8.20] König, H.: Maschinen im Baubetrieb. Grundlagen und Anwendung. Vieweg + Teubner-Verlag/Springer Fachmedien Wiesbaden GmbH, 2011

[8.21] Firmenschrift der Firma Lasco Umformtechnik GmbH, Hahnweg 139, 96450 Coburg

[8.22] Schlecht, B.; Neubauer, A.: Steigerung der Produktqualität durch effiziente Verdichtung, BFT 9/2000, S. 44–52

[8.23] Grundlagen der Betonverdichtung, 3. Auflage 1998, Wacker-Werke GmbH & Co. KG

[8.24] HESS Maschinenfabrik GmbH & Co. KG, Freier-Grund-Straße 123, 57299 Burbach-Wahlbach

[8.25] EBAWE Anlagentechnik GmbH, Dübener Landstraße 58, 04838 Eilenburg / Leipzig

Kapitel 9: Qualitätssicherung

[9.1]   Kuch, H.; Schwabe, J.-H.; Palzer, U.: Herstellung von Betonwaren; Verfahren und Ausrüstungen. Verlag Bau+Technik, Düsseldorf, 2009

[9.2]   Becker, G.: Qualitätssicherung bei der Steinfertigung. Betonwerk + Fertigteil-Technik, 9/2002

[9.3]   König, H.: Maschinen im Baubetrieb. Grundlagen und Anwendung. Vieweg + Teubner Verlag/Springer Fachmedien Wiesbaden GmbH, 2011

[9.4]   Kuch, H. u. a.: Forschungs- und Entwicklungsauftrag zum Thema: Erweiterte Qualitätssicherung von Betonwaren durch Ultraschallanalyse. Auftraggeber:

Bundesministerium für Wirtschaft und Arbeit. Auftragnehmer: Institut für Fertigteiltechnik und Fertigbau Weimar e. V., 2005

[9.5]   Schmidt, M.: Flächendeckende Asphaltverdichtung (FDAV), Tiefbau 11/2006

[9.6]   Johannes, F.: Von der Verdichtungsanzeige zum automatisierten Verdichtungsprozess, Tiefbau 12/2005

[9.7]   Anderegg, R.; von Felten, D.: Dynamik der Verdichtungsgeräte: Chaos und Nichtlinearität. Straßen- und Tiefbau, Heft 12, 2004

[9.8]   Anderegg, R.: Dynamik der Verdichtungsgeräte: Nichtlineare Dynamik-Grundlagen geregelter Verdichtungsgeräte. SGA Bulletin Nr. 56, August 2010

[9.9]   BOMAG BOPPARD, Bomag GmbH, Postfach 1155, 56135 Poppard

[9.10] Schwabe, J.-H.: Schwingungstechnische Auslegung von Betonrohrfertigern, Dissertation TU Chemnitz, 2002

[9.11] Gerl, S. u. a.: MiQuaTester-Entwicklung eines Messsystems zur Online-Qualitätsüberwachung bei der Aufbereitung von Betongemengen. Betonwerk International, Heft 2, 2010

[9.12] Palzer, U. u. a.: MiQuaTester, Online-Qualitätssicherung für Betongemenge, Betonwerk + Fertigteiltechnik, Heft 6, 2011

12 Stichwortverzeichnis

Die neue Dimension des Kalksandsteins.

Kalksandstein - ein natürlicher und wirtschaftlicher Baustoff.
Mit LASCO Kalksandstein- und Passsteinpressen mit integrierter
Sägeanlage lassen sich Steine und Planelemente in allen Wand-
stärken und Längen wirtschaftlich in höchster Qualität herstellen.

Neben Pressen baut LASCO auch komplette schlüsselfertige Werke
für die Produktion dieses vielseitigen und qualitativ einzigartigen
Baustoffes.

Sind Sie bereit für die neue Dimension des Kalksandsteins?
Wir sind es. Testen Sie uns!

LASCO UMFORMTECHNIK
WERKZEUGMASCHINENFABRIK

LASCO Umformtechnik GmbH · Hahnweg 139 · 96450 COBURG, DEUTSCHLAND
Tel +49 9561 642-0 · Fax +49 9561 642-333 · E-Mail: lasco@lasco.de · Internet: www.lasco.com